Illusionen des Sehens

Der Augenstern: Die gekrümmt wirkenden Strahlen sind in Wirklichkeit Geraden, und die deformierten, kreisförmigen Linien sind exakte konzentrische Kreise.

Thomas Ditzinger

Illusionen des Sehens

Eine Reise in die Welt der visuellen Wahrnehmung

2. vollständig überarbeitete und erweiterte Auflage

Springer Spektrum

Thomas Ditzinger
Weingärtenstr. 19
74934 Reichartshausen
tditzinger@web.de

ISBN 978-3-642-37711-2

Die Deutsche Nationalbibliothek verzeichnet diese Publikation in der Deutschen Nationalbibliografie; detaillierte bibliografische Daten sind im Internet über http://dnb.d-nb.de abrufbar.

Springer Spektrum
1. Aufl.: © Spektrum Akademischer Verlag Heidelberg 2006
2. Aufl.: © Springer-Verlag Berlin Heidelberg 2014

Planung und Lektorat: Marion Krämer, Bettina Saglio
Einbandabbildung: © Thomas Ditzinger
Einbandentwurf: deblik Berlin

Gedruckt auf säurefreiem und chlorfrei gebleichtem Papier

Springer Spektrum ist eine Marke von Springer DE. Springer DE ist Teil der Fachverlagsgruppe Springer Science+Business Media.
www.springer-spektrum.de

Vorwort zur 2. Auflage

„Thomas Ditzinger führt uns auf eine faszinierende Reise durch die visuelle Welt der Illusionen. Das Licht ist der Stimulus für das Auge, aber die komplexen Prozesse, die der Stimulation folgen, werden erst durch die Untersuchung von Illusionen erhellt. Das Buch präsentiert nicht nur eine große Vielfalt an visuellen Illusionen (oft in Farbe), sondern verbindet sie auch mit dem physiologischen Prozess im visuellen System und mit den subtilen Verwendungen durch Künstler. Illusionen lassen uns lächeln und lassen uns wundern – über die Raffinesse und Perfektion des Sehens – und Ditzinger verliert nie den Kontakt mit der Freude an den Phänomenen, die er so übersichtlich darstellt.“

Dundee, den 20. Februar 2013

Prof. Dr. Nicholas Wade
School of Psychology,
University of Dundee,
Schottland, UK

Vorwort

Geometrisch-optische Täuschungen gehören seit altersher zum Grundbestand der Wahrnehmungspsychologie. Fast könnte man den Eindruck gewinnen, dass sich die Perzeptologen mehr mit fehlerhafter denn mit korrekter Wahrnehmung beschäftigen. Dies hat einfach darin seinen Grund, dass vermeintlich fehlerhafte Wahrnehmung den Zugang zum Verständnis der Wahrnehmungssysteme ermöglicht.

Thomas Ditzinger legt hier die völlig überarbeitete Neuauflage seines Buches „Illusionen des Sehens" vor. Von Haus aus Physiker, würde man meinen, der Autor ließe sich nicht täuschen, da er weiß, wie die Welt wirklich aussieht. Genau dies aber wird von philosophisch reflektierten Physikern heute keiner mehr behaupten wollen. Der Physiker kommt dort zum Vorschein, wo es um die Erklärung und nicht nur um die Beschreibung der vielfältigen Phänomene auf dem Gebiet der optischen Täuschungen geht. Thomas Ditzingers reich bebildertes Buch unterscheidet sich von vielen anderen Büchern über optische Täuschungen dadurch, dass er nicht die wohlbekannten Schwarzweiß-Strichzeichnungen übernimmt, sondern dass er mit den Möglichkeiten der modernen Computergrafik optische Täuschungen neu gestaltet, sie in andere Kontexte setzt, sodass sie häufig noch verblüffender werden als ihre Vorgänger und damit schließlich und endlich den optischen Täuschungen ein eigenständiges künstlerisches Dasein verschafft.

Kein wesentliches Gebiet der klassischen Psychologie der Illusionen wird bei Ditzinger ausgelassen: Raum, Fläche, Farbe, Bewegung und dreidimensionale Körperlichkeit bilden die Grundlage für eine Desillusionierung des Betrachters. Am Ende des Bildbandes steht nämlich eine Verunsicherung, die zur Folge hat, dass der Betrachter die Frage nach einer illusionären Wirklichkeit verschärft reflektiert. Damit wird Ditzingers Buch ein impliziter philosophischer Anspruch verliehen.

Bremen, den 2. September 2005

Prof. Dr. M. A. Stadler
Institut für Psychologie und
Kognitionsforschung
der Universität Bremen

Für Leonie, meinen Augenstern.

Inhaltsverzeichnis

Einleitung

Wir leben in einer fantastischen, faszinierenden, wunderbaren Welt.

Jeder Einzelne von uns ist ein wichtiges Puzzlestück in dieser Welt und versucht sich so gut wie möglich darin zurechtzufinden. Dazu bedienen wir uns unserer Sinne, die uns die gleichzeitige Wahrnehmung einer ungeheuren Menge von Umweltreizen und Informationen ermöglichen. Das menschliche Wahrnehmungssystem hat sich im Laufe der Evolution in engem Wechselspiel mit der Umwelt entwickelt. Deshalb ist es kein Wunder, dass unser Gehirn und sein Wahrnehmungsapparat zu einem Abbild seiner Umgebung wurde – mit ähnlich fantastischen, faszinierenden, wunderbaren Eigenschaften. Davon können Sie sich in dem vorliegenden Buch überzeugen.

Um diese enormen Wahrnehmungsleistungen zu vollbringen, ist ein hoch komplexer selbst organisierter Bauplan des Gehirns vonnöten. Unser Gehirn besteht aus der unvorstellbaren Zahl von mindestens 100 000 000 000 Nervenzellen, den Neuronen. Das ist knapp zwanzigmal so viel wie die momentane Anzahl der Erdbevölkerung! Die Neuronen bilden zusammen mit den Gliazellen, deren genaue Funktion bis heute noch nicht vollständig geklärt ist, die Grundbausteine unseres menschlichen Gehirns.

Im Schnitt verfügt jedes Neuron über ca. 1000–10 000 Verbindungen zu anderen Nervenzellen. Die Verbindung verläuft über stark verästelte Axone, deren Gesamtzahl bei mindestens 100–1000 Billionen liegt (eine 1 mit 14–15 Nullen) – das liegt größenordnungsmäßig schon im Bereich der Gesamtbevölkerung aller Ameisen auf der Erde. Würde man die Länge aller dieser Verbindungsäste addieren, so ergäbe sich schätzungsweise die schier unglaubliche Gesamtstrecke von einer halben bis einer Million Kilometern. Das entspräche einem Telefonkabel mit etwa der fünfundzwanzigfachen Länge der Entfernung von der Erde zum Mond und wieder zurück, aufgewickelt in unserem Gehirn!

Die vielleicht wichtigste Erfindung der Evolution für die Entwicklung des menschlichen Gehirns und der Wahrnehmung ist das Sehen. Durch das Auge gelangen ca. 60 Prozent aller Umwelterfahrungen in unser Gehirn. Deshalb gilt das Sehen auch als der Schlüssel zum Verständnis unseres Gehirns.

Das Hauptanliegen dieses Buches ist es, die wunderbaren Fähigkeiten unseres Sehapparats kennen und schätzen zu lernen. Dabei wird sich zeigen, dass unser Seh- und Wahrnehmungsapparat auf wunderbare Weise in der Lage ist, die widersprüchlichsten und kompliziertesten Umwelteindrücke sehr einfach in prägnanten Formen darzustellen. Lassen Sie sich mitnehmen auf eine Entdeckungsreise durch Ihre eigene Wahrnehmungsfähigkeit! Aufgrund des besonderen Reiseziels lesen Sie nicht nur in einem Buch, sondern Sie lesen – und sehen – hauptsächlich in sich selbst. Das vorliegende Buch dient Ihnen dabei als Reiseführer auf dieser fantastischen Abenteuerfahrt. Ähnlich wie bei einer Urlaubsreise wird es Augenblicke der Entspannung, aber auch höchst beeindruckende Naturschönheiten und interessante Entdeckungen zu erleben geben.

Dabei wird sich immer wieder zeigen, dass sich unsere Wahrnehmung mit wenigen einfachen Grundeigenschaften charakterisieren lässt: sie ist pragmatisch und strebt immer nach der einfachsten Lösung (man könnte auch sagen, sie ist „faul") und sie hat einen mächtigen aus der Evolution erlernten Erfahrungsschatz an Vorwissen und Vorurteilen. Sie werden sehen, dass die eindrücklichsten Illusionen des Sehens immer dann stattfinden, wenn diese Grundeigenschaften in Konflikt miteinander geraten. Dabei werden Sie die wichtige Rolle einer dritten Eigenschaft Ihrer Wahrnehmung erkennen: sie ist einfallsreich und sinnstiftend und nimmt Kompromisse in Kauf – und schummelt dazu auch manchmal ein wenig.

Der vorliegende Erlebnisreiseführer für die Augen präsentiert Ihnen in dieser völlig überarbeiteten Auflage eine Vielzahl altbekannter und neuer optischer Täuschungen, Illusionen und fantastischer Bilder. Jedes dieser Reiseerlebnisse wird Ihnen dabei einen eigenen, neuen Weg zum Verständnis Ihrer eigenen Wahrnehmung eröffnen.

In der ersten Reise werden Sie einiges über das Wesen des Lichts und seine Wahrnehmung im menschlichen Auge erfahren. Sie können außerdem Bekanntschaft mit Schafen machen, die nicht nur blöken und Gras fressen, sondern sich bestens in den Gesetzen des Sehens auskennen. Sie werden einige wichtige Grundzüge der Gestaltpsychologie und die wesentlichen Gesetze der menschlichen Wahrnehmung kennen lernen.

Die zweite Reise führt Sie in die Zauberwelt der geometrisch-optischen Täuschungen. Sie werden staunen, wie leicht sich Ihr Gehirn schon durch einfache Strichzeichnungen aufs Glatteis führen lässt. So erscheinen gerade Linien plötzlich gekippt, gekrümmt oder unterschiedlich lang.

Bei der dritten Reise geht es um die Wahrnehmung von Formen, Helligkeiten und Durchsichtigkeit und ihre Wechselwirkung miteinander. Sie werden erkennen, dass die Wahrnehmung von Form und Helligkeit einer Figur entscheidend von Form und Helligkeit des Hintergrunds abhängt. So sehen Sie zum Beispiel zwei identische Sonnen, die dadurch völlig verschieden wahrgenommen werden, und erfahren, was es mit der Helligkeitskontrastverstärkung auf sich hat.

Die vierte Reise ist der mehrdeutigen Wahrnehmung gewidmet. Sie sehen Bilder, die nach kurzer Betrachtungszeit schlagartig ganz anders aussehen als zuvor und richtiggehend lebendig werden. Würfel, die wie wild im Raum springen, oder Zeichnungen von jungen Menschen, die genauso wie ihre eigenen Großeltern aussehen, werden Sie faszinieren. Diese ambivalenten Bilder werden unter anderem dazu verwendet, ganz individuelle „Fingerabdrücke Ihrer Psyche" zu vermessen.

Bei der fünften Reise ins Farbensehen erfahren Sie, warum nachts tatsächlich alle Katzen grau sind, weshalb der Himmel ausgerechnet blau ist, worin sich das Tagsehen vom Nachtsehen unterscheidet und was es mit Komplementärfarben, Gegenfarben und Nachbildern auf sich hat. Und Sie können einem Hund begegnen, dessen Bild vor Ihren Augen mit dem Schwanz wedelt. Lesen Sie außerdem, warum Männer viel häufiger farbfehlsichtig sind als Frauen und dass die Farbe Blau etwas ganz Besonderes ist.

Während der sechsten Reise in das räumliche Sehen können Sie erfahren, warum Sie zwei Augen besitzen. Sie können in tiefere Wahrnehmungsdimensionen vordringen und verschiedene Methoden der Tiefenwahrnehmung wie den Pulfrich-Effekt, die Rotgrün-Anaglyphentechnik, die Zufallspunktbildpaare und die Autostereogramme erfahren.

Die siebte Reise beinhaltet das Bewegungssehen und seine Wechselwirkung mit Farbe, Form und räumlicher Tiefe. Wir verwandeln einen festen Bleistift in Gummi und Schwarzweißbilder in Farbe und versetzen feststehende Bilder in Abhängigkeit von ihrer Farbe in Bewegung.

Die neueste, achte Reise führt Sie in den Alltag unseres ganz normalen Lebens. Wir sind im Supermarkt, beim Zahnarzt, im Modehaus, und suchen nach gut getarnten versteckten Tieren, bei Schatten und Licht. Sie werden staunen aus wie vielen kleinen und großen Wundern und Illusionen auch der graueste Alltag besteht, wenn man nur mit offenen Augen hinschaut. Und manchmal bringt unser tägliches Leben auch Freizeit und Sport oder eine Urlaubsreise. Deshalb besuchen wir in dieser Reise auch ein Fußballstadion, eine Skipiste, San Francisco und den Loch Ness.

Die bevorstehenden Reisen werden Sie vom Polarstern zum Jupiter über Freiburg wieder zurück zum Mond sowie ans Meer führen, zur grünen Wiese der heimischen Honigbiene, nach Venice Beach oder auf eine nahe Autobahnbrücke.

Alle diese Wege können Sie mit dem faszinierendsten, billigsten und bequemsten bekannten Transportmittel zurücklegen: Ihren eigenen Gedanken. So passt die gesamte vor Ihnen liegende Reiseroute von den unendlichen Weiten des Universums bis hin zum Café um die Ecke genau in dieses Buch und in Ihren Kopf – genauso wie das ausgerollte „Telefonkabel" der bereits erwähnten Nervenverbindungen.

Ich verspreche Ihnen jede Menge Spaß und Bestaunenswertes auf allen diesen Wegen!

1 Erste Reise: das Licht, die Wahrnehmung und die Gesetze des Sehens

Am Anfang war das Licht. „Gott sprach: Es werde Licht. Und es wurde Licht. Gott sah, dass das Licht gut war. Gott schied das Licht von der Finsternis“ (Gen 1, 3–4). Licht – Wunder des Lebens, Zeichen von Erleuchtung, Symbol für Sinn und Ziel. Der Weg des Lichtes ist der Weg zum Leben.

Physikalisch betrachtet ist Licht elektromagnetische Strahlung, die sich – 900 000-mal schneller als der Schall – im leeren Raum geradlinig ausbreitet, bis sie auf ein Hindernis trifft. Der Mensch vermag jedoch nur einen winzig kleinen Ausschnitt dieses elektromagnetischen Spektrums wahrzunehmen.

In dieser ersten Reise durch die Welt der Wahrnehmung machen Sie Bekanntschaft mit physikalischen und psychologischen Gesetzen des Sehens, die unser Erleben bestimmen und dafür verantwortlich sind, wie wir was sehen …

1.1 Die menschliche Wahrnehmung

Der erstaunliche Erfolg des Menschen in der Evolution der Arten beruht vor allem auf seiner außerordentlichen Fähigkeit, sich schnell und gut an die unterschiedlichsten Umweltbedingungen anpassen zu können. So ist er beispielsweise in der Lage, von der Umwelt ausgesandte Informationen durch seine Sinne aufzunehmen und damit in seinem Gehirn ein möglichst naturgetreues Abbild seiner Außenwelt zu erzeugen. Diesen faszinierenden Prozess bezeichnet man als *Wahrnehmung*.

Die Wahrnehmung bedient sich der unterschiedlichsten Sinnesorgane. Während Sie diese Zeilen lesen, strömt Ihnen vielleicht gerade der Geruch des fertigen Abendessens aus dem Ofen in die Nase, vielleicht hören Sie gerade einen Hund in der Nachbarschaft bellen, vielleicht spüren Sie gerade ein paar wärmende Sonnenstrahlen auf Ihrer Haut, vielleicht ertasten Sie gerade den Rücken dieses Buches. Eine entsprechende Wahrnehmung kann das Gehirn gegebenenfalls zu einer Reaktion veranlassen – beispielsweise die Wahrnehmung von Angebranntem aus dem Ofen.

Wir leben geradezu in einem Schlaraffenland voller Informationen und Nachrichten. Unsere Umwelt sendet in Hülle und Fülle Reize der unterschiedlichsten Art aus. Diese Reizvielfalt nehmen wir mit unseren Sinnesorganen auf, bei deren Entwicklung die Natur einen großen Erfindungsreichtum an den Tag (besser: an die Jahrmillionen) gelegt hat. Dabei hat die Natur die verschiedensten physikalischen Möglichkeiten auf das Intelligenteste ausgenutzt und das Hören, das Riechen, das Schmecken, das Tasten, das Fühlen, den Gleichgewichtssinn, die Temperatur- und Schmerzempfindung, die innere Organwahrnehmung und die Wahrnehmung durch das Immunsystem erfunden. Die jüngste und erfolgreichste Erfindung der Evolution aber ist das Sehen.

1.2 Das Licht und das Sehen

Träger der Sehinformation ist das Licht. Gegenüber den anderen Trägermedien der menschlichen Wahrnehmung wie Geruchsstoffen oder Schallwellen hat das Licht unschätzbare Vorzüge. Dazu zählt vor allem seine ungeheure Schnelligkeit: So ist das Licht beispielsweise ca. 900 000-mal schneller als der Schall. Während wir den Schall immer mit einer gewissen Verzögerung wahrnehmen, können wir alle im Sichtfeld stattfindenden Ereignisse praktisch gleichzeitig mit den Augen wahrnehmen. Dies bringt einen gewaltigen Frühwarnvorteil in Gefahrensituationen mit sich. Darüber hinaus ist das Licht auch nicht so anfällig für Störungen wie der Schall, dessen Wahrnehmung zum Beispiel bei Gegenwind oder einem lauten Nebengeräusch sehr erschwert wird.

Wir sind umgeben von einem Meer von Licht; Licht ist allgegenwärtig. Seine Bedeutung für den Menschen lässt sich bereits aus der Schöpfungsgeschichte des Alten Testaments erschließen: „Gott sprach: Es werde Licht. Und es wurde Licht. Gott sah, dass das Licht gut war. Gott schied das Licht von der Finsternis" (Gen. 1,3–4). Was aber genau hat es mit dem Licht auf sich?

Obwohl jeder von uns zu wissen glaubt, was Licht ist, fällt eine fassbare Beschreibung dieser Naturerscheinung selbst im Zeitalter der modernen Naturwissenschaften gar nicht so leicht. Bis hinein ins 18. Jahrhundert tappte die Wissenschaft „über das Licht sogar ganz im Dunkeln" – einschließlich Benjamin Franklin, von dem dieses Zitat stammt.

Licht wird stets von einem natürlichen oder künstlichen Sender ausgestrahlt. Beispiele für natürliche Lichtquellen sind Sonne, Sterne, Feuer oder die Chemolumineszenz in Glühwürmchen; Beispiele für künstliche Quellen sind Glühbirnen, Leuchtstoffröhren oder Kerzenlicht. Alle diese Sender erzeugen Energie, die sie in Form *elektromagnetischer Wellen* an ihre Umgebung abgeben.

Der genaue Prozess der Ausstrahlung des Lichts kann durch ein Wechselspiel zwischen schwingender geladener Materie im Sender, elektrischen und magnetischen Feldern erklärt werden. Je schneller die Materie im Sender schwingt, umso höher ist die ausgestrahlte Energie und umso schneller schwingen deshalb auch die elektromagnetischen Wellen. Je schneller eine Welle schwingt, umso mehr und umso kürzere Wellenzüge bringt sie mit sich. Damit ist auch klar, dass diese Wellen eine kürzere *Wellenlänge* haben.

Die Energie der elektromagnetischen Welle steht also in einem direkten Zusammenhang mit der Wellenlänge: Je kleiner die Wellenlänge, umso größer ist die Energie der Welle.

Die Wellenlänge bestimmt dabei die Empfindung der Farbe des Lichts. Licht mit der niedrigen Wellenlänge von ca. 400 Nanometern (das sind 0,00004 cm) sehen wir als blaues Licht, während wir Licht mit der etwas höheren Wellenlänge von ca. 800 Nanometern als Rot wahrnehmen.

Im Normalfall besitzt das von einer Quelle ausgesandte Licht ein ganzes Spektrum von unterschiedlichen Wellenlängen in verschiedenen Intensitäten oder Helligkeiten. Jegliche Strahlung mit Wellenlängen außerhalb dieses schmalen Bereiches ist für den Menschen unsichtbar! Das sichtbare Licht ist also nur ein kleiner Ausschnitt des gesamten elektromagnetischen Spektrums, welches in Bild 1.1 dargestellt ist.

Strahlung mit weniger Energie als das sichtbare Rot ist zum Beispiel die Infrarotstrahlung, die Mikrowellen und die Radiowellen, Strahlung mit höherer Energie als das sichtbare Blau ist beispielsweise das Ultraviolett, die Gammastrahlung oder die kosmische Strahlung.

Die elektromagnetische Strahlung hat die Eigenschaft, sich und ihre Energie im Vakuum ohne Zuhilfenahme von Materie in Form einer Welle aufrechtzuerhalten. Diese Welle breitet sich von der Quelle mit der sehr hohen, für das Vakuum konstanten Lichtgeschwindigkeit von ca. 300 000 km/s aus. Das Licht bewegt sich, wie alle elektromagnetische Strahlung, so lange in eine Richtung, bis es auf ein Hindernis trifft. Die Strahlung transportiert also Energie von einem

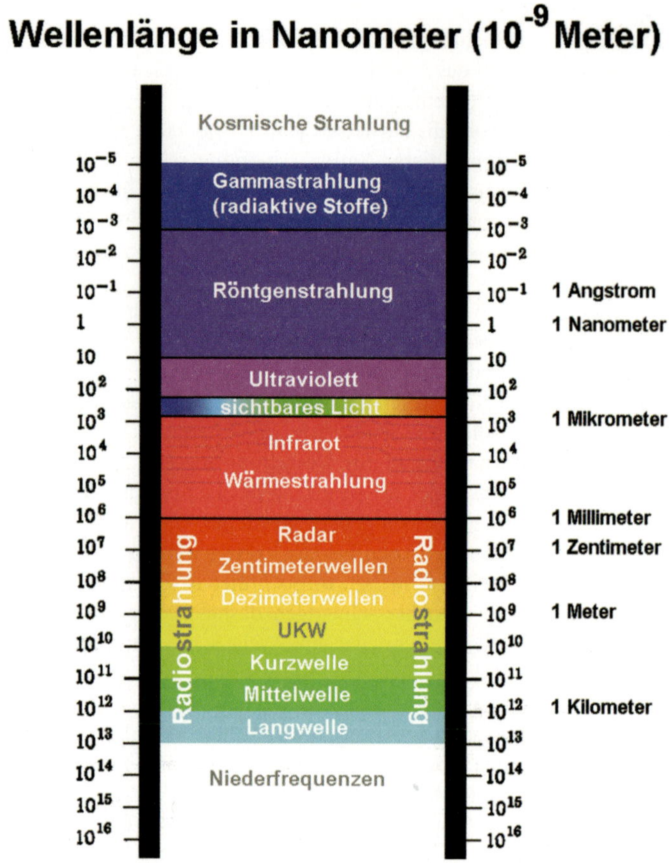

Abb. 1.1: Das elektromagnetische Spektrum.

Ort an einen anderen. Das ist vergleichbar mit einem Fahrstuhl oder einem Taxi, die Menschen an einen anderen Ort transportieren.

An dem Hindernis findet ein Energieaustausch zwischen der Lichtwelle und der Materie statt. Je nach der inneren Beschaffenheit des Hindernisses wird die Strahlung mit ganz bestimmten Wellenlängen vom Stoff aufgenommen. Diesen Vorgang des Aufnehmens von *elektromagnetischer Strahlung* durch feste Stoffe und die Umwandlung ihrer Energie nennt man *Absorption*.

Alle Strahlen mit anderen Wellenlängen werden unverrichteter Dinge reflektiert. Die Wellenlängen und die Intensität dieser reflektierten Strahlung sind für jeden Stoff ähnlich charakteristisch wie ein Fingerabdruck. Trifft ein solcher Strahl auf unsere Augen, so wird seine Energie in chemische Energie und Nervenpulse umgewandelt und wir können seinen Ausgangspunkt identifizieren. Mit anderen Worten: Wir können ihn *sehen*.

Wie kommt diese Sinnesempfindung des Sehens im Einzelnen zustande? Um einen Seheindruck zu erzielen, bedient sich das menschliche Auge der unterschiedlichsten Techniken. Mit Hilfe einer Reihe fantastischer Eigenschaften hat es einen Weg gefunden, eintreffende Strahlen mit einem hoch intelligenten Informationsverarbeitungssystem aufzunehmen und weiterzuleiten.

Der Sehprozess beginnt, wie in Bild 1.2 zu sehen ist, beim Eintritt eines Lichtstrahls in den optischen Apparat des Auges. Dieses besteht aus der Hornhaut, der vorderen Augenkammer und der Linse. Der Lichtstrahl wird in der Hornhaut und der Linse gebrochen. Vor der Linse befindet sich die kreisförmige *Iris*, die wegen ihrer auffallenden Färbung auch *Regenbogenhaut* genannt wird. Die Iris hat in ihrer Mitte ein Loch, die *Pupille*; durch diese gelangt das Licht in die Linse. Die Pupille verkleinert sich bei intensivem Lichteinfall und erweitert sich bei schwachem Licht. Somit erfüllt die Iris genau die Funktion einer Blende.

Die Form der Linse und damit ihre Brechkraft kann mit Hilfe des sie ringförmig umgebenden *Ciliarmuskels* verändert werden. Der Ciliarmuskel ist einer der aktivsten Muskeln unseres Körpers. Durch eine Anspannung des Ciliarmuskels wird die Linse rund, was ihre Brechkraft erhöht. Dadurch wird das Auge auf nahe Entfernungen scharf gestellt. Umgekehrt wird bei einer Entspannung des Ciliarmuskels die Linse abgeflacht und die Sehschärfe auf die Ferne eingestellt. Da die Linse unter dauernder Belastung immer unelastischer wird, ist der Ciliarmuskel mit zunehmendem Alter nicht mehr in der Lage, die Linse auf nahe Entfernungen scharf zu stellen. Die Linse bildet den Lichtstrahl nach seinem Weg durch den durchsichtigen *Glaskörper* auf die *Netzhaut* (die *Retina*) ab. Die Retina liegt auf der hinteren inneren Oberfläche des Auges. Dort entsteht ein auf dem Kopf stehendes, verkleinertes Bild.

Die Netzhaut ist mit einer Vielzahl von lichtempfindlichen Sehzellen bestückt, die das empfangene Licht in elektrische Nervenimpulse umwandeln können. Insgesamt befinden sich ca. 126 Millionen (!) Sehzellen auf der Netzhaut! Dabei kann zwischen den *Stäbchen* und den *Zapfen* unterschieden werden, die aus verschiedenen lichtempfindlichen Stoffen bestehen und sich auf das Erkennen verschiedener Helligkeiten und Farben eingerichtet haben.

Die ca. 120 Millionen Stäbchen der Netzhaut sind auf schwaches Licht spezialisiert. Die Stäbchen können aber keine Farben unterscheiden, sodass in schwachem Dämmerlicht nur verschiedene Grautöne erkannt werden („nachts sind alle Katzen grau"). Die Stäb-

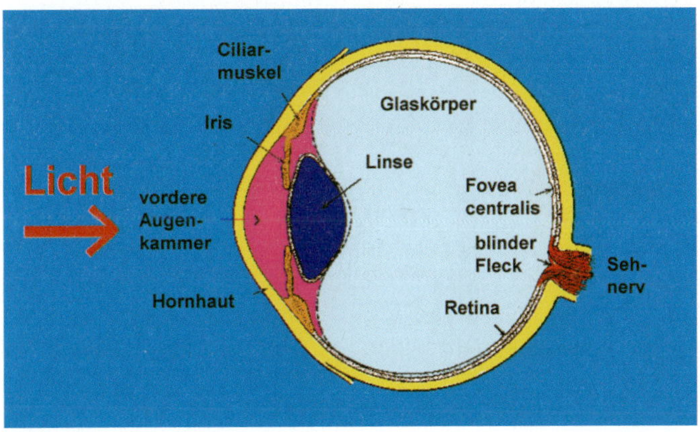

Abb. 1.2: Ein schematischer Querschnitt durch das Auge.

chen sind gleichmäßig über die Netzhaut verteilt – abgesehen von der so genannten *Fovea centralis*, in der keine Stäbchen anzutreffen sind. Bei der Fovea handelt es sich um eine winzige Grube, die im Zentralbereich der Netzhaut liegt. Dort befindet sich auf engstem Raum ein Großteil der ca. sechs Millionen Zapfen, mit denen wir tagsüber sehen. Durch die Zapfen sind wir in der Lage, farbig und sehr scharf zu sehen.

Die Zapfen und Stäbchen leiten ihre Sehinformation in Form von elektrischen Impulsen an die Neuronen weiter. In diesen Neuronen, die in mehreren Schichten angeordnet sind, liegen *Horizontalzellen*, *Bipolarzellen*, *Amakrinen* und *Ganglienzellen*, die die hoch komplizierte Aufgabe der Vorverarbeitung der Bildinformation übernehmen.

Bemerkenswerterweise liegen die Sehzellen am „falschen", das heißt am lichtabgewandten Ende der Netzhaut. Das einfallende Licht muss daher zunächst, wie in Bild 1.3 zu sehen ist, die ganzen weiterverarbeitenden (durchsichtigen) Schichten der Netzhaut durchqueren, bis es auf die Zapfen und Stäbchen trifft.

Diese Lage der Sehzellen hat zwei Vorteile für das Auge. Zum einen wird die Schicht der Sehzellen vor Stößen und Deformationen geschützt. Zum anderen können die Sehzellen von der lichtabgewandten Seite her durch die *Pigmentepithelzellen* sehr einfach versorgt werden. Der komplizierte Sehvorgang erfordert einen ständigen Wiederaufbau der Farbpigmente in den Sehzellen. Dies geschieht mit Hilfe eines Enzyms – also eines Eiweißstoffes –, das in diesen Pigmentepithelzellen enthalten ist.

Die Netzhaut übernimmt einen großen Teil der Bildauswertung bereits selbst, indem sie die Informationseinheiten der 126 Millionen Sehzellen in Form von elektrischen Reizen im Sehstrang zusammenfasst, der aus „nur" noch ca. 800 000 Nervenleitungen besteht. Diese enorme Leistung bedingt schier unglaubliche Fähig-

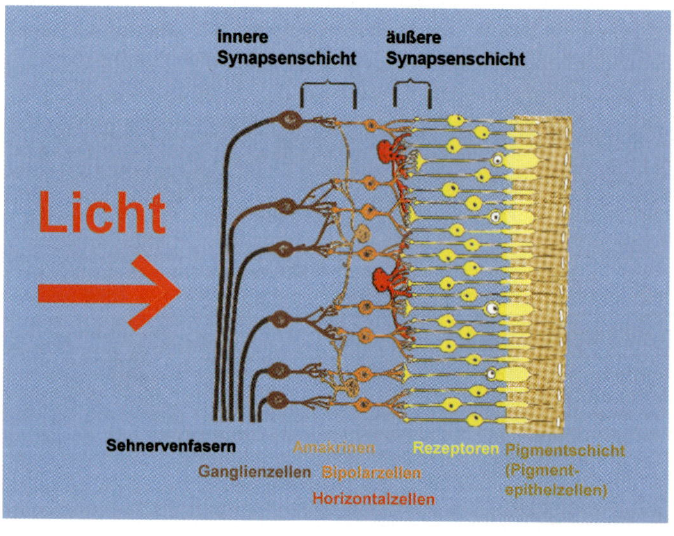

Abb. 1.3: Querschnitt durch die Netzhaut.

keiten der nachgeschalteten Netzhautschichten. Nicht von ungefähr entsteht die Netzhaut in der Embryonalphase aus einer Ausstülpung des Hirngewebes, ist also Teil des Gehirns. Das Endergebnis des Sehvorgangs eines Auges sind die in den 800 000 Nervenleitungen gebündelten elektrischen Impulse. Sie werden im Sehstrang an das Sehzentrum im Gehirn weitergeleitet.

Der Sehstrang tritt dazu an einer bestimmten Stelle, dem *blinden Fleck*, durch die Retina. An dieser Stelle kann keine Sehzelle sitzen und damit auch keine Sehwahrnehmung stattfinden. Diesen blinden Fleck können Sie mit Hilfe von Bild 1.4 feststellen.

Schließen Sie bitte Ihr linkes Auge und blicken mit dem rechten Auge auf den Busfahrer in Bild 1.4! Bewegen Sie das Buch so lange langsam vor sich hin und her, bis der für die bevorstehende Abenteuerreise durch die Wahrnehmung bereitstehende Reisebus verschwindet! Falls er noch teilweise zu sehen ist, drehen Sie das Bild ein wenig um die Bildmitte und verändern den Beobachtungsabstand. Achten Sie auch auf das horizontale Muster der Garage im Hintergrund – das Muster wird von unserem Wahrnehmungssystem durchgängig ergänzt. Umgekehrt funktioniert der Trick genauso. Halten Sie dazu das rechte Auge geschlossen und blicken Sie auf den Reisebus! Diesmal können Sie bei richtigem Buchabstand den Busfahrer zum Verschwinden bringen!

Wie schafft es unsere Wahrnehmung, diesen baubedingten Mangel des blinden Flecks so gut auszugleichen, dass wir im Alltag überhaupt nichts mehr davon bemerken? Die einfachste Erklärung wäre die, dass jeweils das eine Auge den blinden Fleck des anderen Auges ausgleicht. Dagegen spricht allerdings, dass der blinde Fleck auch beim einäugigen Sehen durch das Wahrnehmungssystem so gut ausgeglichen wird, dass er auch dann normalerweise nicht auffällt.

Unter Berücksichtigung aller Sehinformationen um den blinden Fleck herum ergänzt unser Sehsystem die Lücke so, dass sich auf möglichst einfache Art und Weise eine „gute Gestalt" ergibt. Das bedeutet für Bild 1.4, dass die Balken der Garage an der Stelle, an der der

Abb. 1.4: Lassen Sie entweder den Bus oder den Busfahrer verschwinden.

Reisebus verschwunden ist, durchgängig ergänzt werden und keine Lücken im Sehfeld sichtbar sind!

Diese fantastische Eigenschaft ist ein erster Hinweis auf die von unserem Gehirn verwendeten genialen Strategien der Wahrnehmung, auf deren Spuren wir uns im Laufe dieser Reise der etwas anderen Art begeben wollen: dem Streben nach „guter Gestalt“ und Ordnung.

1.3 Die Sinne streben nach Ordnung

Nehmen Sie nun in Gedanken auf einem der Sitze des Reisebusses von Bild 1.4 Platz. Die Entdeckungsfahrt durch das fantastische Land der Gesetze des Sehens kann beginnen!

1.3.1 Ein Rätseltier

Die Fahrt wird schon bald durch ein aus schwarzen und weißen Klecksen bestehendes Gebilde gestoppt, das auf der Straße vor dem Bus steht. Der Anblick durch die Fensterscheibe auf dieses Gebilde ist in Bild 1.5 dargestellt.

Der Busfahrer hält an und blickt besorgt auf die Uhr. Eigentlich sollte die Reisegesellschaft jetzt schon auf der Wiese mit seinen Lieblingstieren, den Schafen, sein. Aber er weiß, die Schafe sind geduldig und bewahren die Ruhe, deshalb sind sie ja gerade seine Lieblingstiere. Aus seiner Erfahrung mit früheren Reisegruppen weiß er, dass dieses lästige Rätseltier, das Bild 1.5 zeigt, erst dann aus dem Weg verschwindet, wenn alle Reiseteilnehmer es *nicht nur gesehen*, sondern auch *wahrgenommen* haben! Um diesen Vorgang etwas zu beschleunigen, erklärt er seinen Fahrgästen Folgendes:
„Jeder von Ihnen kann dieses Tier erkennen, wenn Sie nur genügend lange auf die zunächst willkürlich erscheinende Kombination von

Abb. 1.5: Das Rätseltier auf der Straße (Dallenbach'sche Figur).

schwarzen und weißen Flächen blicken. Lassen sie Ihrem Wahrnehmungssystem genügend Zeit; es wird dann ganz von selbst eine sinnvolle Deutung dieses Wirrwarrs finden!“

Befolgen Sie diesen Ratschlag, so verschwindet nach einiger Zeit (zwischen einigen Sekunden bis Stunden) das vermeintliche Durcheinander schlagartig und Ihre Wahrnehmung geht in einen Zustand der Ordnung über.

Das Rätseltier verwandelt sich in das Bild 1.11, trottet mit einem lauten „Muh“ gemütlich zur Seite und gibt den Weg für den Bus frei.

Anhand dieses unvollständigen Rätselbilds können wir die Erfolgsstrategie unserer Wahrnehmung genau nachvollziehen. Beim erstmaligen Betrachten sehen Sie sicherlich „nur“ ein völliges Durcheinander aus schwarzen und weißen Flächen. Mit diesem Zustand vermeintlicher Unordnung gibt sich unser Wahrnehmungssystem aber nur sehr ungern zufrieden. Vielmehr ist es ständig auf der Suche nach einer geordneten Empfindung. Diese „innere Unruhe“ wird schlagartig abgelöst durch die Wahrnehmung einer sinnvollen Interpretation der Einzelflächen als Gesamtbild. Dieser Zustand erweist sich als dauerhaft stabil.

Wenn Sie nach einiger Zeit neuerlich auf das Bild blicken, werden Sie keinerlei Probleme mehr haben, diese einmal wahrgenommene geordnete Struktur wiederzuerkennen!

Diese Eigenschaft, ungeordnete, unvollständige oder – wie beim blinden Fleck – vollständig fehlende Sinneseindrücke zu einem sinnvollen Gesamteindruck zu ergänzen, ist Bestandteil eines großen, fantastischen Plans, den unser Wahrnehmungssystem verfolgt.

Dieser Plan lässt sich am besten mit einem Streben nach einer sinnvollen, möglichst einfachen Wahrnehmung beschreiben. Dieser Zustand der Ordnung kann mit den Worten von Wolfgang Metzger auch als das „Lieblingskind der Sinne“ bezeichnet werden. Metzger ist ein Vertreter der *Gestaltpsychologie*, die sich die Deutung dieses Plans unseres Wahrnehmungssystems zur Aufgabe gemacht hat. Davon soll im Folgenden die Rede sein.

1.3.2 Die Gestaltpsychologie

Die Geburtsstunde der Gestaltpsychologie schlug im Sommer 1910, als der Frankfurter Professor Max Wertheimer sich auf einer Zugfahrt in das Rheinland befand. Urplötzlich hatte er eine Eingebung über die Erkennung von Bewegungen und Scheinbewegungen. Er verließ den Zug und experimentierte noch im Hotelzimmer mit einer Art Daumenkino. Seine Experimente führte er in der Universität in Frankfurt weiter. Er untersuchte die Wirkung zweier fester Lichtpunkte, die in schneller Folge abwechselnd aufleuchten. Dabei erkannte er, dass der Mensch eine Scheinbewegung zwischen diesen beiden Punkten wahrnimmt. Diese Beobachtung führte ihn 1912 zu einer wichtigen Erkenntnis über die Organisation der menschlichen Wahrnehmung: die Gestalttheorie. Sie besagt, dass wir im stabilen Wahrnehmungszustand nicht eine Summe oder Folge von Einzelempfindungen wahrnehmen, sondern das Bild als Gesamtheit – und zwar mit den Einzelempfindungen als deren Bestandteile. Diese Sichtweise entspricht genau den Vorgängen beim Betrachten der Dallenbach-Figur (Bild 1.5): Das Ganze (die *Gestalt*) ist mehr als die Summe seiner Einzelteile!

Wertheimer konnte erstmals die Wahrnehmung einer Gestalt mit Hilfe der *Gruppierungsgesetze* erklären. Gestaltpsychologen wie Kurt Koffka, Wolfgang Köhler, Wolfgang Metzger oder Michael Stadler führten diese Arbeit fort und erkannten, dass das Wahrnehmungssystem die einzelnen Bildbestandteile nach solchen Gruppierungsgesetzen zu Gestalten zusammenfasst.

Um diese Gruppierungsgesetze des Sehens zu demonstrieren, bleibt der fantastische Reisebus auf seiner Reise in das Land der Gesetze des Sehens nun an einer Weide mit vielen Schäfchen stehen.

1.4 Die Schafe und die Gesetze des Sehens

„Heute bist du ja fast pünktlich", begrüßt der Schäfer den Busfahrer, und sein Hund wedelt mit dem Schwanz. Der Hund freut sich, weil er weiß, dass er gleich etwas zu tun bekommt.

„Meine Schafe sind ganz besondere Schafe. Sie fressen nämlich nicht nur den lieben langen Tag, stehen kreuz und quer auf der Wiese herum, blöken dumm und erscheinen in den Träumen der Menschen wie gewöhnliche Schafe. Nein, meine Schafe sind vielmehr schon ganz wild darauf, Ihnen die Gesetze des Sehens zu demonstrieren", sagt der Schäfer.

1.4.1 Das Gesetz der Prägnanz

Der Hund treibt nun die Schafe an, und schnell stehen diese – von weit oben betrachtet – in einer Anordnung wie in Bild 1.6 links vor uns.

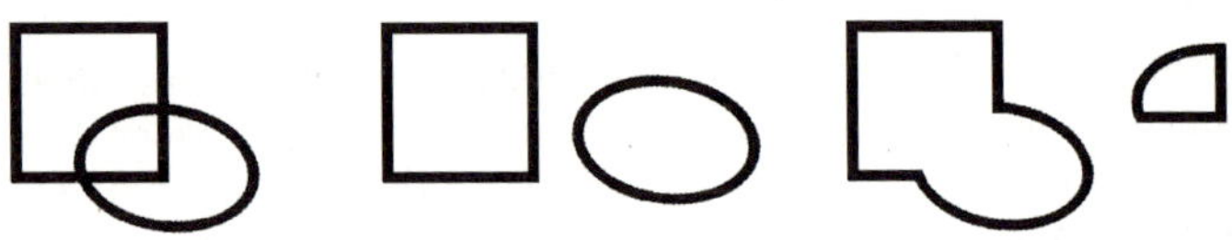

Abb. 1.6: Das Gesetz der Prägnanz: Sicherlich erkennen Sie in der Anordnung links eher eine Ellipse und ein Quadrat (Mitte) als irgendwelche anderen Formen, die Sie zum Beispiel rechts sehen.

Vermutlich erkennen Sie links deutlich ein Quadrat und eine Ellipse. Zur Verdeutlichung dieser Formen treibt der Hund die Schafe, wie in der Mitte zu sehen, auseinander. Warum aber erkennen wir gerade diese Figuren und nicht irgendwelche anderen, wie z. B. in Bild 1.6 rechts? Die Antwort ist im zentralen Gesetz der Gestalttheorie, dem *Gesetz der Prägnanz*, zusammengefasst.

Das Gesetz der Prägnanz wurde von Kurt Koffka (1886–1941) sinngemäß so formuliert:

Die psychologische Organisation wird immer so gut sein, wie die herrschenden Bedingungen es erlauben. Das Wort „gut" umfasst Eigenschaften wie Regelmäßigkeit, Symmetrie, Geschlossenheit, Einheitlichkeit, Ausgeglichenheit, maximale Einfachheit, Knappheit und die Tendenz zur Orientierung senkrecht – waagrecht.

Das Prägnanzgesetz ist sehr allgemein gefasst, was ihm gerade die zentrale Rolle als oberste Spielregel für die Wahrnehmung von Gestalten sichert. Es wird auch als *Gesetz der guten Gestalt* oder als *Gesetz der Einfachheit* bezeichnet. Das Ergebnis der Betrachtung einer beliebigen Szene ist immer so, dass die schlussendlich wahrgenommene Struktur so einfach wie möglich ist.

Deshalb erkennen wir in der ersten Anordnung der Schafe auch deutlich die Ellipse und das Quadrat. Diese beiden Muster zeichnen sich durch ihre Einfachheit gegenüber allen anderen möglichen Mustern aus. Ebenso ergeht es uns bei der Betrachtung von Bild 1.7, in dem wir wiederum aus großer Entfernung von oben auf die Schafherde blicken. Sicherlich erkennen Sie anstelle eines komplizierten zwölfeckigen Gebildes sehr bald zwei übereinander liegende einfache Dreiecke!

Sehr gute Formen im Sinne der Prägnanz sind erfahrungsgemäß Kreise, rechte Winkel und Geraden. Beispiele für die bevorzugte Wahrnehmung dieser guten Formen zeigen uns die Schafe in den nächsten Anordnungen. Von weit oben betrachtet sehen sie wie in den Bildern 1.8 bis 1.10 aus.

Es zeigt sich beispielsweise (Bild 1.8), dass einige wenige Punkte, die etwas von einer Kreislinie abweichen, so erscheinen, als lägen sie wirklich auf dem Kreis – das ist natürlich nicht der Fall. Ebenso können Sie sehen (Bild 1.9), dass Winkel mit 87 Grad oder 93 Grad immer noch so wahrgenommen werden, als würden sie einen rechten Winkel (90 Grad) bilden.

Zur Demonstration der guten Gestalt von Geraden haben sich die Schafe etwas Besonderes ausgedacht. Betrachten Sie das Ergebnis in Bild 1.10.

Dieses Muster heißt nach ihrem Entdecker *Lipp'sche Täuschung*. Das Prinzip der Prägnanz bewirkt, dass unsere Wahrnehmung geknickte Linienzüge überbrückt und angenähert als Geraden wahrnimmt. Dass dies tatsächlich der Fall ist, beweist die Lipp'sche Täuschung. Die Mittelsegmente der einzelnen Linienzüge bestehen zum Hauptteil aus langen geraden Stücken, die als stark gegeneinander gekippt wahrgenommen werden. In Wirklichkeit liegen sie aber genau parallel zueinander! Für diesen Effekt sorgen die kurzen, geknickten Abschlussstücke der parallelen Linien, die abwechselnd nach unten und oben weisen. Unsere Wahrnehmung ergänzt diese geknickten Linienzüge, so gut es geht, jeweils zu einer Geraden. Dies ist nur möglich, wenn in der Wahrnehmung die eigentlich parallelen mittleren Linien entsprechend gekippt werden – was genau die Täuschung bewirkt!

Die Lipp'sche Täuschung ist ein Beispiel für zahlreiche faszinierende *geometrisch-optische Täuschungen*, denen wir uns in der zweiten Reise zuwenden werden. Zunächst wollen wir aber die Auf-

Abb. 1.7: Erkennen Sie anstelle eines komplizierten Zwölfecks zwei übereinander liegende Dreiecke?

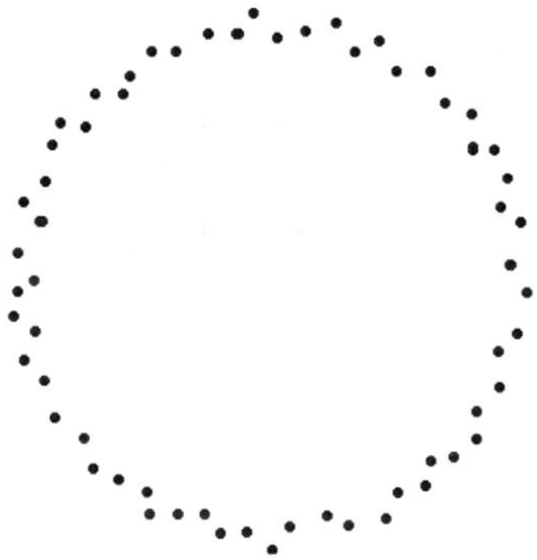

Abb. 1.8: Einige wenige Punkte, die von einer Kreislinie abweichen, werden trotzdem als zur Kreislinie gehörig wahrgenommen!

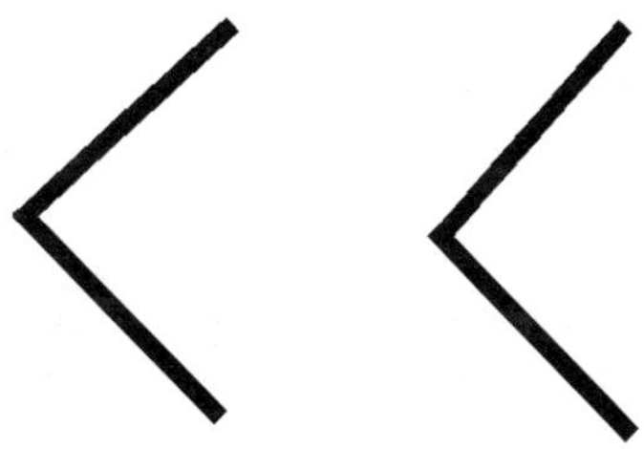

Abb. 1.9: Ein Winkel mit 87 Grad oder mit 93 Grad wird immer noch als rechter Winkel erkannt.

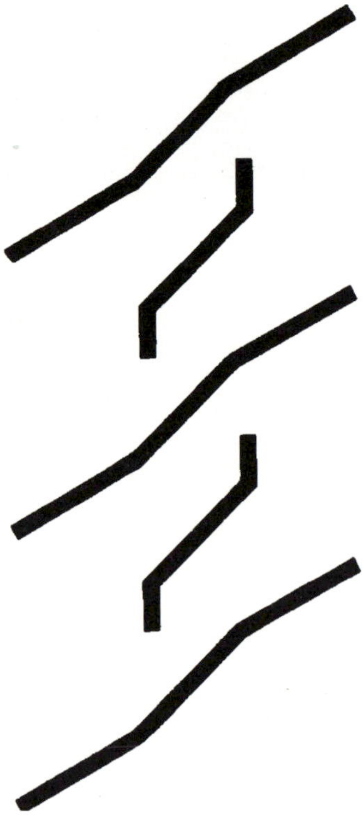

Abb. 1.10: Lipp'sche Täuschung: Die Linienzüge erscheinen gegeneinander gekippt.

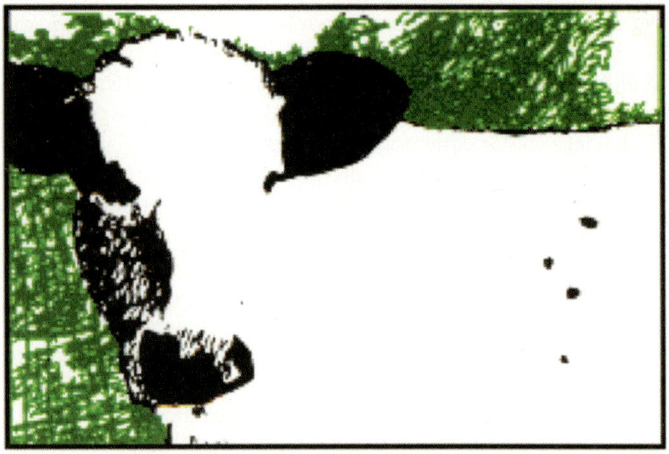

Abb. 1.11: Die Auflösung der Dallenbach'schen Figur (vgl. Bild 1.5).

zählung der Gesetze des Sehens vervollständigen. Diese Gesetze führt uns die Schafherde jetzt nacheinander vor.

1.4.2 Das Gesetz der Ähnlichkeit

Betrachten Sie die neuen Anordnungen der Schäfchen in Bild 1.12. Die Schäfchen haben senkrecht und waagrecht genau den gleichen Abstand voneinander. Diese Anordnung lässt unserer Wahrnehmung eine Wahlmöglichkeit. Es können entweder waagrechte oder senkrechte Anordnungen von Schafen gesehen werden, aber auch beide Anordnungen zugleich!

Diese Wahlmöglichkeit verschwindet sofort, wenn jede zweite Reihe aus schwarzen Schafen besteht (vgl. zweites Teilbild von Bild 1.12). Sie nehmen nun sofort eindeutig eine senkrechte Anordnung von schwarzen und weißen Schafen wahr!

Diese Wahrnehmung verdeutlicht das *Gesetz der Ähnlichkeit*. Es besagt, dass die einzelnen Elemente eines Bilds bevorzugt als Gruppe wahrgenommen werden, wenn sie sich ähnlich sind. Diese Ähnlichkeit kann sich auf Farbe, Helligkeit, Größe, Orientierung oder Form beziehen. Der gleiche Gruppierungseffekt würde erzielt werden, wenn sich abwechselnd große und kleine Schafe oder rote und grüne Schafe aufstellen würden.

1.4.3 Das Gesetz der Nähe

Wenn manche Schafe näher zueinander stehen als andere, so fällt diese Struktur sofort ins Auge. Sind die vertikalen Abstände (Bild 1.13 oben) sehr gering, so erkennen Sie sicher eine Ausrichtung der

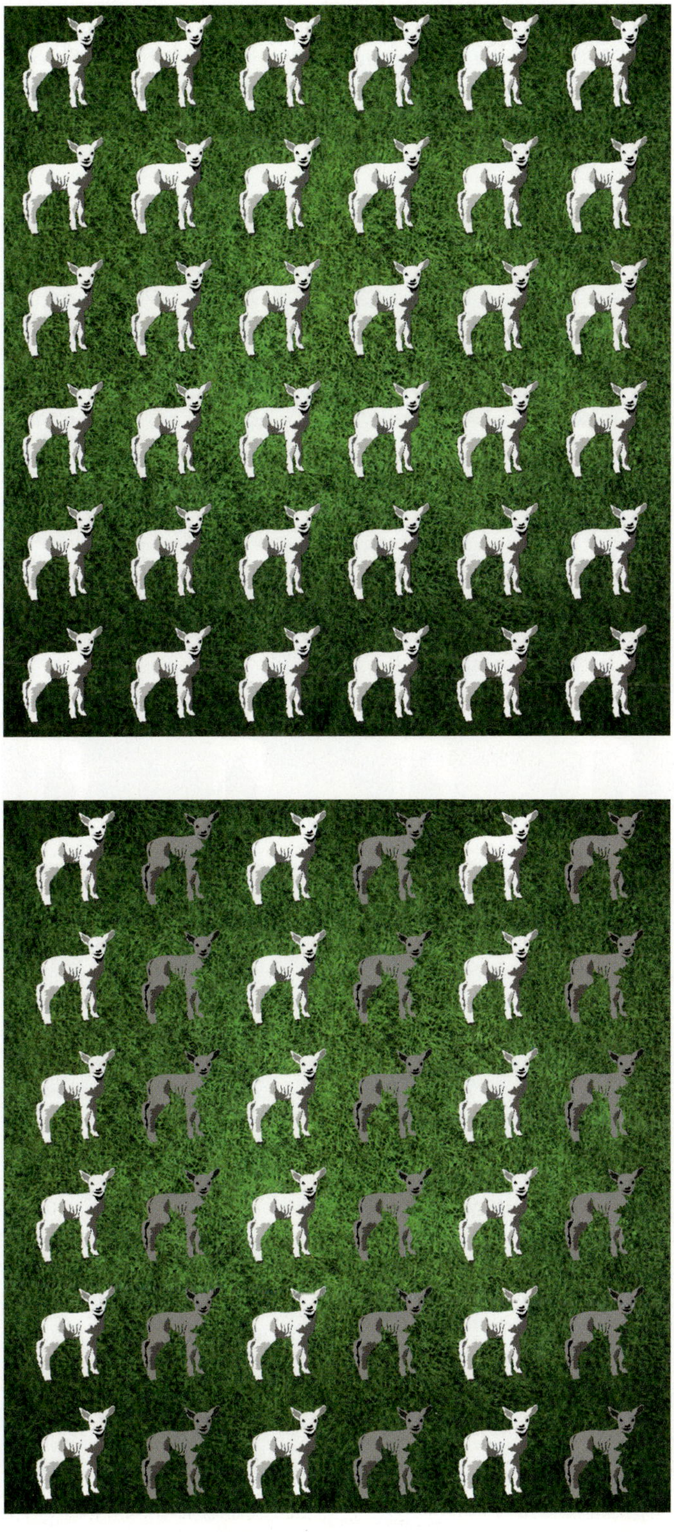

Abb. 1.12: Das Gesetz der Ähnlichkeit. *Oben*: waagrechte und senkrechte Anordnungen von Schafen werden gleichermaßen wahrgenommen. *Unten*: Sicherlich erkennen Sie sofort eindeutig senkrechte Anordnungen von schwarzen und weißen Schafen.

Schafe in senkrechten Spalten. Dieses wichtige Gliederungsprinzip wird das *Gesetz der Nähe* genannt. Mit anderen Worten: Reize oder Bildelemente, die nahe beieinander liegen, werden leicht als zusammengehörig wahrgenommen.

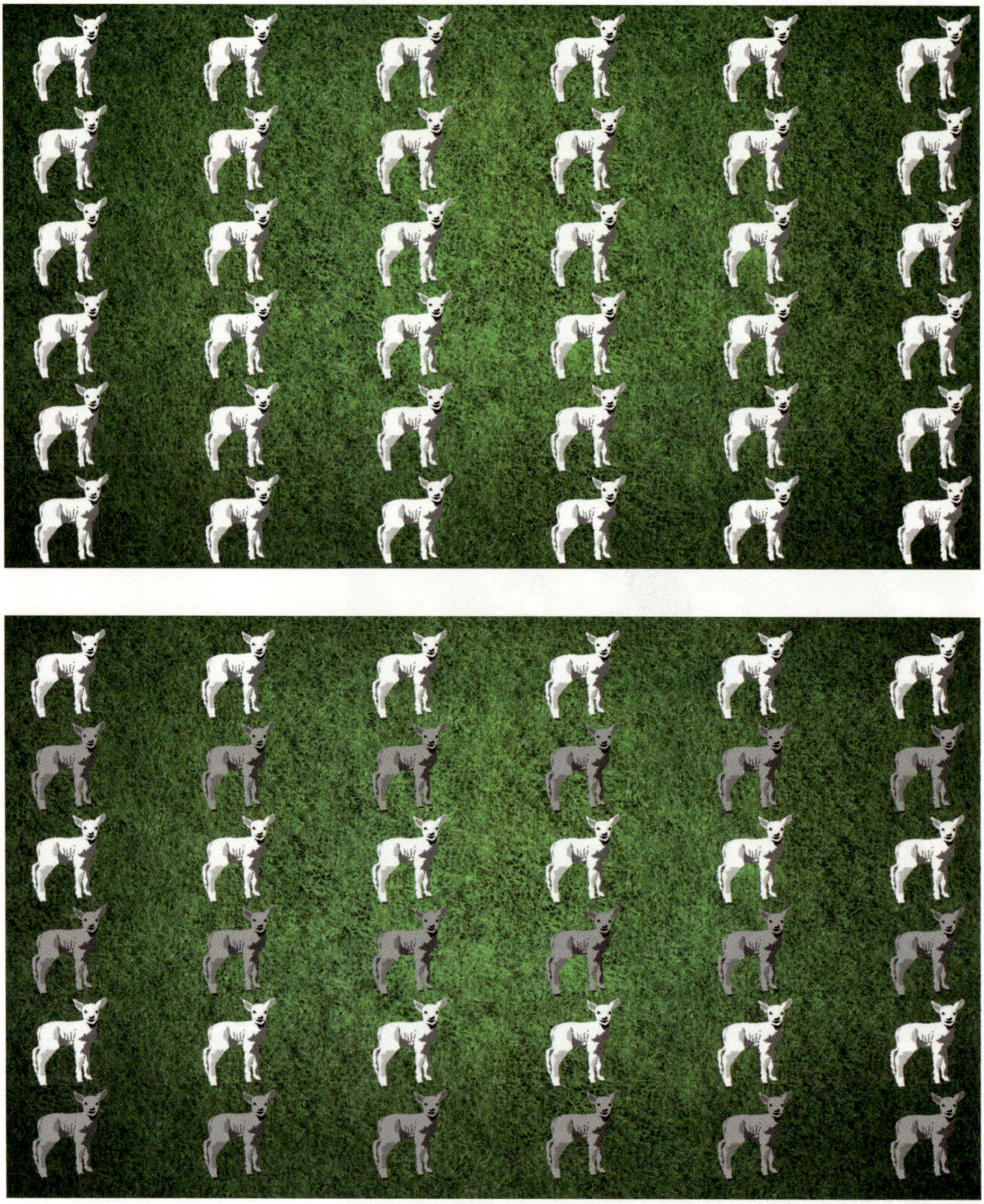

Abb. 1.13: Das Gesetz der Nähe.

Wie mächtig dieses Gruppierungsprinzip ist, zeigt Ihnen ein Blick auf die Schafe im Bild 1.13 unten, in dem das Gesetz der Nähe das Gesetz der Ähnlichkeit überstimmt.

1.4.4 Das Gesetz der guten Fortsetzung

Schon wieder haben die Schafe eine neue Anordnung eingenommen, die Sie in Bild 1.14 aus der Vogelperspektive sehen können.

Links erkennen Sie deutlich zwei sich schneidende Kurvenzüge, die von A bis B und von C bis D reichen. Genauso gut könnte es sich aber auch um zwei Linienzüge von A nach C und von B nach D handeln. Die Linienzüge weisen dabei aber einen Knick auf, was ihnen offensichtlich einen deutlichen Nachteil für ihre Wahrnehmung einbringt. Diese Wahrnehmungseigenschaft wird durch das *Gesetz der guten Fortsetzung* beschrieben. Dieses Gesetz besagt, dass Linien mit einem durchgehenden geraden oder möglichst wenig gekrümmten Linienzug sich am besten zu einer Einheit gruppieren.

Dass die Annahme einer durchgehenden Kurve fest in unserer Wahrnehmung verankert ist, zeigt Bild 1.14 in der Mitte. Sicherlich gehen Sie von der Vermutung aus, dass das Rechteck zwei Geraden verdeckt, die von A nach B und von C nach D führen. Dass das nicht so sein muss, zeigt Bild 1.14 rechts.

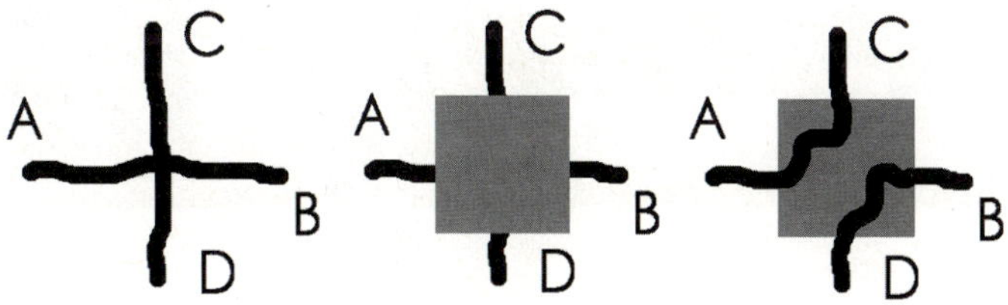

Abb. 1.14: Das Gesetz der guten Fortsetzung erklärt die eindeutige Wahrnehmung der Anordnungen.

1.4.5 Das Gesetz der Geschlossenheit

In Bild 1.15 oben erkennen Sie ein Muster, das aus zwei senkrechten benachbarten Gruppen von Schafen besteht. Diese Wahrnehmung ändert sich sofort, wenn, wie in Bild 1.15 unten, die weiter entfernt liegenden Spalten geschlossen werden. Jetzt werden eindeutig geschlossene Formationen erkannt. Geschlossene Linienzüge vereinigen sich leichter zu einer Gestalt als solche, die keine Fläche umschließen. Diese Aussage ist Inhalt des *Gesetzes der Geschlossenheit.* Dessen Stärke wird in Bild 1.15 unten offensichtlich: Hier überstimmt das Gesetz der Geschlossenheit das Gesetz der Nähe.

1.4.6 Das Gesetz der Erfahrung

Vorwissen und Erfahrung spielen bei der Gruppierung von Bildelementen eine bedeutende Rolle. So wäre ein Analphabet sicherlich

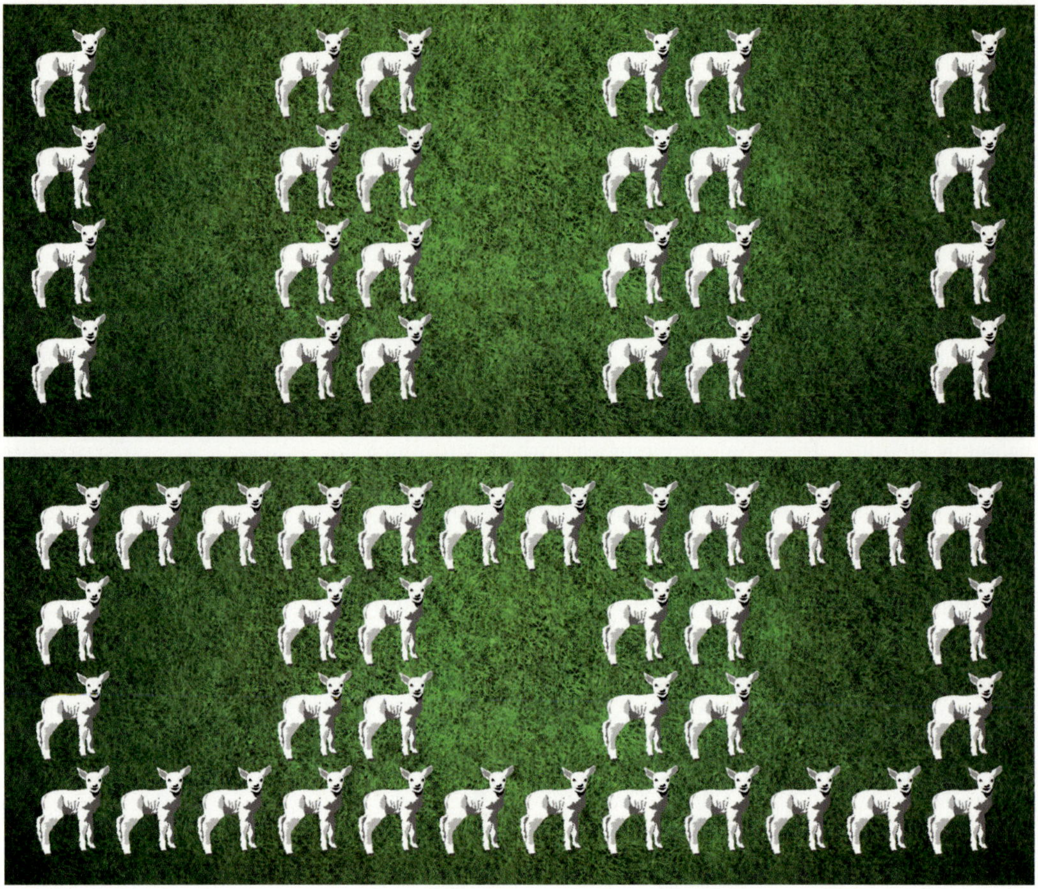

Abb. 1.15: Das Gesetz der Geschlossenheit.

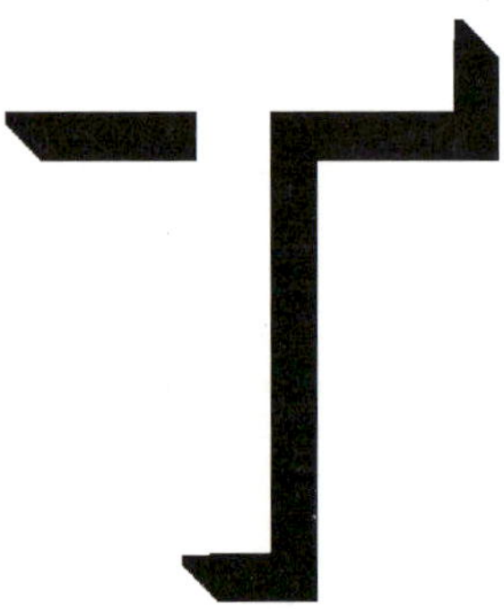

Abb. 1.16: Das Gesetz der Erfahrung.

nicht in der Lage, die Linien in Bild 1.16 genauso zu gruppieren und die fehlenden Linien im Geiste zu ergänzen wie Sie, der Sie lesen können. Eine solche Wahrnehmungsleistung beschreibt das *Gesetz der Erfahrung.*

Auch unser Busfahrer hat seine Erfahrungen. Und die besagen, dass er weiterfahren muss, um seinen Gästen die nächsten Abenteuer vorzustellen. Die Schafe sind inzwischen auch sehr erschöpft und froh, dass sie das verbleibende *Gesetz des gemeinsamen Schicksals* nicht mehr vorführen müssen. Dabei handelt es sich um die gemeinsame Wahrnehmung von Elementen, die in die gleiche Richtung bewegt werden. Diese Vorführung hätte ihnen einige zusätzliche Bewegung abverlangt. So verabschieden sie nur noch den abfahrenden Reisebus und verwandeln sich dann wieder in eine ganz normale Schafherde. Sie fressen wieder Gras, stehen kreuz und quer auf der Wiese herum, blöken und erscheinen in unseren Träumen. Zum Träumen haben wir aber nicht lange Zeit, denn wir sind ja auf einer Abenteuerreise.

2 Zweite Reise: die geometrisch-optischen Täuschungen

Der richtige Blickwinkel ist entscheidend! Je nachdem, aus welcher Perspektive wir die Dinge sehen, interpretieren wir sie auf diese oder jene Weise.

Immer dann, wenn unsere Sinne uns einen Streich spielen und die spontane Wahrnehmung der Realität unsere Fantasie zu überfordern scheint, wird uns überdeutlich bewusst, wie störungsanfällig und leicht beeinflussbar unser Gehirn doch eigentlich ist. Wie oft sitzen wir blauäugig vermeintlichen Realitäten auf, die sich nach einiger Zeit als plumpe Illusion entpuppen!

Diese Reise führt uns zu den geometrisch-optischen Täuschungen, die hauptsächlich schon Ende des achtzehnten Jahrhunderts entdeckt wurden, aber auch heute noch immer wieder eine ganz besondere Faszination auf den Betrachter ausstrahlen. Die meisten der Bilder sind einfache Strichzeichnungen und bilden dadurch ein Grundgerüst zum analytischen Verständnis aller weiterer Illusionen des Sehens.

2.1 Irrtümer der Sinne

Die optischen Täuschungen führen unsere Sinne in die Irre. Bilder von optischen Täuschungen werden vom Betrachter teilweise völlig anders wahrgenommen, als es die tatsächlich vorhandenen physikalischen Bildgegebenheiten vermuten lassen. Zum Beispiel erscheinen zwei identische geometrische Figuren unterschiedlich groß oder lang; gerade Linien können gekippt erscheinen oder als ob sie einen Sprung hätten. Sie werden sehen, auf nichts ist mehr Verlass!

Die bekanntesten optischen Täuschungen sind die geometrisch-optischen Täuschungen. Die meisten der über 200 bekannten Figuren, die geometrisch-optische Täuschungen hervorrufen, wurden schon Ende des 18. Jahrhunderts entdeckt und nach ihrem jeweiligen Entdecker benannt. Die Art und Weise, auf die sie die Gesetze des Sehens brechen, ist von Bild zu Bild verschieden – genauso wie das letztendliche Sehergebnis. Kaum ein Feld der Wahrnehmungspsychologie ist so vieldeutig und durch widersprüchliche Erklärungsversuche gekennzeichnet wie die optischen Täuschungen. Bei manchen Bildern weiß man überhaupt nicht, wie und warum eine bestimmte Täuschung erfolgt. Dies mag auf der einen Seite befremdlich sein, hat auf der anderen Seite aber auch etwas Beruhigendes. Denn das Unwissen ist bekanntlich die Mutter aller Abenteuer, auf deren Spuren wir mit diesem Buch ja sind.

Die geometrisch-optischen Täuschungen bestehen normalerweise aus zwei Bildbestandteilen, zumeist Strichzeichnungen. Der eine Teil *verursacht* die Täuschung und der andere Teil ist der Bildrest, *über den* man sich täuscht.

Betrachten Sie zum Beispiel die berühmte *Müller-Lyer'sche Täuschung* in Bild 2.1.

2.2 Die Müller-Lyer'sche Täuschung, Teil 1

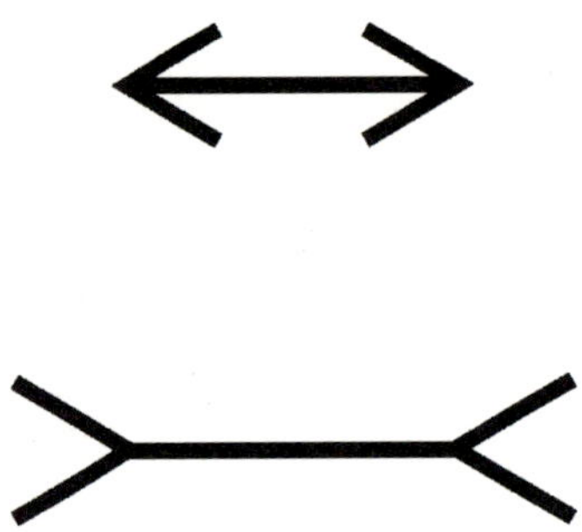

Abb. 2.1: Die Müller-Lyer'sche Täuschung (1889): Die beiden waagrechten Linien sind genau gleich lang!

Die Müller-Lyer'sche Täuschung besteht aus zwei absolut identischen Linien, die unsere Wahrnehmung vollkommen verschieden bewertet. Der Auslöser dafür ist der unterschiedliche Abschluss der Linien an ihren Enden. Die obere Linie wird durch Striche in spitzen Winkeln beendet, während die untere Linie durch stumpfe Winkel beendet wird. Sicherlich kommt Ihnen die obere Linie um einiges kürzer vor als die untere!

Wie ist eine solche Täuschung erklärbar?

Wie bei den meisten anderen geometrisch-optischen Täuschungen sind auch hier unterschiedliche Erklärungen möglich. Die vielleicht einfachste Erklärung ist, dass unser Wahrnehmungssystem von Natur aus darauf eingerichtet ist, allen Sinneseindrücken eine dreidimensionale Deutung zuzuordnen. Durch die unterschiedlichen Abschlüsse wird den beiden Kanten eine unterschiedliche räumliche Tiefe zugeordnet. Dabei wird die obere Kante näher zum Betrachter liegend wahrgenommen als die untere Kante.

Warum ist das so? Wie wir schon wissen, strebt die Ordnungsliebe unserer Sinne danach, möglichst prägnante Formen zu erkennen. Ein solcher geordneter Zustand liegt zweifellos bei rechten Winkeln vor! Deshalb versucht unser Wahrnehmungssystem beliebige Winkel – falls irgendwie möglich – in einer perspektivischen Sehweise in rechte Winkel umzudeuten. Das führt bei spitzen Winkeln wie im oberen Teil der Müller-Lyer'schen Täuschung dazu, dass die waagrechte Linie vor der Papierebene liegend erscheint. Die in der ebenen Sehweise spitzen Winkel erscheinen in räumlicher Sehweise als nach hinten abgekippte perspektivische rechte Winkel. Aus dem gleichen Grund wird die untere waagrechte Linie als weiter hinten liegend wahrgenommen. Die vormals stumpfen Winkel können nun als nach vorne ragende perspektivische rechte Winkel empfunden werden. Aus der so genannten *Größenkonstanz* ergibt sich schließlich der unterschiedliche Längeneindruck.

2.3 Die Größenkonstanz: eine wichtige Grundlage der Wahrnehmung

Das Phänomen der Größenkonstanz spielt eine herausragende Rolle in der Wahrnehmung und wird uns auch in allen weiteren Reisekapiteln immer wieder begegnen. Die Größenkonstanz ist ein ganz besonderer „Service“ unseres Wahrnehmungssystems an das Gehirn. Erst mit dieser Fähigkeit ist es möglich, Größenabschätzungen genau durchzuführen und uns in der dreidimensionalen Welt zurechtzufinden.

Aufgrund ihrer unterschiedlichen Entfernung und Orientierung erkennen wir alle Dinge unserer Umwelt in einer anderen Größe als der, die sie in Wirklichkeit haben. Mit dem Prinzip der Größenkonstanz verfolgt unser Wahrnehmungssystem das anspruchsvolle Ziel, diese räumlichen Einflüsse auszugleichen. Die Dinge werden durch unsere Wahrnehmung in ihrer Größe auf ihre wirklichen Ausmaße hin korrigiert! Dieses Prinzip lässt sich sehr gut an der so genannten *Ponzo-Täuschung* in Bild 2.2 beobachten.

Die Ponzo-Täuschung lässt sich durch die räumliche Größeneinordnung erklären. Die beiden schrägen Linien in Bild 2.2 links vermitteln den starken räumlichen Eindruck zweier paralleler Linien, die in großer Tiefe ihren Fluchtpunkt haben, wie dies zum Beispiel bei Eisenbahnschienen (wie in Bild 2.2 rechts zu sehen) der Fall ist. Deshalb scheint der obere Querbalken im Vergleich zu dem unteren in großer räumlicher Tiefe zu liegen. Das Prinzip der Größenkonstanz sorgt dafür, dass uns der obere Balken viel größer erscheint. Die Größenkonstanz ermöglicht es uns, identische Sinneseindrücke in Abhängigkeit von ihrer scheinbaren Tiefe als verschieden groß wahrzunehmen – wie etwa die zwei identischen senkrechten Linien bei der Müller-Lyer'schen Täuschung: Sehen wir die Linie sehr nahe, nehmen wir sie kleiner wahr, als wenn wir dieselbe Linie einer größeren Tiefe zuordnen.

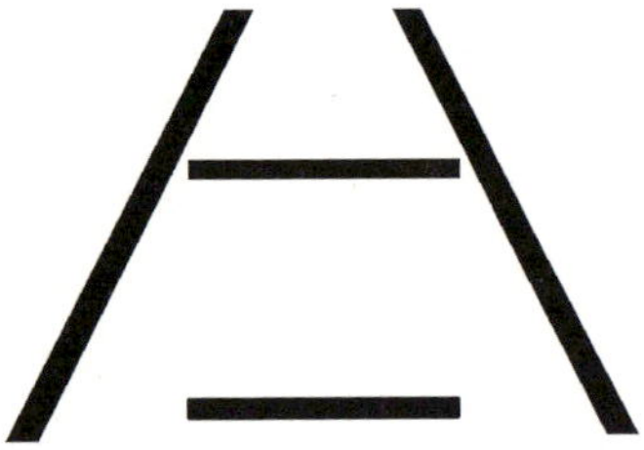

Abb. 2.2: Die Ponzo-Täuschung: Der obere Querbalken erscheint deutlich länger als der gleich lange untere!

Ein weiteres Beispiel für die Größenkonstanz ist die *Gillam-Täuschung* in Bild 2.3. Die obere senkrechte Linie erscheint dabei im Vergleich zur ebenso langen unteren Linie stark verlängert!

Durch einen geschickten Kunstgriff wird hier eine räumliche Szene geschaffen – nämlich durch eine stetige Erhöhung der Dichte der Querstriche. Unwillkürlich nimmt der Betrachter an, dass die Striche einen konstanten räumlichen Abstand haben – der Grund dafür ist übrigens wieder das Prinzip der Prägnanz, das Sie schon kennen gelernt haben! Die eigentlich flache Abbildung wird daraus zwangsweise in einen räumlichen Hintergrund umgerechnet! Eine senkrechte Linie wird vor diesem Hintergrund als umso größer eingestuft, je weiter sie in der Tiefe zu liegen scheint. Die perspektivische Länge einer senkrechten Linie entspricht genau der Anzahl der von ihr überschrittenen Querlinien. Durch den Mechanismus der Größenkonstanz korrigiert unser Wahrnehmungssystem die auf die Netzhaut fallende tatsächliche Größe der Linie hin zu einer durch den räumlichen Eindruck bedingten Größe.

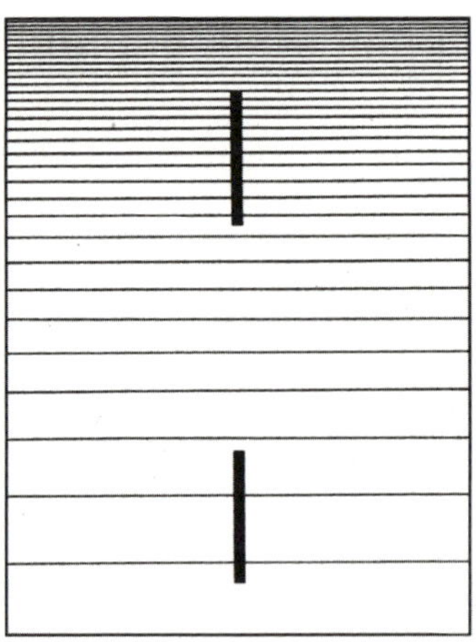

Abb. 2.3: Die Gillam-Täuschung: Die obere senkrechte Linie erscheint viel länger als die identische untere!

2.4 Die Müller-Lyer'sche Täuschung, Teil 2

Die räumliche Erklärung der Müller-Lyer'schen Täuschung wird in Bild 2.4 offensichtlich. Dabei wird die Müller-Lyer-Täuschung als eine Gebäudeecke, einmal von außen und einmal von innen, interpretiert. Sicher erscheint Ihnen der senkrechte Mittelbalken auf dem rechten Foto länger als der auf dem linken Foto. In Wirklichkeit sind die beiden Balken aber genau gleich lang. Die Erklärung für diese Täuschung liegt in der räumlichen Betrachtungsweise.

Neben der räumlichen Erklärungsstrategie kann man die Müller-Lyer'sche Täuschung wie die meisten anderen geometrisch-optischen Täuschungen auch direkt über die neuronalen Mechanismen im Sehzentrum erklären. Um diesen Nachweis zu führen, gehen wir der Täuschung mit einem Experiment auf den Grund. Die

Abb. 2.4: Die Erklärung der Müller-Lyer'schen Täuschung aus einer räumlichen Betrachtungsweise.

Bilder werden dazu gezielt verändert oder in ihre Einzelbestandteile zerlegt, um deren Wirkung auf den Betrachter analysieren zu können. Diese „experimentelle Analyse" von Täuschungen kann uns direkte Hinweise auf die Mechanismen im Sehzentrum liefern. Bild 2.5 enthält solche schrittweise veränderte Müller-Lyer'sche Figuren.

Von links nach rechts erscheint die Länge der senkrechten Striche immer kleiner! Aus den unterschiedlichen verwendeten Kombinationen der Bestandteile der Täuschung lassen sich analytisch sofort folgende Schlüsse ziehen:

- Stumpfe Winkel verlängern die Linie scheinbar, spitze Winkel verkleinern sie dagegen.
- Je extremer die Winkel sind, umso extremer ist ihr Einfluss auf die Täuschung.
- Der Einfluss stumpfer Winkel auf die Täuschung ist stärker als der Einfluss von spitzen Winkeln. Deshalb erscheint die zweite senkrechte Linie von links etwas länger als die „neutrale" Linie rechts daneben mit den senkrechten Abschlusslinien.

Diese mit einfachen Mitteln gewonnenen Erkenntnisse lassen weit reichende Schlüsse auf die Zusammenhänge der Informationsverarbeitung im Wahrnehmungssystem zu. Dazu muss man wissen, dass

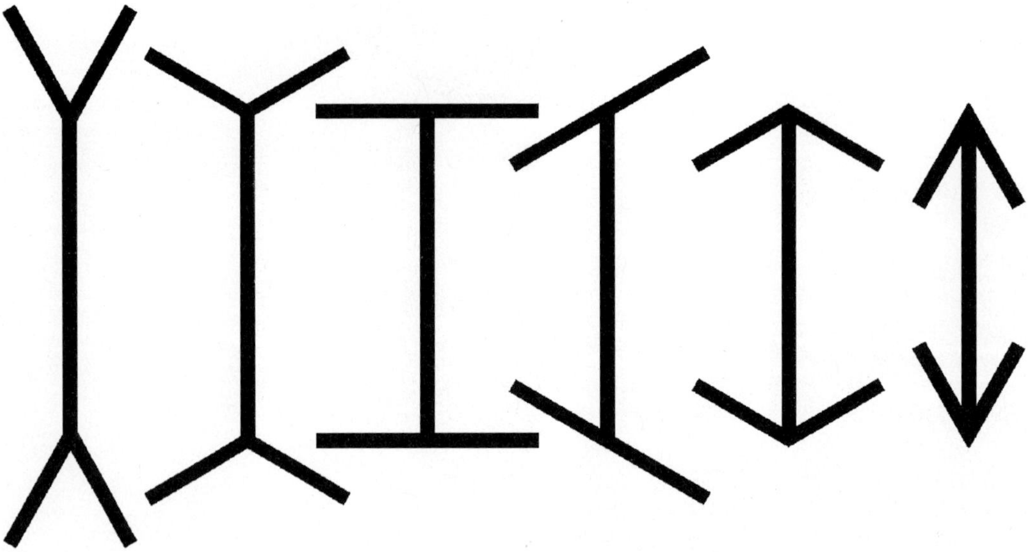

Abb. 2.5: Die „experimentelle" Untersuchung der Müller-Lyer'schen Täuschung: Von links nach rechts werden die Täuschungsbestandteile gezielt verändert. Die Länge der senkrechten Striche erscheint dabei immer kleiner!

benachbarte Sehzellen der Netzhaut auf eine sehr raffinierte Weise in Detektorzellen zusammengeschaltet sind. Diese Detektorzellen können dadurch beispielsweise Linien einer ganz bestimmten Steigung erkennen. Wenn zwei Linien aufeinander treffen, treten diese Detektoren in Wechselwirkung miteinander. Abhängig von der Winkelgröße hemmen oder verstärken sich die Detektoren gegenseitig, sodass die beteiligten Linien in einer unterschiedlichen Größe erscheinen. Durch unsere Experimente an der Müller-Lyer'schen Täuschung lässt sich folgern:
Spitze Winkel hemmen die Detektorzellen, stumpfe Winkel hingegen regen sie an! Und die auf diese Weise manipulierten Detektorzellen sind schließlich für den Längeneindruck der betrachteten Linie verantwortlich. Somit erscheinen Teile einer Linie, die in einem spitzen Winkel endet, verkürzt. Und Linienteile, die in einem stumpfen Winkel enden, erscheinen verlängert!

Der Einfluss von Winkeln auf die Längenwahrnehmung von Linien lässt sich in den verschiedensten Bildern beobachten. Zwei Beispiele dafür sind in Bild 2.6 zu sehen. In der ebenen Betrachtungsweise ist links ein Trapez zu erkennen, das aus einer langen und einer kurzen Grundfläche mit spitzen und stumpfen Winkeln besteht. Was geschieht nun, wenn das Prinzip der Prägnanz dafür sorgt, dass die räumliche Wahrnehmung vollzogen wird?

Sicherlich erkennen Sie bald ein Rechteck, dessen obere Kante im Hintergrund zu liegen scheint. Die untere Linie scheint dagegen weiter vorne zu liegen. Aus den verschiedenen Winkeln entstehen in dieser Perspektive lauter rechte Winkel.

Deutlich erkennbar ist auch der Einfluss der Winkel auf die Länge der waagrechten Linien. Die spitzen Winkel sorgen dafür, dass die untere Linie verkürzt wird, genauso wie die stumpfen Winkel die obere Linie verlängern.

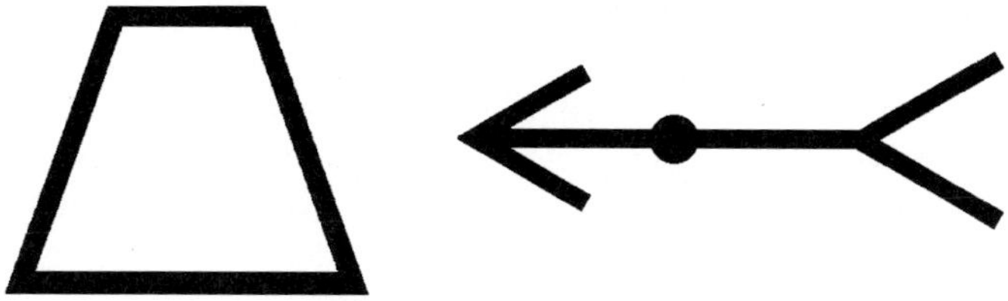

Abb. 2.6: Der Einfluss stumpfer und spitzer Winkel *Links*: Stumpfe Winkel verlängern eine Linie, spitze Winkel verkürzen sie. *Rechts*: Judd-Täuschung. Der Punkt in der Mitte scheint stark in Richtung des spitzen Winkels verschoben zu sein!

Genau dieser Effekt erklärt auch die *Judd-Täuschung*, die in Bild 2.6 rechts dargestellt ist. Dabei wird der zentral in der Linienmitte befindliche Punkt als stark in Richtung der spitzen Winkel verschoben empfunden! Wieder „verlängern" die stumpfen Winkel die Linie, während die spitzen sie „verkürzen". Deshalb rutscht in unserer Wahrnehmung der Mittelpunkt in Richtung der spitzen Winkel!

Lassen Sie sich aber durch diese an der Müller-Lyer'schen Figur gewonnenen allgemeinen Erkenntnisse nicht täuschen! Die Wahrnehmungspsychologie ist ebenso wie die Physiologie meilenweit von einer widerspruchslosen Analyse der geometrisch-optischen Täuschungen entfernt.

Schon zur vollständigen Beschreibung der Müller-Lyer'schen Täuschung reichen die bisher gewonnenen Erkenntnisse bei weitem nicht aus. So steht die Forschung schon bei der beobachteten unterschiedlichen Gewichtung der Einflussstärke von stumpfen und spitzen Winkeln auf die Längenwahrnehmung vor einem Rätsel. Bei der Müller-Lyer'schen Figur tragen die stumpfen Winkel beispielsweise zwei- bis dreimal so viel zur Entstehung der Täuschung bei wie die spitzen Winkel!

Bereits beim Betrachten von nur ganz leicht modifizierten Anordnungen (Bilder 2.7 und 2.8) stoßen wir an die Grenzen unseres Wissens über die Müller-Lyer'sche Täuschung.

Abb. 2.7: Die dreidimensionale Müller-Lyer'sche Täuschung: Der linke Buchabstand erscheint viel kürzer als der gleich große rechte Buchabstand.

In Bild 2.7 sehen Sie eine *dreidimensionale* Müller-Lyer'sche Täuschung. Die drei abgebildeten Bücher stehen auf dem Boden in derselben Tiefe und haben einen identischen Abstand. Trotzdem sieht der linke Zwischenraum stark verkürzt und der rechte vergrößert aus, genauso wie bei der zweidimensionalen Müller-Lyer'schen Täuschung. Das mittlere Buch wirkt stark nach links verschoben. Dieser Effekt lässt sich natürlich nicht mehr mit einer unterschiedlichen Tiefenzuordnung der Bücher und der daraus entstehenden missgedeuteten Größenkonstanz erklären! Auch die Kopplung der Detektorzellen von unterschiedlichen Kanten kann nicht mehr die Ursache für die Täuschung sein, da es hier gar keine durchgezogenen Kanten gibt!

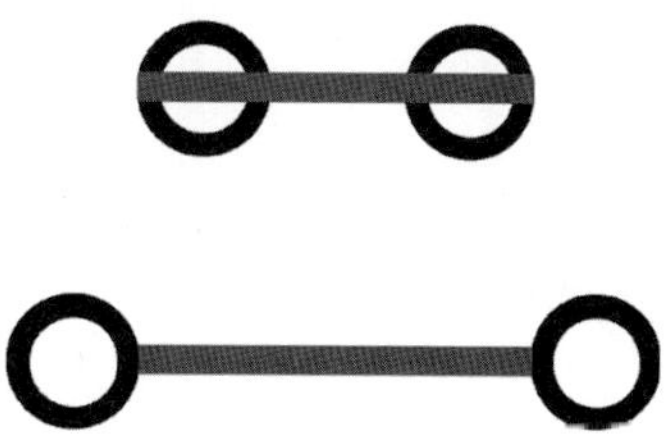

Abb. 2.8: Delboeuf'sche Täuschung (1892): eine Müller-Lyer'sche Täuschung mit kreisförmigem Linienabschluss. Wieder sind die beiden Linien genau gleich lang!

Eine Erklärungsmöglichkeit wäre, dass unser Wahrnehmungssystem in der Lage ist, sich nicht existierende Kanten zu „denken" und diese dann genauso zu behandeln wie real existierende. Auf solche Illusionskonturen werden wir in der dritten Reise noch stoßen.

Auch über das Zustandekommen der Täuschung in Bild 2.8 kann man nur sehr wenig sagen. Die beiden gleich langen Kanten werden hier anstatt durch Winkel durch Kreise abgeschlossen. Trotzdem lässt sich wieder ein frappierender Größenunterschied erkennen:

Schon allein aus der Betrachtung der Modifikationen der Müller-Lyer'schen Täuschung können wir also den Schluss ziehen, dass eine vollständige Theorie zur psychologischen Erklärung aller optischen Täuschungen wahrscheinlich in weiter Ferne liegt. Dafür besitzen die Täuschungsbilder viel zu unterschiedliche und vielfältige Gestalten bzw. sind die unterschiedlichen Einflussfaktoren in Form gegeneinander konkurrierender Gruppierungsgesetze des Sehens viel zu komplex.

Zwar dienen sie der experimentellen Wahrnehmungspsychologie als Hilfsmittel, um spezielle Eigenschaften isoliert zu beobachten. Die durch ein Gesamtbild hervorgerufenen Täuschungen allerdings komplett erklären zu wollen, dürfte trotzdem ein hoffnungsloses Unterfangen darstellen.

Hier bestätigt sich wieder die Grunderkenntnis der Gestaltpsychologie: Das gesamte Bild stellt etwas vollkommen anderes dar als die bloße Summe seiner Einzelteile.

Vermutlich liegt gerade in dieser fehlenden Einheitlichkeit der geometrisch-optischen Täuschungen die Hauptursache für die spielerische Faszination, die sie auf den Betrachter ausübt.

Abb. 2.9: Die Poggendorff'sche Täuschung (1860): Ist die schräge Linie durchgehend?

2.5 Die Poggendorff'sche Täuschung

Bild 2.9 zeigt als ein weiteres Beispiel einer geometrisch-optischen Täuschung die berühmte *Poggendorff'sche Täuschung*. Sie besteht aus einem senkrechten Balken, der eine von links unten nach rechts oben *durchgehende* Linie kreuzt.

Durchgehend? Sicherlich sehen Sie keine durchgehende, sondern zwei in unterschiedlicher Höhe unterbrochene Linien. Trotzdem handelt es sich um einen durchgehenden Linienzug. Davon können Sie sich leicht mit Hilfe eines Lineals überzeugen.

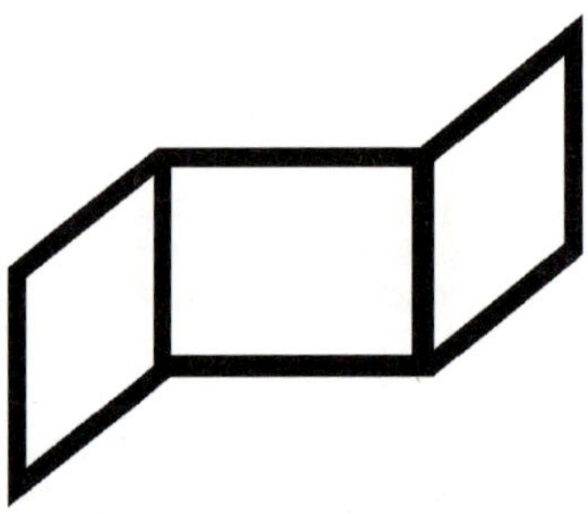

Abb. 2.10: Die Erklärung der Poggendorff'schen Täuschung durch eine räumliche Deutung: Die beiden schrägen Linien werden nicht durchgehend, sondern in der Tiefe versetzt wahrgenommen.

Durch die beiden senkrechten Linien scheint die schräge Strecke links unten in einer anderen räumlichen Ebene zu liegen als die rechts oben. Dies wird in Bild 2.10 klar, wo eine mögliche räumliche Wahrnehmung durch Hilfslinien verdeutlicht ist. Die beiden schrägen Linien erscheinen im Raum sowohl in der Höhe als auch in der Tiefe gegeneinander versetzt.

Wird die Bildvorlage der Poggendorff'schen Figur wie in Bild 2.11 geändert, so empfindet man die Figur von vornherein als räumlich. Dabei erstreckt sich das ganze Gebilde von links hinten nach rechts vorne in die Tiefe; es werden nur noch durchgehende schräge Linien wahrgenommen.

Auch die Poggendorff'sche Täuschung lässt sich experimentell gezielt in Einzelteile zerlegen. So kann beispielsweise der Einfluss der spitzen und der stumpfen Winkel getrennt betrachtet werden (Bild 2.12 links und in der Mitte). Dabei wird deutlich, dass die Täuschung wiederum vor allem durch die stumpfen Winkel verursacht wird, die die beteiligten Linien beträchtlich „verlängern". Dadurch entsteht der

Eindruck, dass die Schnittpunkte der schrägen Linien in der Höhe versetzt sind. Die spitzen Winkel „verkürzen" dagegen wieder die beteiligten Linien. Wie in Bild 2.12 links zu sehen ist, sorgen sie für eine entgegengesetzte Täuschung. Die schräge Linienfortsetzung rechts oben scheint sogar unterhalb der erwarteten Höhe zu liegen!

Eine weitere Eigenschaft, die uns schon bei der Müller-Lyer'schen Figur auffiel, bemerken wir in Bild 2.12 rechts. Wird die Steigung der schrägen Linie erhöht, so verstärkt sich analog dazu auch das Ausmaß der Täuschung!

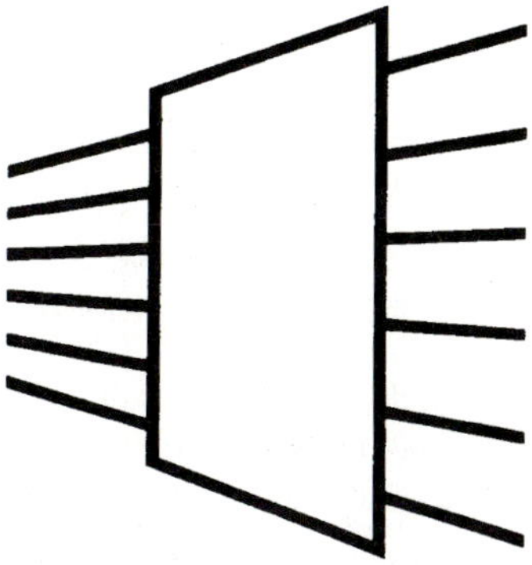

Abb. 2.11: Die modifizierte Poggendorff'sche Täuschung: Durch die eindeutige räumliche Vorgabe verschwindet die Täuschung nahezu vollständig: Es werden nur noch durchgehende schräge Linien wahrgenommen!

2.6 Die Sander'sche Täuschung

Der täuschende Einfluss von spitzen und stumpfen Winkeln auf die Wahrnehmung einer Streckenlänge zeigt sich auch bei der *Sander'schen Täuschung.* Die Diagonale im großen Parallelogramm auf Bild 2.13 erscheint dabei um einiges länger als die im kleinen Parallelogramm. In Wirklichkeit sind die beiden Diagonalen aber genau gleich lang!

Eine mögliche Erklärung ergibt sich wiederum aus der Eigenschaft der beteiligten Winkel, die Linienlängen scheinbar zu verändern (vgl. zum Beispiel Bild 2.5).

Inzwischen wissen wir, dass vor allem die stumpfen Winkel eine entscheidende Rolle bei Täuschungen spielen. Sie haben die starke Tendenz, die beteiligten Linien scheinbar zu vergrößern! Da die Diagonale des großen Parallelogramms in beiden Schnittpunkten einen stumpfen Winkel bildet, erscheint sie dadurch entsprechend gedehnt. Im Gegensatz dazu weist die Diagonale des kleinen Parallelogramms nur spitze Winkel auf, was zu ihrer scheinbaren Verkürzung führt!

Dieser Ansatz liefert übrigens auch die Erklärung für ein allgemeines, von Metzger beschriebenes Phänomen, dass in jedem schrägen Parallelogramm die längere Diagonale verkürzt und die kürzere verlängert erscheint!

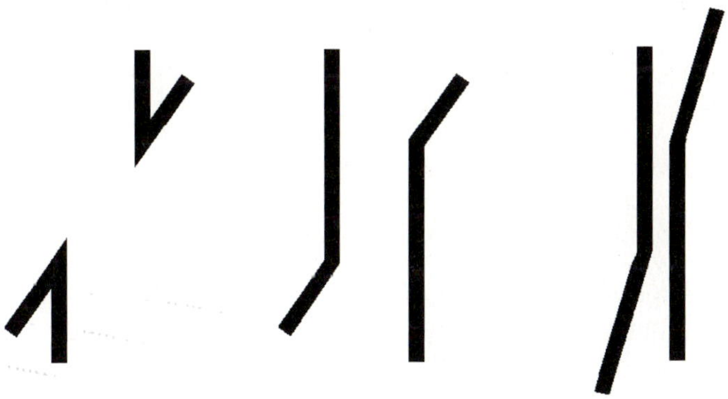

Abb. 2.12: Die Poggendorff'sche Täuschung wird auseinander genommen. *Links*: Zerlegung in spitze Winkel, *Mitte*: Zerlegung in stumpfe Winkel. Die spitzen Winkel haben weit weniger Anteil an der Täuschung als die stumpfen! *Rechts*: Je steiler die schräge Linie ist, umso stärker wird die Täuschung!

Abb. 2.13: Die Sander'sche Täuschung (1926): Die Diagonale im großen Parallelogramm erscheint deutlich länger als die Diagonale im kleinen! In Wirklichkeit sind sie genau gleich lang.

2.7 Die Hering'sche Täuschung

Betrachten Sie die *Hering'sche Täuschung* in Bild 2.14 links. Bei Täuschungen dieses Typs handelt es sich zumeist um sehr beeindruckende Exemplare, die wiederum – wie bei der Sander'schen Täuschung – auf der Wechselwirkung von sich schneidenden Linien beruhen. Allerdings wird hier nicht mehr nur eine einzige Linie betrachtet, sondern ein ganzes Linienbündel. Dieses Linienbündel bewirkt eine scheinbare Krümmung von Linien, die das Bündel queren.

In Bild 2.14 erscheinen die beiden Linien, die das Strahlenbündel schneiden, von der Mitte aus gekrümmt. In Wirklichkeit sind die beiden Linien aber genau parallel! Davon können Sie sich sehr einfach überzeugen, wenn sie ganz flach von der Seite exakt in der Richtung der beiden Geraden blicken! Sie müssen das Buch hierfür leicht drehen. Ähnliches passiert auch mit dem Quadrat über dem Linienbündel (Bild 2.14 Oben links). Die geraden Kanten des Quadrats erscheinen vom Zentrum aus deutlich „aufgeblasen"!

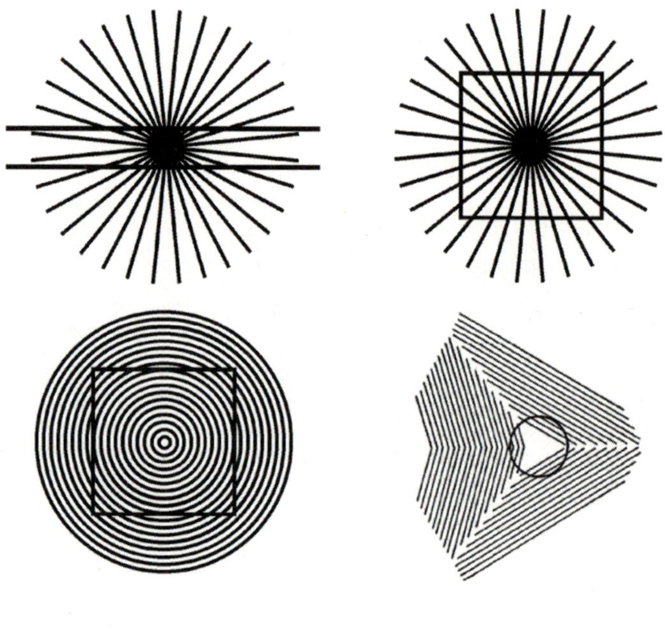

Abb. 2.14: Scheinbare Linienverkrümmung durch Linienbündel. *Links*: Hering'sche Täuschung (1861): Die beiden quer liegenden Linien sehen so aus, als ob sie vom Strahlzentrum weg gebogen wären. In Wirklichkeit sind sie parallel und gerade! Davon können Sie sich leicht überzeugen, wenn Sie das Buch flach halten und von rechts entlang der Geraden blicken! *Oben rechts*: Das über dem Linienbündel liegende Quadrat erscheint vom Strahlzentrum aus gesehen aufgebläht! *Unten links*: Der umgekehrte Effekt tritt auf, wenn ein Quadrat über einer Ansammlung konzentrischer Kreise liegt: Die Kanten des Quadrats werden vom Zentrum aus scheinbar nach innen gekrümmt! *Unten rechts:* drastische Auswirkung der Linienverkrümmung; der in Wirklichkeit ideale Kreis wirkt stark deformiert.

Der umgekehrte Täuschungseffekt ist in Bild 2.14 Unten links zu beobachten: Dort liegt ein Quadrat über einer Ansammlung konzentrischer Kreise. Sicher erkennen Sie sofort den Unterschied: Die Kanten des Quadrats erscheinen nun nach innen gebogen! In Bild 2.14 können Sie eine besonders drastische Konsequenz der Linienverkrümmung sehen: die zu sehende stark deformierte Kartoffel ist in Wirklichkeit ein idealer Kreis!

Diese Täuschungen können wieder aus dem Streben unserer Sinne nach einer prägnanten Gestalt erklärt werden – Sie erinnern sich sicher noch an das Gesetz der Prägnanz.

Unser Wahrnehmungssystem „sehnt“ sich nach rechten Schnittwinkeln. Diesen Wunsch erfüllt es sich so gut als möglich selbst, indem es die Orientierungsempfindung abändert und die Linien entsprechend kippt. Da dieser Kippprozess gleichzeitig an allen Schnittpunkten stattfindet, entsteht der Gesamteindruck einer gekrümmten Linie!

2.8 Die Zöllner'sche Täuschung

Ganz ähnlich verhält sich unsere Wahrnehmung auch bei der eindrucksvollen *Zöllner'schen Täuschung* (Bild 2.15 links). Die langen Linien erscheinen stark gegeneinander gekippt, obwohl sie in Wirklichkeit alle parallel zueinander sind!

Davon können Sie sich sehr leicht überzeugen, indem Sie das Buch wieder flach halten und die Linien entlang blicken! Die Erklärung für die Verkippung der senkrechten oder waagrechten Linien liegt bei den abwechselnd senkrechten und waagrechten kleinen Quersprossen.

Wieder ist unser Wahrnehmungssystem bestrebt, rechte Winkel zu sehen. Deshalb werden die durchgehenden Linien „im Geiste“ senkrecht zum Lot der Querstreben hin gekippt, was die Täuschung bewirkt. In Bild 2.15 rechts können Sie eine ganz ähnliche Täu-

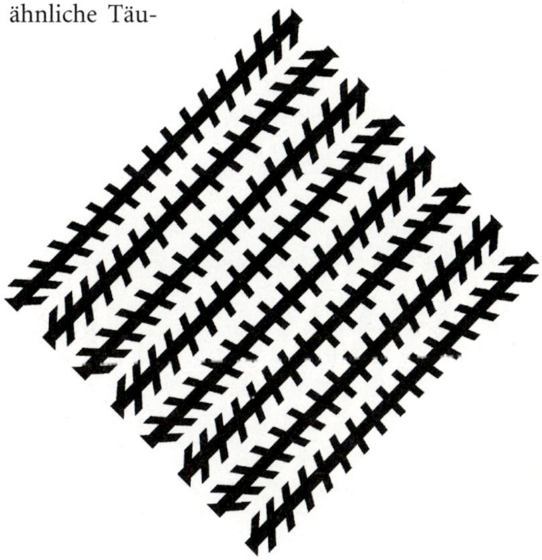

Abb. 2.15: *Links*: Die Zöllner'sche Täuschung: Die durchgehenden Linien erscheinen gegeneinander gekippt! In Wirklichkeit sind sie aber parallel. – Sie können sich davon überzeugen, indem Sie das Buch flach halten und das Bild entlang der Linien betrachten. *Rechts*: Modifizierte Zöllner'sche Täuschung: Die parallelen Geraden erscheinen nun gegeneinander gekippt und gleichzeitig gebogen!

schung sehen. Die Querbalken sind hier nicht mehr parallel, sondern weisen einen stufenweise veränderten Schnittwinkel auf. Diese Täuschung ist somit eine Mischung der Zöllner'schen und der Hering'schen Täuschung. Die parallelen Linien erscheinen jetzt nicht nur gegeneinander gekippt, sondern auch aufgebogen!

Das bereits mehrfach erwähnte Streben nach Prägnanz ist aber nur eine mögliche Erklärung für das Zustandekommen der Zöllner'schen Täuschung. Ein anderer Erklärungsansatz liegt auf der neuronalen Ebene der Detektorzellen. Hier wird davon ausgegangen, dass sich die Detektorzellen für die Orientierung von Linien gegenseitig hemmen, falls diese Linien eine ähnliche Orientierung besitzen. Dadurch kann die bevorzugte Wahrnehmung der gekippten Orientierung erklärt werden.

Ein ähnlicher Mechanismus lässt sich einfach am Beispiel der Gibson'schen Täuschung erkennen, die auch *Kippnachwirkung* genannt wird.

2.9 Die Kippnachwirkung

Betrachten Sie etwa 30 Sekunden lang das gekippte Balkengitter in Bild 2.16 links. Fixieren Sie dabei Ihren Blick auf den Kreis in der Mitte des Musters. Während der 30 Sekunden adaptieren Sie die Linienrichtung. Das bedeutet, dass die Detektorzellen, die für diese Orientierung zuständig sind, nach und nach ermüden!

Blicken Sie nun auf das mittlere, senkrecht stehende Balkengitter. Es geschieht etwas sehr Bemerkenswertes: Sie sehen diese Balken jetzt keineswegs mehr senkrecht orientiert, sondern in die entgegengesetzte Richtung zum Adaptionsmuster gekippt!

Diese verblüffende Erfahrung lässt sich natürlich auch in der umgekehrten Richtung machen. Adaptieren Sie Ihr Wahrnehmungssystem dazu zunächst 30 Sekunden lang auf das rechte Muster, bevor Sie anschließend das senkrechte Muster betrachten. Wieder zeigt sich dasselbe Phänomen: Die scheinbaren Winkel werden weg vom Adaptionsmuster gekippt (= *Gibson-Phänomen*).

Die Detektorzellen für die Adaptionsrichtung sind derart überlastet, dass sie nicht mehr wie gewohnt arbeiten. Dadurch bekommen

Abb. 2.16: Die Gibson'sche Täuschung (Kippnachwirkung): Fixieren Sie zunächst etwa 30 Sekunden lang den Kreis im linken Balkenmuster! Bei der anschließenden Betrachtung des senkrechten Musters erscheinen Ihnen die Balken erstaunlicherweise entgegengesetzt zum linken Muster gekippt! Ein genau entgegengesetzter Wahrnehmungseffekt entsteht, wenn Sie zunächst 30 Sekunden lang das rechte Muster fixieren, bevor Sie wieder das senkrechte Balkengitter betrachten!

Abb. 2.17: Kippende Kreise. Die in Wirklichkeit exakt horizontal gestreiften Kreise erscheinen entgegengesetzt zur Orientierung ihres Umgebungsmusters gekippt.

die anderen Orientierungen ein Übergewicht, wodurch es zu einer Nachwirkung kommt. Diese bringt mit sich, dass das Bild in die entgegengesetzte Richtung gekippt erscheint.

Die Gibson'sche Täuschung zeigt, dass unsere Wahrnehmung dazu tendiert, den Winkel zweier in zeitlichem Abstand betrachteter Balkenmuster zu überhöhen. Dieser Effekt der Hemmung/Sättigung der Detektorzellen funktioniert natürlich auch bei zeitgleicher Betrachtungsweise zweier aneinander stoßender, unterschiedlich orientierter Linienscharen.

Dies zeigt ein Blick auf Bild 2.17: Die beiden Innenkreise haben ein waagrecht stehendes Streifenmuster. Trotzdem erscheinen sie gekippt – und zwar genau entgegengesetzt zu ihrem Umgebungsmuster!

Genau dieser Kippeffekt ist es übrigens, der auch die Zöllner'sche Täuschung erklärt.

2.10 Die Fraser'sche Täuschung

Aufbauend auf dieser Kippwirkung lassen sich einige sehr spektakuläre Täuschungen erzielen, von denen Sie zwei in den Bildern 2.18 und 2.19 sehen können.

In Bild 2.18 scheint es so, als würden die Buchstaben schräg stehen! In Wirklichkeit stehen die Buchstaben aber einwandfrei senkrecht. Unser Wahrnehmungsapparat ist hier wieder einmal an seinem „Ende". Erst durch die schräge Schraffur ergibt sich der Kippeindruck in ähnlicher Weise wie bei der Zöllner'schen Täuschung!

Bild 2.19 zeigt die so genannte *Fraser-Spirale.* Bemerkenswert daran ist, dass es sich gar nicht wirklich um eine Spirale handelt,

Abb. 2.18: Die Fraser'sche Täuschung: Die Buchstaben stehen in Wirklichkeit vollkommen gerade!

Abb. 2.19: Die Fraser'sche Spirale: In Wirklichkeit handelt es sich bei der wahrgenommenen Spirale um voneinander getrennte Kreise!

sondern um konzentrische Ringe! Durch die Schraffur der Kreise entsteht der Eindruck, dass diese sich nach innen winden. Versuchen Sie zur Verdeutlichung die Kreise mit Ihrem Zeigefinger oder einem Bleistift zu verfolgen.

Aber Vorsicht: Die Täuschung ist so intensiv, dass es Ihnen auch so noch leicht passieren kann, dass Sie nach innen abrutschen!

2.11 Die Vertikalentäuschung

Gehen wir noch einmal zurück zur Zöllner'schen Täuschung:

Drehen Sie Bild 2.15 so, dass die Geraden senkrecht stehen! Dabei fällt Ihnen sicherlich sofort auf, dass die Täuschung erheblich zurückgegangen ist! Das ist ein Hinweis darauf, dass die senkrechte Orientierung für unser Wahrnehmungssystem eindeutig dominant ist und das Ausmaß der Täuschung auf ein Minimum reduziert.

Eine Bevorzugung der vertikalen Orientierung unserer Wahrnehmung lässt sich auf verschiedene Art und Weise nachweisen. Eine Möglichkeit dafür werden wir in der Reise zu den mehrdeutigen Bildern in Form des so genannten Malteserkreuzes kennen lernen; hier ist eine deutliche Bevorzugung der vertikal-horizontalen Orientierung zu beobachten.

Ein anderer Weg, um die Bevorzugung der senkrechten (und horizontalen) Richtungen in unserer Wahrnehmung zu beweisen, ist die Messung der Kontrastempfindlichkeit von Liniengittern. Kontrastreiche Liniengitter bestehen abwechselnd aus schwarzen und weißen Balken. Schwächt man den Kontrast ab, so gleichen sich die schwarzen und weißen Balken immer mehr an – und zwar so lange, bis irgendwann eine Abstufung nicht mehr zu erkennen ist. Es kann wissenschaftlich genau untersucht werden, ab welchem minimalen Kontrast eine Balkenunterscheidung gerade noch möglich ist.

Dabei stellt sich etwas Wichtiges heraus: Die Kontrastempfindlichkeit ist bei senkrecht und waagrecht stehenden Balken eindeutig am höchsten. Dagegen liegt bei einem Balkenwinkel von 45 Grad das schwächste Kontrastauflösungsvermögen vor!

Damit ist klar, dass die senkrechten und waagrechten Orientierungen in unserer Wahrnehmung bevorzugt sind. Darüber hinaus gibt es außerdem beträchtliche Unterschiede in der Wahrnehmung dieser beiden Richtungen. So pflegen wir beispielsweise einen Schrank, einen Christbaum oder einen Baukran in seiner Höhe erheblich zu unterschätzen, solange diese Gegenstände flach auf dem Boden liegen. Sind sie aber aufgestellt, so sind wir zumeist über ihre große Höhe überrascht. Das Gleiche können wir auch bei einem durch eine Sprengung zu Fall gebrachten Fabrikschornstein beobachten: Dieser benötigt am Boden wesentlich weniger Platz, als man vermuten könnte, wenn man nicht gemessen hätte.

Hätten Sie zum Beispiel bei oberflächlichem Hinsehen bemerkt, dass der Zylinder auf Bild 2.20 genauso breit wie hoch beziehungsweise dass der Bogen (Gateway Arch, St.Louis) unten exakt genauso breit wie hoch ist?

Diese Überschätzung der Höhe im Vergleich zur Breite hat vermutlich ihre Ursache in der Natur des Menschen, der durch die Schwerkraft seit Jahrmillionen fest an den Erdboden gebunden ist. Einen Höhenkilometer zu überwinden, ist unvergleichlich schwieriger für einen Menschen, als einen Kilometer ebenerdig zurückzulegen. Deshalb ist es nur zu verständlich, dass die Senkrechte auch in unserer Wahrnehmung ständig überbewertet wird.

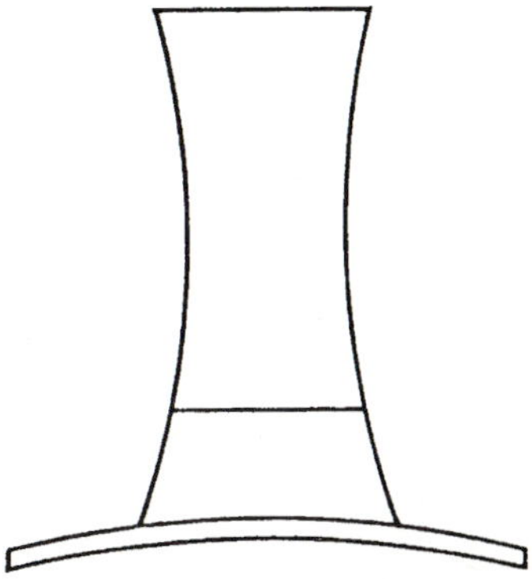

Abb. 2.20: Die Vertikalenttäuschung: In beiden Bildern wird die vertikale Richtung gegenüber der horizontalen durch unsere Wahrnehmung überschätzt. *Oben*: Der Zylinder ist genauso breit wie hoch! *Unten*: Der Bogen (Gateway Arch, St. Louis) ist genauso breit wie hoch! (jeweils 192 m).

2.12 T-Shirts, quer und längs gestreift

Die Fehleinschätzung von Höhe und Breite lässt sich durch geschickte Schraffierungen noch verstärken – betrachten Sie dazu Bild 2.21.

Die Ausmaße der beiden Linienanordnungen sind genau gleich groß. Trotzdem erscheint verblüffenderweise und gegen eine weit verbreitete Volksmeinung das linke, senkrecht gestreifte Muster breiter als das rechte, waagrecht gestreifte Muster! Eigentlich sollten

Abb. 2.21: Längentäuschung, erzeugt durch unterschiedliche Schraffuren: Das Quadrat links erscheint durch die senkrechten Streifen breiter als normal. Umgekehrt lassen die Querstreifen dasselbe Quadrat rechts schmäler erscheinen! Mit diesen Streifenmustern auf einem T-Shirt lässt sich jeder Bauchumfang etwas korrigieren – wenn schon nicht wirklich, so doch zumindest optisch!

durch die Vertikalentäuschung die horizontalen Linien gegenüber den vertikalen Linien unterschätzt werden. Diese Täuschung wird hier allerdings durch einen anderen, sehr intensiven Effekt überstimmt: Der Längeneindruck einer Strecke wird durch dazu quer stehende Balken deutlich verstärkt (Oppel-Kundt'sche Täuschung, siehe auch Abb. 2.22).

Dieses Wissen nutzen die Modeschöpfer und -hersteller für ihre Kunden geschickt aus. Dickere Menschen sollten T-Shirts mit Querstreifen tragen, um schlanker zu wirken. Umgekehrt werden senkrechte Streifen getragen, um breiter zu wirken! Momentan sind Querstreifen sehr „in" – so lässt sich problemlos der eine oder andere Hamburger mehr essen.

2.13 Die Oppel-Kundt'sche Täuschung

Welche Strecke in Bild 2.22 empfinden Sie als kürzer? Vermutlich entscheiden Sie sich für die Strecke ohne senkrechte Zwischenstriche, obwohl Sie schon ahnen, dass die beiden Strecken wieder einmal genau gleich lang sind! Die senkrechten Zwischenbalken verbreitern also den Längeneindruck einer Strecke – dabei handelt es sich um die *Oppel-Kundt'sche Täuschung!*

Eine Unterschätzung „leerer" Räume findet recht häufig statt. So wird uns die Größe eines leeren Zimmers erst richtig bewusst, wenn es eingerichtet ist. Die Unterschätzung leerer Räume sorgt auch dafür, dass es entgegen einer ersten Augenmaßschätzung meistens doch gelingt, ein Sofa durch eine Tür zu bringen oder einen Schrank in einen vermeintlich zu kleinen Platz auf dem Möbelwagen zu stellen.

Eine Erklärung dieser Täuschung kann in der unbewussten räumlichen Deutung des Bildes gesehen werden. Die senkrechten Zwischenstriche lassen uns weiter in die Tiefe blicken. Aus der Missdeutung der Größenkonstanz ergibt sich die Überschätzung der linken Strecke, während die „leere" rechte Strecke entsprechend unterschätzt wird.

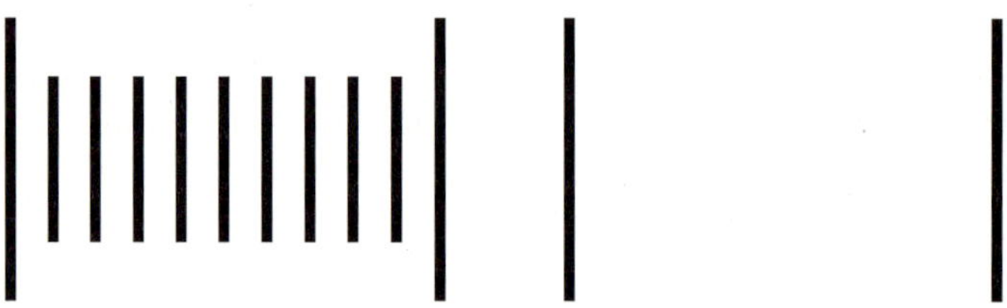

Abb. 2.22: Die Oppel-Kundt'sche Täuschung (1895): Die linke Strecke mit den senkrechten Hilfsstrichen erscheint deutlich länger als die strichlose, aber genauso lange Strecke rechts.

2.14 Die Mondtäuschung

Eine weitere Konsequenz dieser Unterschätzung des „leeren" Raumes ist die berühmte *Mondtäuschung*. Diese Täuschung ist schon seit Jahrhunderten bekannt und es existiert eine Vielzahl von Theorien und Büchern zu ihrer Erklärung.

Abb. 2.23: Darstellung der Mondtäuschung: am Horizont erscheint der Mond ca. 1,3-mal so groß wie am Himmelszenit.

Vielleicht ist Ihnen schon einmal aufgefallen, dass der Mond deutlich größer aussieht, wenn er am Horizont steht, als wenn er direkt über Ihnen am Himmel steht. Messungen von Kaufman und Rock (1962) ergaben, dass diese Täuschung einen Größenunterschied von mehr als 30 Prozent bewirkt. Aus diesen Untersuchungen ergab sich auch, dass der unterschiedliche Größeneindruck des Mondes lediglich mit dem Vergleich mit dem Horizont zusammenhängt.

Wird mittels einer Blende beispielsweise der Horizont ausgeblendet, so erscheint der tief liegende Mond in derselben Größe wie der im Zenit stehende! Der im Zenit stehende Mond besitzt keinerlei Vergleichspunkte zur Entfernungsabschätzung. Wie wir aber bereits wissen, sorgt der „leere" Raum um ihn herum dafür, dass seine Entfernung stark unterschätzt wird. Dagegen sorgt ein weit entfernter Horizont dafür, dass der Mond weiter entfernt erscheint.

Damit schlägt uns wiederum die Missdeutung der Größenkonstanz ein Schnippchen. Die scheinbar weiter entfernt liegende Mondscheibe am Horizont wird automatisch als größer empfunden als die scheinbar nähere Mondscheibe am Himmelszenit.

Unser Wahrnehmungssystem ist seit jeher darauf ausgerichtet, Unterschiede in den Strukturen seiner Umgebung aufzuspüren und zu verstärken. Erst diese Fähigkeit versetzt es in die Lage, Muster zu erkennen und gegeneinander abzugrenzen. So hat es beispielsweise Mechanismen entwickelt, durch die es in der Lage ist, minimal unterschiedlich helle oder gefärbte Flächen voneinander abzugrenzen. Diese „Rezepte" der Helligkeitskontrastverstärkung und der Farbkontrastverstärkung werden wir in der Reise durch Form und Figur sowie in der Reise durch das Farbensehen ausführlich kennen lernen.

2.15 Die Titchener'sche Täuschung

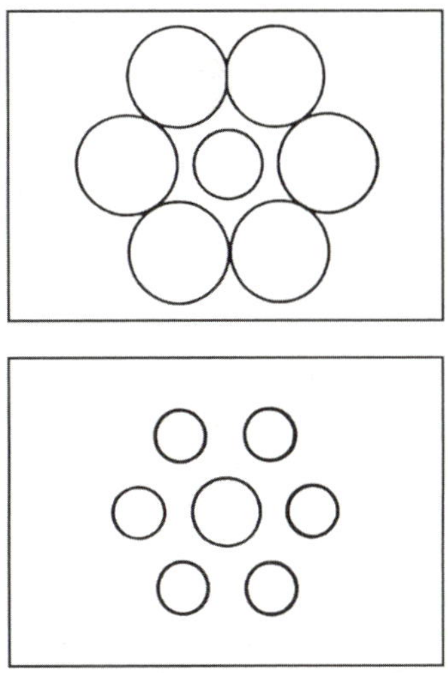

Abb. 2.24: Die Titchener'sche Täuschung (1898): Vergleichen Sie die beiden gleich großen mittleren Kreise miteinander! Was fällt Ihnen auf?

Unsere Wahrnehmung kann nicht nur Helligkeitskontraste, sondern auch Größenkontraste verstärken. Ein Beispiel hierfür ist in Bild 2.24 zu sehen – die so genannten *Titchener'sche Täuschung.* Ein Testobjekt wird je nach der Größe seiner Umgebung unterschiedlich groß wahrgenommen: Es kommt dabei zu einer deutlichen Verstärkung des Größenkontrasts. Sind die Umgebungsmuster der Testfigur groß, so wird das Testobjekt als klein wahrgenommen. Umgekehrt erscheint die Testfigur in kleinerer Umgebung größer.

Vergleichen Sie die Größe der beiden mittleren Kreise in Bild 2.24 miteinander! Der obere Kreis befindet sich in der Umgebung großer Kreise; er erscheint daher deutlich kleiner als der identische untere Kreis, der von vielen kleinen Kreisen umgeben ist!

Nach diesen zahlreichen Täuschungen haben Sie sich einen kleinen Imbiss redlich verdient. Deshalb finden wir uns schnell im nächstgelegenen Café ein, das den sonderbaren Namen „Bar jeder Vernunft" trägt. Hungrig bestellen Sie sich einen möglichst großen Kuchen und eine Banane.

2.16 Die Ebbinghaus'sche Täuschung

Der ebenfalls etwas sonderbar wirkende Ober bringt Ihnen zwei Kuchenbleche zur Auswahl. Auf beiden Kuchenblechen befinden sich noch drei Kuchenstücke, wie Sie auf Bild 2.25 sehen können.

„Suchen Sie sich das größte Kuchenstück aus, wählen Sie aber nur unter den beiden mittleren Stücken", sagt er.

Vermutlich entscheiden Sie sich für das linke mittlere Stück. Das freut den Ober, denn Sie haben sich damit für das kleinere Stück entschieden! Bei den beiden Kuchenblechen handelt es sich um ein weiteres Beispiel der Größenkontrastverstärkung: die *Ebbinghaus'sche Täuschung*. Das mittlere Kuchenstück auf dem linken Tablett erscheint zwischen zwei schmalen Kuchenstücken erheblich größer als das in Wirklichkeit leicht größere Kuchenmittelstück auf dem rechten Blech!

2.17 Die Größentäuschung nach Jastrow

Inzwischen ist der Ober mit zwei Bananen zurückgekehrt. Wieder sollen Sie die größere herausfinden. Die Bananen sind an beiden Seiten senkrecht abgeschnitten und liegen auf einem silbernen Tablett, ähnlich wie in Bild 2.26.

Vermutlich zögern Sie nicht lange und entscheiden sich für die deutlich größere Banane unten. Wieder freut sich der Ober, da in Wirklichkeit die obere Banane die etwas größere ist! Bei dieser ein-

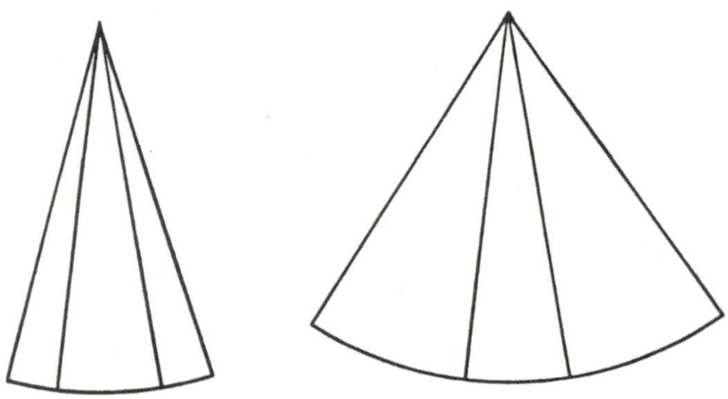

Abb. 2.25: Die beiden Kuchenbleche – dieses Bild ist ein Beispiel für eine so genannte Ebbinghaus'sche Größenkontrasttäuschung: Das mittlere Kuchenstück auf dem linken Tablett erscheint zwischen den zwei schmalen Kuchenstücken erheblich größer als das rechte Kuchenmittelstück zwischen zwei großen Stücken, obwohl es in Wirklichkeit leicht kleiner ist!

drücklichen Bananentäuschung handelt es sich um die *Größentäuschung nach Jastrow*.

Abb. 2.26: Die zwei Bananen: Die obere Banane ist in Wirklichkeit größer als die untere! Diese eindrückliche Größentäuschung wird nach ihrem „Erfinder" Jastrow'sche Täuschung genannt.

2.18 Der Trick mit den Tabletts

Der Ober ist inzwischen damit beschäftigt, zwei Stapel Tabletts abzutragen. Diese scheinen extrem schief zu liegen, wovon Sie sich in Bild 2.27 überzeugen können. Seltsamerweise scheint er aber keinerlei Schwierigkeiten beim Abtransport zu haben. Das ist bei genauerem Hinschauen kein Wunder, denn die Tabletts sind in Wirklichkeit genau parallel ausgerichtet!

Vor lauter Staunen beschließen wir, uns sicherheitshalber hinzusetzen. Auf dem Stuhl liegt ein hohes gemütliches Kissen (siehe Bild 2.28) und wir setzten uns schnell darauf. Aber wieder einmal haben wir uns getäuscht – und knallen hart auf den flachen Stuhlsitz.

Nachdem das Lachen des Obers abgeklungen ist, meint er: „Ähnlich wie bei der Täuschung in Bild 2.27 sind auch in Bild 2.28 die Linien nicht gekrümmt sondern parallel. Das Grundmuster ist ein völlig symmetrisches Schachbrettmuster mit rechten Winkeln. Erst durch die zusätzlichen kleinen Quadrate wird dem ganzen Muster eine räumliche Geometrie aufgeprägt, die uns das Bild als aufgeplustertes Kissen erscheinen lässt. Sie können sich von der Parallelität der Grundmusterlinien überzeugen, wenn Sie auf das Blatt streifend von der Seite schauen."

Die Reisegruppe schaut den Ober mit großen Augen an – so große Augen wie in Bild 2.29 zu sehen. Sie wundern sich inzwischen sicher über nichts mehr: Auch in diesem Bild sind die Linien alle parallel zueinander. Die räumliche Wölbung ist lediglich illusorisch erzeugt durch die Orientierung und Geometrie der schwarzen und weißen Flächen. Wenn Sie das Bild flach streifend betrachten, löst sich die Täuschung auf.

Sicherheitshalber bestellen wir die Rechnung, um so bald wie möglich aus der Bar heraus ins Sichere zu kommen. Der seltsame Ober scheint schon darauf gewartet zu haben und bringt uns umgehend eine Rechnung. Sie besteht, wie in Bild 2.30 zu sehen ist, aus einigen schmalen Balken – mehr ist darauf nicht zu erkennen!

Abb. 2.27: Die vermeintlich schrägen Tabletts sind in Wirklichkeit parallel!

Abb. 2.28: Das Kissen von Kitaoka, mit freundlicher Erlaubnis von Akiyoshi Kitaoka.

Alle rätseln mit, aber eine Lösung ist nicht in Sicht – bis sie von einem Windstoß auf den Boden geblasen wird. Beim Aufheben schaut unser Tischnachbar das Blatt schräg von unten an und ruft plötzlich: „Ich hab's!" Tatsächlich können Sie die Zahlen auf der Rechnung im Bild 2.30 sehr gut erkennen, wenn Sie über das Blatt wieder flach von vorne blicken. Auf die Perspektive kommt es an!

Schnell legen wir 17, 50 Euro – ohne Trinkgeld, versteht sich – auf den Tisch und verlassen das Café, bevor der seltsame Ober mit zwei verschieden großen Geldbeuteln kommt oder sich sonst noch etwas Neues einfallen lässt, um uns hereinzulegen.

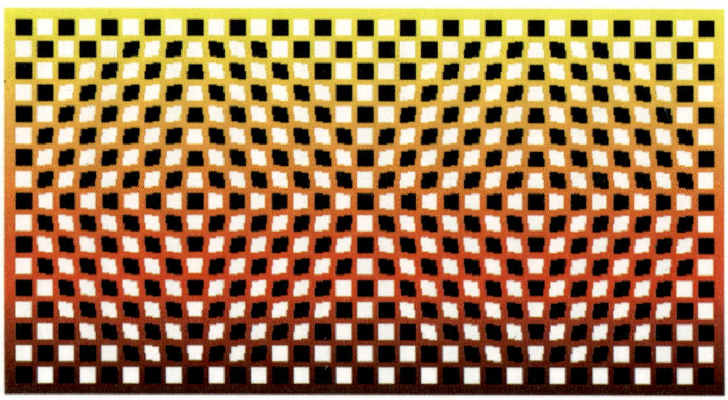

Abb. 2.29: Augen, mit freundlicher Erlaubnis von Akiyoshi Kitaoka.

2.19 Der Sonnenuntergang

Auf der Heimfahrt im Reisebus durch das Wunderland der Wahrnehmung genießen wir abschließend einen wundervollen Sonnenuntergang. Da schiebt sich plötzlich ein schmales Wolkenband vor die Sonne (Bild 2.31).

Vermutlich wundern Sie sich inzwischen über gar nichts mehr – schon gar nicht über die dabei auftretende optische Täuschung: Die Sonne erscheint nämlich stark gequetscht. Sie sieht viel höher aus, als sie breit ist!

Bald danach löst sich dieses Rätsel jedoch von selbst. Denn – Sie ahnen es schon – die Sonne ist weder hoch noch breit. Sie beendet ihre Tagesarbeit und unsere aufregende Reise ins fantastische Land der optischen Täuschungen.

Abb. 2.30: Die Rechnung.

Abb. 2.31: Ein Blick aus dem Busfenster: Die Sonne hinter einer Wolkenbank erscheint deutlich höher als breit!

3 Dritte Reise: Wahrnehmung von Formen und Helligkeiten

Wegstrecken, die sich kreuzen, bieten Anlass zum Innehalten – werfen sie doch die Frage nach dem Woher und Wohin auf, nach dem tieferen Sinn von Raum, Zeit und Ziel. Wie sicher können wir schon sein, dass unser augenblicklicher Weg, den wir eingeschlagen haben, auch der richtige für uns ist?

Völlig ungeachtet der schier ungeheueren Vielfalt an Möglichkeiten führt jeder Weg zu einem ganz bestimmten Ziel. Die Zeichen, die den Wegrand säumen, wollen kritisch und mit wachem Sinn gedeutet werden – nur so geben sie den Blick frei für Klarheit und Realität.

Um solche zu deutenden Zeichen geht es in dieser Reise des Sehens ebenso wie um (mehr oder weniger) klare Formen, formvollendete Figuren und faszinierende Illusionen mit herrlichen Kontrast-Eindrücken.

3.1 Reflektiertes Licht

In dieser Reise begeben wir uns auf die Spuren zweier der grundlegendsten Sehprinzipien: der Helligkeits- und der Formwahrnehmung. Ausgangspunkt der Reise ist eine Autobahnbrücke bei strahlendem Sonnenschein. Wie wir schon aus der ersten Reise wissen, wird das Sonnenlicht an den Gegenständen unserer Umgebung, zum Beispiel an den Hüten unserer Mitreisenden, an ihrer Kleidung und an ihren Fotoapparaten, in unterschiedlicher Stärke reflektiert. Ein Teil dieses reflektierten Lichts gelangt schließlich in unsere Augen.

Ein dunkler Fotoapparat beispielsweise erscheint deshalb dunkel, weil von ihm aus nur sehr wenig Licht in unsere Augen gelangt; er nimmt vielmehr fast das ganze einfallende Licht auf. Dagegen nimmt ein weißer Hut kaum Licht auf; er reflektiert die Lichtstrahlen nahezu vollständig. Mit anderen Worten: Der Hut leitet intensive Lichtstrahlen an unsere Netzhaut weiter, was bewirkt, dass wir den Gegenstand als hell wahrnehmen. Wir können festhalten: Je stärker das Licht reflektiert wird, umso heller erscheint uns die jeweilige Oberfläche.

Sicher haben Sie im Sommer schon einmal ein schwarzes T-Shirt getragen. Dann haben Sie wahrscheinlich auch bemerkt, was mit aufgenommenem Sonnenlicht in dunklen Stoffen geschieht: Seine Energie wird in Wärme umgewandelt. Die logische Folge dann: In einem dunklen T-Shirt schwitzen Sie mehr als in einem hellen.

Diesen Effekt spürt man auch auf der Brücke über dem Autobahnparkplatz, auf der nur am Rand etwas Schatten zu finden ist. Diesen Platz hat der Busfahrer aber bereits durch eine große Menge von Farbkübeln belegt. Während er mit einem großen Pinsel Teile des Asphalts zu streichen beginnt, erzählt er von einem seltsamen Traum, den er in der letzten Nacht gehabt hat.

3.2 Der Traum des Busfahrers

In diesem Traum erschienen ihm die Schafe aus der ersten Reise wieder; sie bildeten erneut verschiedene neue Formationen. Die erste davon ist aus der Vogelperspektive auf Bild 3.1 zu sehen.

3.2.1 Die Symmetrie

Wenn Sie das Bild betrachten, haben Sie vermutlich den Eindruck, dass die symmetrischen schwarzen Flächen im Vordergrund liegen – ganz unabhängig von ihrer Form.

Damit wird bereits deutlich, dass es sich bei der Symmetrie um ein sehr mächtiges Gestaltgesetz handelt. Besonders augenscheinlich wird das durch mehrere Untersuchungen von Bela Julesz, die im Folgenden dargestellt sind.

Abb. 3.1: Der Traum des Busfahrers, erstes Bild: der Einfluss der Symmetrie auf die Figurwahrnehmung. Die symmetrischen Flächen scheinen im Vordergrund zu liegen – ganz unabhängig von ihrer Helligkeit!

Unsere Wahrnehmung strebt bekanntlich nach Ordnung und prägnanten Gestalten. Dieses Prägnanzprinzip ist durch eine erkannte Symmetrie in hohem Maß erfüllt. So können wir auch in Bildern mit scheinbar völlig regellosen Zufallsmustern symmetrische Strukturen erkennen. Dies können Sie anhand von Bild 3.2 leicht überprüfen: Deutlich sind zwei Symmetrieachsen ersichtlich, die sich in der Bildmitte treffen!

Das Bild wurde folgendermaßen erzeugt: Zunächst wurde das linke obere Viertel des Bildes mit einem zufälligen Schwarzweißmuster belegt. Dann wurde dieser Bildquadrant nach unten gespiegelt. Im letzten Schritt wurde die jetzt ausgefüllte linke Hälfte nach rechts gespiegelt.

Unser Wahrnehmungsapparat hat pausenlos eine enorme Menge an Informationen zu verarbeiten. Um nicht überlastet zu werden, versucht er so ökonomisch und mit so wenig Aufwand wie möglich zu arbeiten. Dieses Erfolgsrezept der einfachsten Vorgehensweise können Sie an den beiden nächsten Bildern gut nachvollziehen. Dabei zeigt sich, dass das Erkennen von Symmetrien über einen verblüffend einfachen Trick funktioniert!

Abb. 3.2: Erkennen Sie die Symmetrie? Die zwei Symmetrieachsen treffen sich in der Bildmitte!

In Bild 3.3 ist dasselbe symmetrische Bild wie in Bild 3.2 zu sehen, allerdings mit einem kleinen Unterschied: Entlang der Symmetrieachsen wurde in einer Breite von acht Bildpixel (der kleinste Bildpunkt ist ein Bildpixel) das Ursprungsmuster durch ein anderes Zufallsmuster ersetzt. Dieser minimale Unterschied hat drastische Auswirkungen auf unsere Wahrnehmung: Wir sind jetzt nicht mehr in der Lage, die anderen noch verbliebenen Symmetrien von Bild 3.3 als solche zu erkennen! Dieses zunächst sehr überraschende Ergebnis legt die Vermutung nahe, dass unsere Wahrnehmung beim Erkennen von Symmetrien nur die unmittelbar benachbarten Punktpaare miteinander vergleicht!

Diese Vermutung lässt sich sehr einfach durch den umgekehrten Versuch überprüfen:
Betrachten Sie zur Gegenprobe Bild 3.4. Sicherlich erkennen Sie die beiden schon aus Bild 3.2 vertrauten, sich in der Mitte schneidenden Symmetrieachsen. In Wirklichkeit ist Bild 3.4 aber keineswegs symmetrisch angelegt! Es handelt sich nämlich um ein völlig zufälliges Muster. Nur in einer Breite von acht Bildpunkten um die Symmetrieachsen herum wurde das symmetrische Muster aus Bild 3.2 eingefügt. Diese wenigen symmetrisch angeordneten Bildpunkte

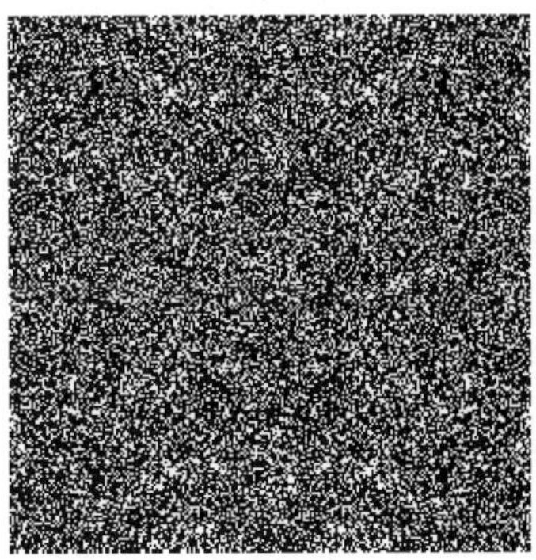

Abb. 3.3: Ein symmetrisches Bild, das nicht symmetrisch erscheint! – Lediglich auf den sich in der Mitte schneidenden Symmetrieachsen wurde in einer Breite von acht Bildpunkten ein anderes zufälliges Muster eingebaut.

Abb. 3.4: Ein unsymmetrisches Bild, das symmetrisch erscheint! – Dieses Bild ist das genaue Gegenstück von Bild 3.3. Es besteht aus einem völlig zufälligen Muster. Nur auf den Achsen, die sich in der Mitte schneiden, wurde ein symmetrisches Muster eingebaut.

reichen also bereits aus, um das ganze Bild symmetrisch erscheinen zu lassen!

Mit diesem „Ökonomie-Trick" nimmt unser Wahrnehmungsapparat die Möglichkeit einer Fehlinterpretation des gesamten Bildes in Kauf – dafür vermeidet es freilich die Gefahr einer Überlastung. Um eine korrekte Untersuchung des Bilds auf Symmetrie durchführen zu können, müsste er genau genommen jeden einzelnen Bildpunkt mit jedem anderen vergleichen. Bei der Anzahl von 57600 Bildpunkten wie in unserem Bild mit 240 Punkten Länge und 240 Punkten Breite wären das sage und schreibe 1,659 Milliarden Vergleiche – und das allein zur Überprüfung der Symmetrieeigenschaften eines einzigen Bildes! Mit dem Trick, nur wenige benachbarte Bildpunkte auf ihre Symmetrie hin zu überprüfen, hat unsere Wahrnehmung somit einen sehr pragmatischen Kompromiss gefunden.

Trotzdem ist die Symmetrie nicht allein ausschlaggebend beim Auffinden einer prägnanten Form. So können weitere Gruppierungsgesetze, die Sie schon in der ersten Reise kennen gelernt haben, in einen Wettkampf mit dem Symmetriegesetz treten. Dies belegt die nächste Musterformation der Schafe aus dem Traum des Busfahrers (Bild 3.5).

3.2.2 Nähe gegen Symmetrie

Wie dieser „Wettkampf" der beiden gegenläufigen Gestaltgesetze ausgeht, können Sie an den flächigen Mustern in Bild 3.5 sehr gut erkennen. Die Fläche mit der guten Gestalt scheint im Vordergrund zu liegen; diese Vordergrundfläche wird *Figur* genannt. Die weniger prägnante Form verschwindet in den Hintergrund. In Bild 3.5 überstimmt das Gesetz der Nähe die Symmetrieeigenschaft. Die symmetrischen Flächen erscheinen hier nicht mehr im Vordergrund.

Der Abstand der Flächen lässt sich leicht verändern, wodurch der Einfluss des Gesetzes der Nähe weniger zum Tragen kommt. Der „Wettkampf" der Gestaltgesetze kann demzufolge so arrangiert werden, dass er unentschieden ausgeht – wie in Bild 3.6 zu sehen ist.

Unsere Wahrnehmung gerät durch solche Arrangements in einen großen Konflikt. Sie kennt keine derartigen Unentschieden und ist darauf ausgelegt, immer nur einen Bewusstseinsinhalt zu haben! Dank ihres Einfallsreichtums gelingt es der Wahrnehmung aber, einen Ausweg aus dieser Lage zu finden: Sie wechselt einfach zwischen den beiden gleich guten Gestalten ab! Diese faszinierende

Abb. 3.5: Der Traum des Busfahrers, zweites Bild: Das Gesetz der Nähe überstimmt die Symmetrie. Die symmetrischen Muster scheinen jetzt im Hintergrund zu liegen.

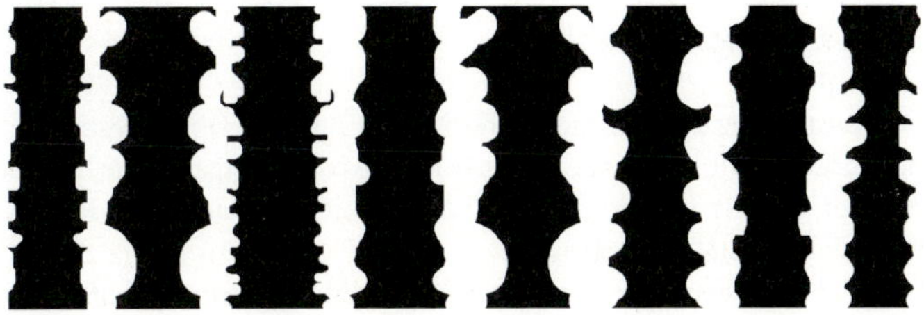

Abb. 3.6: Der Traum des Busfahrers, drittes Bild: Die Gestaltgesetze der Nähe und Symmetrie sind etwa gleich stark. Unsere Wahrnehmung kann sich nicht mit einem Unentschieden abfinden und versucht, zwischen den beiden Gestalten abzuwechseln!

Konstellation werden Sie in der vierten Reise in die Welt der mehrdeutigen Wahrnehmungen noch näher kennen lernen.

3.2.3 Abgeschlossenheit gegen Symmetrie

Betrachten Sie nun das letzte Traumbild des Busfahrers (Bild 3.7). In diesem Bild erkennen Sie ein weiteres Beispiel für zwei konkurrierende Gestaltgesetze: Abgeschlossenheit gegen Symmetrie.

Das *Gesetz der Abgeschlossenheit* wird auch *Gesetz der Innenseite* oder *Gesetz der Konvexität* genannt. Die Besonderheit der schwarzen Flächen in Bild 3.7 ist, dass sie hauptsächlich nach außen gewölbt/gerundet sind.

Diese Konvexität der schwarzen Flächen hat in Bild 3.7 deutlich ein Wahrnehmungs-Übergewicht gegenüber der Symmetrie. Dadurch scheinen die unsymmetrischen, aber konvexen schwarzen Flächen im Vordergrund und die symmetrischen weißen Flächen im Hintergrund zu liegen.

3.3 Die Autobahnbrücke und die Asphaltbilder

Durch viele bisher betrachtete Bilder haben Sie gesehen, wie schwierig es für unseren Wahrnehmungsapparat sein muss, alle Gruppierungsgesetze gegeneinander abzuwägen und schließlich die prägnanteste Form als Figur zu deuten. Bei manchen Bildern scheint es zunächst sogar ganz unmöglich, eine Figur zu erkennen. Das war beispielsweise bei der Kuh in Bild 1.5 in der Dallenbach'schen Figur der Fall. Erst die Erkenntnis über eine inhaltliche Bedeutung ermöglicht es uns, Teile des Bildes als Figur zu sehen.

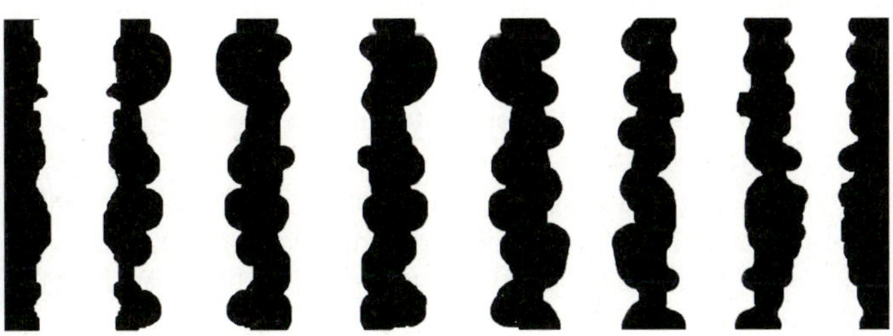

Abb. 3.7: Der Traum des Busfahrers, viertes Bild: Die Konvexität überstimmt die Symmetrie. Deutlich erscheinen die konvexen schwarzen Flächen als Figur, während die symmetrischen weißen Flächen im Hintergrund zu liegen scheinen.

3.3.1 Ein Blockschaltbild

Der Busfahrer zieht ein stark zerknittertes Bild aus der Hosentasche, das er extra für die Gäste seiner Erlebnisfahrt mitgebracht hat. Es handelt sich um ein Blockschaltbild, das mit einer einfachen Rastertechnik hergestellt wurde.

Bei diesem Verfahren wird zunächst ein Bild in normaler Auflösung ausgesucht, über das ein sehr grobes Raster gelegt wird. Dadurch wird das Bild in einzelne Blöcke zerteilt. Diesen Blöcken wird ein einheitlicher Farbton zugewiesen, und zwar der jeweilige Mittelwert aus denjenigen Bildelementen, die innerhalb des Blocks liegen. Dadurch entsteht ein Muster wie in Bild 3.8, in dem Sie wahrscheinlich zunächst nur wahllos verteilte rechteckige Flächen erkennen.

Der Helligkeitsunterschied, das heißt der *Kontrast* zwischen benachbarten Blöcken, ist teilweise sehr hoch. Im Gegensatz dazu besitzt das normal aufgelöste Bild stufenweise Übergänge und einen niedrigeren Kontrast. Diesen Unterschied gilt es beim Erkennen von Blockschaltbildern auszugleichen:
Kneifen Sie die Augen am besten etwas zusammen, verdunkeln Sie das Licht im Zimmer oder betrachten Sie das Bild in größerem Abstand. Alle diese Methoden helfen unseren Augen, die kontrastreichen Blockgrenzen etwas verschwimmen zu lassen.

Diese Sehtechnik ist das genaue Gegenteil dessen, was wir normalerweise tun, wenn wir ein Bild anschauen: In der Regel versuchen wir die Augen möglichst scharf einzustellen, um möglichst viele Bilddetails zu erkennen. Durch diese neue Sehtechnik erscheint Bild 3.8 viel natürlicher. Es ist jetzt nicht allzu schwierig, das bekannte Gesicht zu identifizieren. In diesem Augenblick des Erkennens passiert etwas ganz Entscheidendes in unserer Form- und Figurerkennung: Schlagartig bilden bestimmte Blöcke eine Figur, während andere in den Hintergrund rücken. Das Gruppierungsgesetz der inhaltlichen Bedeutung hat hier die Organisation der Figurwahrnehmung übernommen.

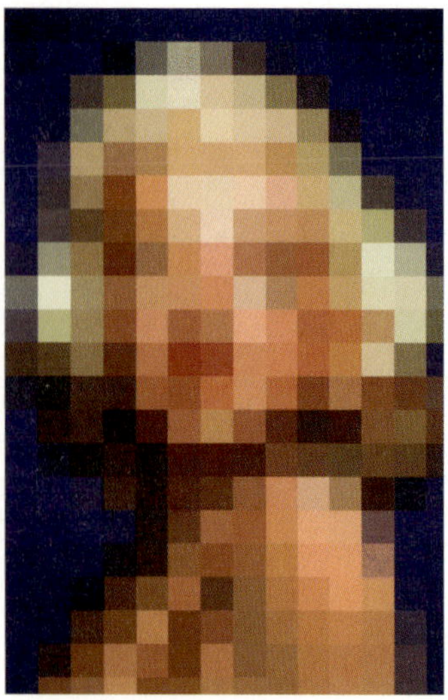

Abb. 3.8: Ein Blockschaltbild: Aus der scheinbar wahllosen Anordnung von unterschiedlich hellen Blöcken entsteht urplötzlich ein bekanntes Gesicht! Es gibt einen paradoxen Trick, mit dem Sie Ihren Augen auf die Sprünge helfen können. Um das Bild sehen zu können, müssen Sie die Augen zusammenkneifen, das Bild aus etwas größerer Entfernung beobachten oder das Licht im Zimmer verdunkeln! Die Auflösung findet sich in Bild 3.14.

3.3.2 Einfache Helligkeitstäuschungen

In der Zwischenzeit hat der Busfahrer in verschiedenen Farben Kunstwerke auf den Asphalt gemalt. Er erklärt den Fahrgästen dazu Folgendes:
„Diese Asphaltzeichnungen sollen Ihnen die Funktionsweise unserer Helligkeitswahrnehmung deutlich machen. Die Wahrnehmung von Helligkeit ist bei weitem nicht so einfach und eindeutig, wie manch einer von Ihnen sich das vielleicht denken mag. Helligkeit ist nämlich viel mehr als die reine Messung der Stärke reflektierter Lichtstrahlen.

Der Helligkeitseindruck einer Fläche hängt stark von ihrer Umgebung ab. Vor einem dunklen Hintergrund wirkt eine helle Fläche viel heller als vor einem hellen Hintergrund. Betrachten Sie dazu die weißen Parkplatzmarkierungen auf Bild 3.9!

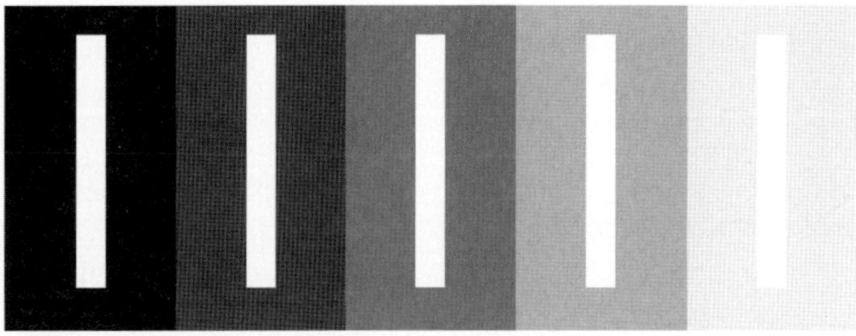

Abb. 3.9: Der Blick von der Autobahnbrücke: Die weißen Parkplatzmarkierungen erscheinen von links nach rechts zunehmend dunkler, obwohl sie in Wirklichkeit den gleichen Helligkeitsgrad besitzen.

Ich habe den schwarzen Asphalt um die Markierungen herum von links nach rechts mit zunehmend hellerer Farbe bemalt. Sicher stellen Sie jetzt fest, dass Ihnen der in Wirklichkeit immer gleich helle Markierungsstrich zunehmend grauer erscheint!"

Nach einer kurzen Pause fährt der Busfahrer in seiner Erklärung fort:

„Noch eindrücklicher wird diese Helligkeitstäuschung beim zweiten Asphaltkunstwerk (Bild 3.10).

Dabei habe ich den Hintergrund einer konstant grauen Parkplatzbegrenzung von links nach rechts kontinuierlich dunkler gemalt – was übrigens eine sehr anstrengende Malerarbeit war.

Konzentrieren Sie sich bitte auf den Querstreifen! Sicherlich scheint er Ihnen von links nach rechts immer heller zu werden! In Wirklichkeit ist er aber einheitlich grau! Davon können Sie sich leicht überzeugen, wenn Sie den Hintergrund zum Beispiel mit Ihren Händen abdecken."

Wir können festhalten: Die Helligkeitsempfindung ist stets relativ. Je nach Helligkeitsgrad der Umgebung wird ein physikalisch eindeutiger Helligkeitston umgedeutet. Dabei werden die Helligkeitsunterschiede benachbarter Flächen überzeichnet. Diese empfundene Verstärkung von Helligkeitsunterschieden wirkt sich auf beide beteiligten Flächen in gleichem Ausmaß aus. Die hellere der beiden

Abb. 3.10: Der Querstreifen ist in Wirklichkeit einheitlich grau!

Abb. 3.11: Einfluss der Flächenform auf die Helligkeitstäuschung. Der in Wirklichkeit einheitlich dunkle Hintergrund erscheint von links nach rechts zunehmend heller. Allerdings ist diese Helligkeitstäuschung um einiges schwächer wie der umgekehrte Fall in Bild 3.10.

Flächen wird weiter aufgehellt, während die dunklere noch dunkler erscheint.

3.3.3 Kompliziertere Helligkeitstäuschungen

Der von uns wahrgenommene Kontrast ist sehr stark abhängig von der Art der Flächen, der Beschaffenheit ihrer Grenzlinien und ihrem Abstand zueinander!

Die Helligkeitstäuschung bei Figuren, die wie in den Bildern 3.9 und 3.10 aus kleinen Flächen bestehen, ist sehr stark ausgeprägt. Dagegen ist die Helligkeitstäuschung bei Flächen, die im Hintergrund erscheinen, weniger deutlich. Dies können Sie in Bild 3.11 überprüfen: Die Formen sind exakt dieselben wie in Bild 3.10. Allerdings besitzt jetzt der Hintergrund einen durchgängig einheitlichen Grauton. Der Querbalken wird dagegen jetzt von links nach rechts zunehmend dunkler. Wir stellen fest: Der Einfluss dieses Farbgradienten auf den Hintergrund ist zwar vorhanden (am rechten Bildrand erscheint der Hintergrund etwas aufgehellt), aber viel weniger deutlich als im umgekehrten Fall bei Bild 3.10.

Um seinen Gästen weitere Einflussfaktoren auf die Helligkeitswahrnehmung zu verdeutlichen, hat der Busfahrer zwischenzeitlich fünf verschiedene Varianten des so genannten *Koffka-Ringes* auf die Straße gezeichnet. Der nach dem Berliner Gestaltpsychologen Koffka (1886–1941) benannte Ring besteht aus zwei Hälften, die einheitlich weiß gefärbt sind. Die beiden Ringhälften sind jeweils von einem dunklen (links) und einem hellen Hintergrund (rechts) unterlegt.

In Bild 3.12 oben links ist der Ring vom Hintergrund durch einen schwarzen Strich abgegrenzt. Sicher fällt Ihnen die Kontrasttäuschung deutlich auf: Links wirkt der Ring deutlich heller als rechts. Diese Kontrasttäuschung verschwindet fast völlig, wenn der Trennstrich weggelassen wird – dies können Sie in Bild 3.12 oben rechts überprüfen: Links erscheint der Ring allenfalls noch eine Nuance

Abb. 3.12: Koffka-Ringe: Der Ring weist einen einheitlichen Helligkeitston auf, erscheint aber links heller und rechts dunkler. Je stärker die beiden Ringhälften gegeneinander abgegrenzt sind, umso stärker ist diese Kontrasttäuschung.

heller als rechts! Dieser Effekt ist dadurch zu erklären, dass unser Wahrnehmungsapparat die durch den Hintergrund hervorgerufene starke Kontrasttäuschung weit gehend glättet.

In Bild 3.12 links unten ist der Einfluss der unterschiedlichen Beschaffenheit der Begrenzungslinien zu erkennen. Die beiden Ringhälften sind durch gezackte Linien voneinander abgegrenzt und vom Hintergrund abgesetzt. Der gezackte Rand vermindert die Kontrastwirkung des Hintergrunds und die Täuschung erscheint nicht so intensiv wie im Bild links oben. Das zeigt, dass die Kontrasttäuschung umso stärker ist, je eindeutiger die Flächenbegrenzung ist. Sind die beiden Ringhälften räumlich vollständig voneinander getrennt wie in Bild 3.12 rechts unten, so wirkt die Täuschung sogar noch stärker als links oben.

Auch die Größe der Figuren ist ein wichtiger Faktor, der die Überbewertung der Helligkeitsunterschiede beeinflusst. Die Kontrasttäuschung ist bei einem kleinen Koffka-Ring wie in Bild 3.13 im Vergleich zu Bild 3.12 links oben leicht stärker.

Warum gibt es die Helligkeitskontrastverstärkung und wie lässt sie sich biologisch erklären?

Hauptaufgabe unseres Wahrnehmungsapparates ist es, Strukturen zu erkennen, die aus flächigen Mustern bestehen. Da der Helligkeitsgrad benachbarter Flächen jedoch häufig ziemlich ähnlich beschaffen ist, ist es nicht leicht, eine Eidechse auf einem Stein, einen Hasen im Wald oder einen Eisbären im Schnee zu entdecken.

Unsere Sinne sind deshalb so ausgelegt, dass sie Helligkeitsunterschiede benachbarter Flächen verstärken. Das heißt: Eine helle

Abb. 3.13: Je kleiner der Ring, desto stärker die Kontrasttäuschung!

Abb. 3.14: Das steckt hinter Bild 3.8!

Fläche wird von unserem Wahrnehmungsapparat in Richtung zur Grenzlinie hin aufgehellt, während die dunklere abgedunkelt wird.

Davon können Sie sich anhand der nächsten Asphaltzeichnung (Bild 3.15) überzeugen. Diese wohl bekannteste Kontrasttäuschung wird dem österreichischen Physiologen Ernst Mach zugeschrieben.

3.3.4 Die Mach-Streifen

Bei der Mach-Täuschung handelt es sich um eine Aufeinanderfolge von Streifen, die von links nach rechts zunehmend heller werden. Innerhalb der Streifen ist der Helligkeitsgrad aber genau einheitlich. Im Bereich der Übergangskanten tauchen die eindrucksvollen senkrechten *Mach-Streifen* auf. Diese bewirken, dass dem Betrachter die linke Seite eines einheitlich gefärbten Streifens heller und die rechte Seite dunkler erscheint.

Wie wir heute wissen und Sie bei der ersten Reise mit Hilfe des Bildes 1.3 selbst feststellen konnten, leiten die Sehzellen unserer Netzhaut die Sinneseindrücke stufenweise an nachfolgende Zellenschichten weiter, die diese Informationen zusammenfassen und verarbeiten. Die erste Schicht sind die Bipolarzellen, die zweite die Ganglienzellen. Eine Sehzelle leitet ihre Information aber nicht nur an eine einzige nachgeschaltete Zelle nach „oben" weiter. Vielmehr geschieht eine solche Reizweiterleitung auch „horizontal", das heißt, viele verschiedene weiter verarbeitende Zellen sind zusammengeschaltet. Die Verarbeitung eines Sehreizes geschieht demnach – je nach Beschaffenheit und Art des Reizes – auf höchst unterschiedliche Art und Weise.

Bereits im Jahre 1860 vermutete Mach, dass benachbarte Sehzellen auf eine ganz raffinierte Weise räumlich miteinander verbunden sind. Alle Sehzellen im Zentrum eines bestimmten Bereichs, des *rezeptiven Felds,* sind „gleichberechtigt". Die von ihnen auf-

Abb. 3.15: Die Mach-Streifen: An den Grenzen der Flächen mit einheitlicher Farbe erscheinen die Mach-Streifen. Auf ihrer linken Hälfte wirken sie heller als die einheitlich gefärbte Fläche, während sie rechts dunkler erscheinen!

genommenen Helligkeitsreize werden in der für dieses rezeptive Feld zuständigen Zelle addiert.

Die Sehzellen aber, die in den Außenbereichen des rezeptiven Felds liegen, wirken genau umgekehrt auf die zuständige Berechnungszelle. Das heißt, die von ihnen aufgenommenen Reize werden von dem errechneten Helligkeitsgrad wieder abgezogen. Diese räumliche Zusammenfassung wird auch *Prinzip der seitlichen (lateralen) Hemmung* genannt. Mit diesem wunderbar einfachen Trick lässt sich die fantastische Sehleistung der Helligkeitskontrastverstärkung erklären.

Die Fähigkeit zum Erkennen von verschiedenen Helligkeitsgraden ist ein Musterbeispiel eines Erfolgsrezeptes unserer Wahrnehmung. Wir nehmen nämlich keineswegs stets die wahren physikalischen Helligkeitsverhältnisse unserer Umgebung wahr, im Gegenteil: Die Helligkeitswahrnehmung hat manchmal nicht allzu viel mit der Realität zu tun, was schon die gesehenen Asphaltzeichnungen beweisen. Durch die geistige Umdeutung der tatsächlichen Helligkeitswerte sind wir in der Lage, Flächen eindeutig voneinander zu unterscheiden und schärfer zu sehen.

Wie aber kommt diese komplizierte Sehleistung zustande? Die Beantwortung dieser Frage führt uns an die Wurzeln des menschlichen Helligkeitsempfindens. Unsere Natur benötigt dazu nur einen einzigen, genial einfachen Rechentrick: Die (bereits erwähnte) laterale Hemmung ist eine wichtige Eigenschaft jeder einzelnen Sehzelle. Das Zusammenwirken mehrerer Sehzellen ermöglicht schließlich die gesamte übergeordnete Sehleistung der Randkontrastverstärkung.

Die auf der Netzhaut sitzenden Sehzellen leiten Sehreize an die nachfolgenden Zellschichten weiter, wo Neuronen die eingetroffenen Signale entsprechend ihrer Herkunft verschiedenartig auswerten. Die ankommenden Sehinformationen sind so vernetzt, dass sie räumlich zu einem rezeptiven Feld zusammengefasst werden.

Jede Sehzelle steht in Verbindung mit vielen rezeptiven Feldern. Umgekehrt steht jedes rezeptive Feld in Verbindung mit vielen Sehzellen. Die Reize von Sehzellen aus dem zentralen Bereich des rezeptiven Felds werden anders bewertet als von Sehzellen in den Außenbereichen. Dabei gibt es verschiedene Auswerte-Neuronen mit unterschiedlichen Auswertemethoden. In den *On-Zentrum-Neuronen* wirken die Reize aus zentralen Bereichen aktivierend, während Reize aus den Außenbereichen hemmend wirken. Genau umgekehrt ist es dagegen bei den *Off-Zentrum-Neuronen*.

Wie kommt aus diesem elementaren räumlichen Zusammenhang eine so allgemeine Systemeigenschaft wie die Kontrastverstärkung zustande? Dies wird deutlich, wenn Sie Bild 3.16 betrachten – hier wird der Rechenvorgang in einem rezeptiven Feld bei der Betrachtung eines Helligkeitsübergangs in einem On-Zentrum-Neuron nachvollzogen – wenn auch etwas vereinfacht: Links liegt ein weißer Streifen mit der gedachten Helligkeit 10 und rechts ein dunkler Streifen mit der Helligkeit 0. Das rezeptive Feld ist jeweils durch einen Kreis dargestellt. Der Innenkreis stellt das Zentrum des Felds dar.

Was kommt bei unserer Berechnung heraus, wenn das rezeptive Feld vollständig auf dem weißen Streifen liegt? Dieser Fall ist in Bild 3.16 links dargestellt: Die Sehzellen des Zentrums setzen die empfangene Helligkeit in eine Erregungsstärke mit der Intensität 10 um. Die Sehzellen im Außenbereich empfangen ebenfalls die weiße Farbe, wirken aber hemmend auf das rezeptive Feld. Wir nehmen daher eine Wirkung von minus 1 aus vier Richtungen auf das Gesamtergebnis an. Das ist schematisch durch die vier Zahlenwerte im Außenkreis dargestellt. Die endgültige Erregung des On-Zentrum-Neurons ergibt sich aus der Addition der Werte des Zentrums und des Außenbereichs, was zu einer Aktivierung der Intensität 6 führt.

In der Mitte von Bild 3.16 ist ein rezeptives Feld dargestellt, das im rechten Außenbereich eine schwarze Fläche registriert. Das führt zu einer geringeren Hemmung des rezeptiven Felds in diesem Bereich (0 anstelle von 1). Da alle anderen Verhältnisse unverändert geblieben sind, ergibt sich eine höhere Aktivierung des Neurons! Und genau diese Tatsache ist es, die die Randkontrastverstärkung bewirkt. Obwohl dunkleres Licht einfällt, wird helleres Licht registriert!

In Bild 3.16 rechts ist der Fall dargestellt, dass auch das Zentrum schwarzes Licht registriert. Deshalb werden die Bereiche mit der Intensität 0 erregt – nur nicht der linke Außenbereich. Das Gesamtergebnis ist durch die laterale Hemmung von links außen sogar schwärzer als Schwarz. Erst wenn das ganze rezeptive Feld Schwarz sieht, ist die Gesamterregung 0.

Für die genau umgekehrt verschalteten Off-Zentrum-Neuronen lässt sich die Funktionsweise der lateralen Hemmung auf die gleiche Art und Weise wie in Bild 3.16 – allerdings mit negativen Vorzeichen – demonstrieren.

Aus diesem einfachen Beispiel sind alle Kontrastverstärkungseffekte erklärbar. Weiß wird heller und Schwarz wird dunkler wahrgenommen, wenn man deren gemeinsame Grenze betrachtet.

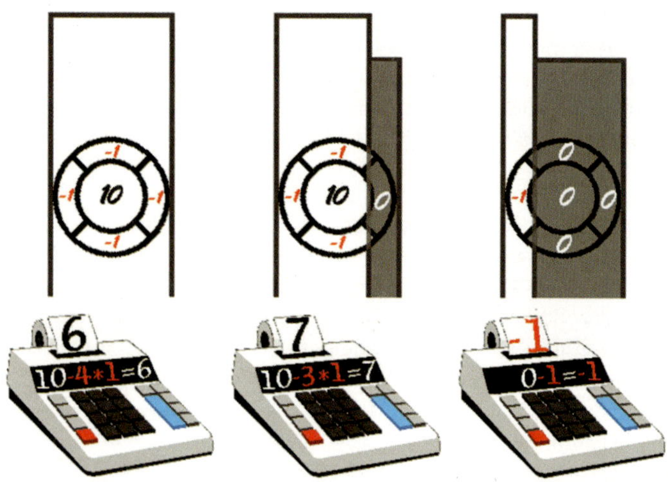

Abb. 3.16: Überblick über das „Rechenzentrum“ eines Helligkeit-Auswerte-Neurons.

Abb. 3.17: Die Craik-Cornsweet-O'Brien-Täuschung: Sicherlich erkennen Sie zwei unterschiedliche Flächen, wobei die linke dunkler wirkt als die rechte. In Wirklichkeit sind die beiden Flächen außer an der Schnittkante genau gleich hell! Überzeugen Sie sich davon, indem Sie den Bereich der Schnittkante durch einen Finger oder Bleistift abdecken!

3.3.5 Die Craik-Cornsweet-O'Brien-Täuschung

Die so genannte *Craik-Cornsweet-O'Brien-Täuschung* beweist, dass in naher Umgebung von Randlinien zwischen verschiedenen Flächen eine Kontrastverstärkung stattfindet. Sicherlich erkennen Sie auf dem Bild 3.17 sofort zwei Flächen mit unterschiedlicher Helligkeit, die eindeutig voneinander zu unterscheiden sind; die linke Fläche erscheint dunkler als die rechte. In Wirklichkeit handelt es sich jedoch um eine optische Täuschung.

Um die Täuschung zu entlarven, halten Sie einfach die Übergangsfläche mit dem Zeigefinger zu. Sofort erkennen Sie, dass die beiden Flächen in ihrem Helligkeitsgrad absolut identisch sind! Die linke Fläche ist lediglich kurz vor der Trennlinie dunkler gefärbt. Dagegen ist die rechte Fläche kurz vor der Trennlinie entsprechend aufgehellt.

Wie kommt diese Täuschung zustande? Unsere Augen bemerken zunächst die Kanten und verstärken den Randkontrast an den beiden Grenzen entsprechend. So entsteht der verblüffende (falsche) Eindruck zweier verschieden grauer Flächen.

3.3.6 Das Hermann'sche Gitter

Die Randkontrastverstärkung ist der Auslöser für eine weitere bemerkenswerte Täuschung, die von dem Physiker Hermann im Jahr 1869 zufällig entdeckt wurde und in Bild 3.18 zu sehen ist. Im so genannten *Hermann'schen Gitter* sind viele schwarze Quadrate in gleichem Abstand voneinander angeordnet. Ihre Zwischenräume sind weiß.

Aber sie erscheinen nicht überall so!

Abb. 3.18: Das Hermann'sche Gitter: An den Kreuzungspunkten der schwarzen Quadrate erscheinen schwarze flimmernde Punkte. Das Weiß der Kreuzungspunkte wird durch die laterale Hemmung nicht weiter aufgehellt und erscheint deshalb dunkel.

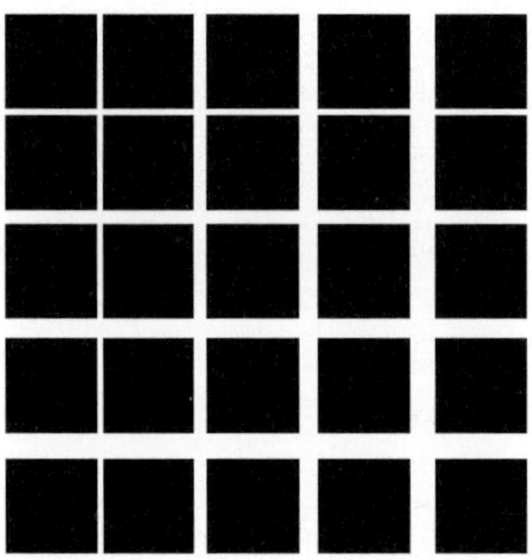

Abb. 3.19: Experiment mit dem Hermann'schen Gitter: Von links oben nach rechts unten nimmt die Dicke der weißen Balken zu. Nur links oben wird es Ihnen gelingen, die Täuschung aufrechtzuerhalten, wenn sie direkt auf den Kreuzungspunkt blicken! Weiter unten müssen Sie die Flimmerpunkte mehr aus den Augenwinkeln heraus beobachten, um sie zu sehen.

An den Kreuzungspunkten der schwarzen Quadrate flimmern nämlich kleine schwarze Punkte! Diese eigentlich weißen Schnittpunkte erscheinen dunkler, da dort kein direkter Kontakt zu den schwarzen Flächen vorliegt. Eine Randkontrastverstärkung kann hier also nicht in demselben Maße stattfinden wie in den anderen weißen Bereichen. Das Weiß der Kreuzungspunkte wird also durch die laterale Hemmung nicht weiter aufgehellt und erscheint deshalb dunkler! Das Flimmern entsteht dadurch, dass unsere Augen nie sehr lange genau auf denselben Punkt blicken, sondern einer ständigen Eigenbewegung unterliegen. Diese Bewegung stellt eine Art Schutz gegen eine Übersättigung unserer Sehzellen durch immer gleiches Licht dar.

Versuchen Sie, Ihren Blick auf einen schwarzen Flimmerpunkt in Bild 3.18. scharf zu stellen. Sie werden merken, dass dieser dann umgehend verschwindet. Die anderen Flimmerpunkte, die Sie aus den Augenwinkeln heraus betrachten, bleiben aber erhalten.

Wie lässt sich dieses Phänomen erklären? Die Antwort darauf ergibt sich aus einer genauen Betrachtung von Bild 3.19. Dort ist ein modifiziertes Hermann'sches Gitter zu sehen, wobei die Dicke der weißen Linien von links oben nach rechts unten zunimmt. Fixieren Sie bitte die weißen Kreuzungspunkte an verschiedenen Orten! Sicher fällt Ihnen dabei ein deutlicher Unterschied von links oben zu rechts unten auf. Links oben bleibt der schwarze Flimmerpunkt auch dann noch sichtbar, wenn Sie ihn zentral fixieren. Das wird Ihnen weiter rechts unten in Bild 3.19 schwerer fallen! Um das schwarze Flimmern dort aufrechtzuerhalten, müssen Sie den weißen Schnittpunkt viel mehr peripher, aus den Augenwinkeln heraus betrachten!

Die Erklärung für dieses unterschiedliche Verhalten muss also in den räumlichen Gegebenheiten der Netzhaut zu suchen sein. Im Bereich des schärfsten Sehens, der Fovea, liegen die Sehzellen sehr eng zusammen. Das hat sehr enge rezeptive Felder zur Folge. Dagegen werden die rezeptiven Felder im Außenbereich der Netzhaut immer größer.

Die Hermann'sche Täuschung ist nur möglich, wenn die Ausdehnung des rezeptiven Feldes im Vergleich zur Breite der weißen Balken nicht zu klein ist!

Die Größe der rezeptiven Felder muss also zur Ausdehnung der Kreuzungspunkte passen! Deshalb klappt die Täuschung mit zentraler Fixierung und engen rezeptiven Feldern nur bei sehr schmalen Balken. Je peripherer die Kreuzungspunkte betrachtet werden, desto eher lassen sich die schwarzen Punkttäuschungen auch noch im Bereich rechts unten des Bildes 3.19 erkennen. Das Bild 3.19 kann somit ganz ausgezeichnet zur Größenmessung von rezeptiven Feldern verwendet werden.

Diese unterschiedlichen geometrischen Gegebenheiten werden sehr schön zusammengefasst in der kreisförmigen Variation des Hermanngitters von Akiyoshi Kitaoka (Bild 3.20). Dabei sind im Innenraum des Kreises die Schnittpunkte sehr klein und die Abbildung erscheint dort einigermaßen stabil. Blickt man weiter in die Außenbereiche des Kreises, so gewinnt das Bild stark an Bewegung.

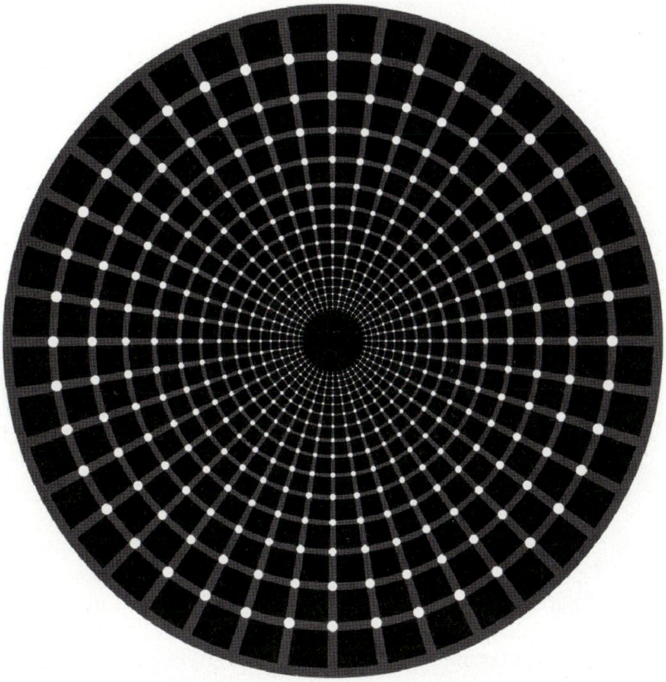

Abb. 3.20: Eine faszinierende Variation des Hermann'schen Gitters: der Ring von Kitaoka, mit freundlicher Genehmigung von Akiyoshi Kitaoka.

Die Schnittpunktsgeometrien sind dort weiter und die dunkle, flimmernde Schnittpunktsfärbung entsteht bei peripherem Sehen. Sobald man diesen Punkt zentral anschaut, verschwindet er wieder.

Das ist ungefähr so wie ein Haifisch im Kleinfischteich: Die kleinen Fische sind die schwarzen Flecke und der Haifisch befindet sich gerade am Ort des Scharfsehens – wo immer der Haifisch gerade ist, schwimmen die Fische schnell weg.

3.3.7 Die Irradiation

Die leichte Eigenbewegung der Augen liefert auch eine mögliche Erklärung für den Effekt der *Irradiation*. Schon Johann Wolfgang von Goethe und der Astronom Tycho Brahe berichteten darüber, dass helle Gegenstände größer erscheinen als dunkle Gegenstände derselben Größe. So erscheint der helle Vollmond viel größer als der dunkle und helle Kleidung lässt jemanden dicker erscheinen als dunkle. Davon können Sie sich in Bild 3.21 überzeugen.

Durch die leichten Augenbewegungen fällt auf die rezeptiven Felder im Kantenbereich abwechselnd weißes und schwarzes Licht. Das weiße Licht ist viel lichtstärker und übertrifft das schwarze bei weitem. Es hinterlässt deutliche Spuren in unserem Wahrnehmungsapparat. Auch wenn die rezeptiven Felder schon längst wieder eine andere Lage besitzen, dauert es einige Zeit, bis die entstandene Erregung durch das weiße Licht abklingt. Diese Abklingphase sorgt im Endeffekt für die scheinbare Vergrößerung der weißen Flächen.

Abb. 3.21: Die Irradiation
Oben: Eine weiße Fläche erscheint größer als eine gleich große schwarze.
Unten: Das einzelne weiße Quadrat scheint unmöglich in die schwarzen Lücken zu passen, obwohl es genau dieselbe Größe besitzt.

3.3.8 Helle und dunkle Sonnen

Auch die Kunst bedient sich schon seit langer Zeit des Wissens über die Kontrastverstärkung. Zum Beispiel kann eine gezeichnete Sonne in ihrem Eindruck mittels der Kontrastverstärkung gegenüber dem Bildhintergrund stark aufgehellt werden, wovon Sie sich in Bild 3.22 links überzeugen können.

Die Sonne besitzt in Wirklichkeit genau dieselbe Helligkeit wie der Bildhintergrund. Die Aufhellung geschieht durch einen ähnlichen Trick, wie Sie ihn schon in der Craik-Cornsweet-O'Brien-Täuschung kennen gelernt haben. Die Sonne endet in einer scharfen Übergangskante zu einem dunkel unterlegten Hintergrundring, der nach außen hin ohne scharfen Übergang in den Hintergrund verschwimmt. Wieder verstärkt unsere Wahrnehmung die Helligkeitskanten und lässt die Sonne heller und den Hintergrund dunkler erscheinen.

In Bild 3.22 rechts ist der umgekehrte Fall dargestellt: Die Sonne erscheint deutlich dunkler als links. In Wirklichkeit sind die beiden Sonnen aber gleich hell! Der dunkle Eindruck wurde durch die umgekehrte Kontrastierung erzielt. Die Kontrastverstärkung findet hier an der scharfen Kante unter genau umgekehrten Vorzeichen statt. Nun befindet sich innen die dunklere Farbe und außen die hellere! Unser Wahrnehmungsapparat wird durch die kontinuierliche Aufhellung des Hintergrunds von außen nach innen überlistet. Der

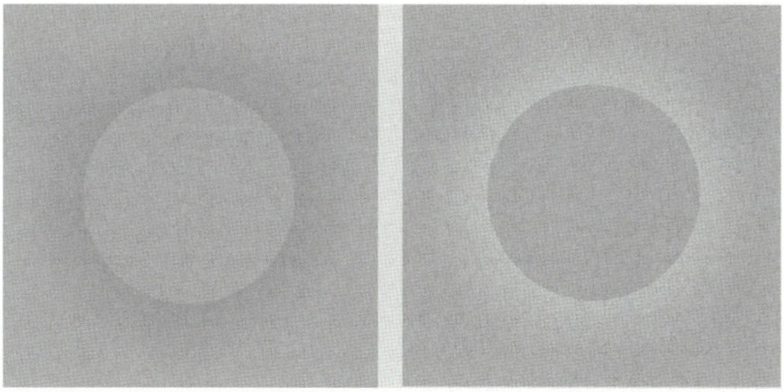

Abb. 3.22: Die beiden Sonnen sind gleich hell!

durch die Kontrastverstärkung erzielte dunkle Eindruck wird auf die gesamte Sonnenscheibe ausgedehnt.

3.3.9 Das Kanizsa-Dreieck

Ein weiterer Trick, Flächen aufzuhellen, ist die *Konturentäuschung*. Wie unsere Wahrnehmung durch täuschende Konturen auf das Glatteis geführt wird, können Sie in Bild 3.23 links sehen. Dieses Bild stammt von Gaetano Kanizsa, auf den viele reizvolle Bilder mit Konturentäuschungen zurückgehen.

Vermutlich sehen Sie zunächst nur eine zufällig scheinende Anordnung aus schwarzen Kreisen und Strichen. Diese schwarzen Formen stehen im Bildvordergrund. Die Figuren sind aber so angeordnet, dass ihre gedachten Verbindungslinien einen völlig neuen Sinn ergeben können. Sobald Sie diesen erkennen, wird sich ein Figurenwechsel vollziehen! Teile des bisherigen Hintergrunds werden in den Vordergrund springen, und umgekehrt: Ein Dreieck schwebt nun vor einem zweiten Dreieck im Vordergrund, während die schwarzen Kreise im Hintergrund sind!

Bemerkenswert an dieser Täuschung ist vor allem, dass es dem menschlichen Auge problemlos gelingt, eine Form zu erkennen, obwohl nur Teile ihrer Kontur sichtbar sind. Die Ursache hierfür ist wiederum der starke Drang unserer Wahrnehmung nach der guten Gestalt – alle Bildteile haben jetzt ein geordnetes Beziehungsgefüge. Alle einzelnen Bildelemente passen zusammen und ergeben einen neuen Sinn im Gesamtbild. Unser auf Erkennung von Kanten ausgelegter Wahrnehmungsapparat ist in der Lage, Kanten selbständig zu ergänzen oder zu vervollständigen.

Neben Kanten und Konturen, die gar nicht vorhanden sind, können Sie auch einen scheinbaren Helligkeitskontrast wahrnehmen: Das vordere Dreieck erscheint deutlich heller als seine Umgebung! In Wirklichkeit ist natürlich das Papier überall gleich weiß! Der Grund für diese Helligkeitstäuschung ist vermutlich in bestimmten Vorgängen bei der Tiefenwahrnehmung zu suchen. Aus der Erfahrung heraus sind wir es gewohnt, dass nahe liegende Objekte heller sind als weiter entfernte. Je weiter entfernt die Gegenstände liegen, umso lichtschwächer, diesiger und damit weniger kontrast-

Abb. 3.23: Das Kanizsa-Dreieck *Links*: Ein weißes Dreieck schwebt im Vordergrund! Dabei erscheint es weißer als der ebenso weiße Hintergrund. *Rechts*: Ein durchsichtiges Dreieck schwebt im Vordergrund. Die Helligkeitstäuschung ist jetzt aufgehoben.

reich erscheinen sie uns. Diese Alltagserfahrung vermittelt uns vermutlich das Gefühl, dass das im Vordergrund liegende Kanizsa-Dreieck heller und kontrastreicher ist.

3.4 Im Waldheim

Unsere Reise führt uns von dem Platz auf der Autobahnbrücke in ein nahe gelegenes Waldheim. Es ist wunderbar gelegen und gibt einen herrlichen Panoramablick auf die umliegenden Berge frei. Die Reisegruppe verteilt sich sofort an zwei runde Tische.

3.4.1 Die Tische

Der eine Tisch ist dunkel; auf ihm liegen einige helle Bierdeckel. Der andere Tisch ist hell; auf ihm liegen dunkle Bierdeckel. Die Bierdeckel links sind gleich hell wie der Tisch rechts, und umgekehrt. Von oben betrachtet, sehen die Tische mit den Bierdeckeln so aus wie auf Bild 3.24.

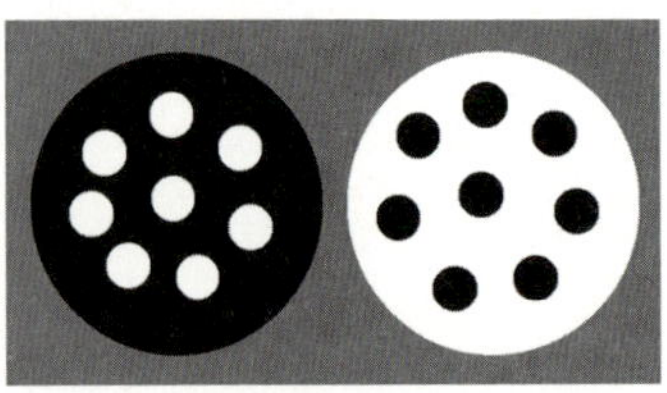

Abb. 3.24: Die zwei reservierten Tische im Waldheim: Helligkeitstäuschung durch unterschiedliche Figur-Hintergrund-Verhältnisse. Die Bierdeckel links sind gleich hell wie der Tisch rechts, und umgekehrt. Den Bierdeckeln wird ein stärkerer Kontrast zugeordnet. Deshalb erscheinen die linken Bierdeckel heller und die rechten dunkler, als sie in Wirklichkeit sind!

Die Bierdeckel scheinen im Vordergrund zu liegen, weil sie eine prägnante Form aufweisen. Betrachten Sie nun die Figuren unter dem Gesichtspunkt der Helligkeit! Sicherlich erscheinen Ihnen die Figuren links heller als der Tisch rechts. Ebenso wirken die Bierdeckel im rechten Bild dunkler als der linke Tisch. Die Figuren werden also auch hier aus ähnlichem Grund mit einem stärkeren Kontrast wahrgenommen!

Inzwischen hat der Kellner die Getränke gebracht und alle stoßen auf die fantastische Reise an. Der Busfahrer ist in so blendender Laune, dass er die Wartezeit vor dem Essen mit einer weiteren optischen Täuschung überbrückt.

3.4.2 Die Wertheimer-Benary-Figur

Der Busfahrer holt einige Papierdreiecke aus der Tasche und präsentiert den erwartungsvollen Reiseteilnehmern ein weiteres Beispiel für die starke Kontrastierung von im Vordergrund liegenden

Formen: die *Wertheimer-Benary-Figur* (Bild 3.25). Diese Figur geht auf die beiden Gestaltpsychologen Wilhelm Benary (1888–1955) und Max Wertheimer (1880–1943) zurück.

Der Busfahrer sagt zu seinen Gästen:
„Vergleichen Sie die beiden in Wirklichkeit gleich hellen Dreiecke miteinander. Sicherlich erscheint ihnen das Dreieck links oben um einiges heller. Der Grund hierfür ist unsere Gestaltwahrnehmung. Das linke Dreieck scheint vor dem schwarzen Kreuz zu liegen. Dagegen wirkt das rechte Dreieck an das Kreuz angeschmiegt. Diese unterschiedliche Tiefeneinschätzung sorgt für die Helligkeitstäuschung. Das scheinbar weiter vorne liegende Dreieck erhält wieder einen stärkeren Kontrast."

Der Grund für die unterschiedlich helle Wirkung der Dreiecke ist also die unterschiedliche Tiefeneinschätzung der Figuren durch unsere Wahrnehmung. Sie merken es schon: Es handelt sich hier um die gleiche Argumentation wie beim Kanizsa-Dreieck. In Bild 3.23 rechts können Sie sogar ein Dreieck sehen, das im Vordergrund schwebt und zusätzlich durchsichtig erscheint.

Dieses *Erkennen von Durchsichtigkeit* ist eine sehr bemerkenswerte Wahrnehmungseigenschaft, der wir uns jetzt zum Ende unserer Reise durch Figur und Form zuwenden wollen.

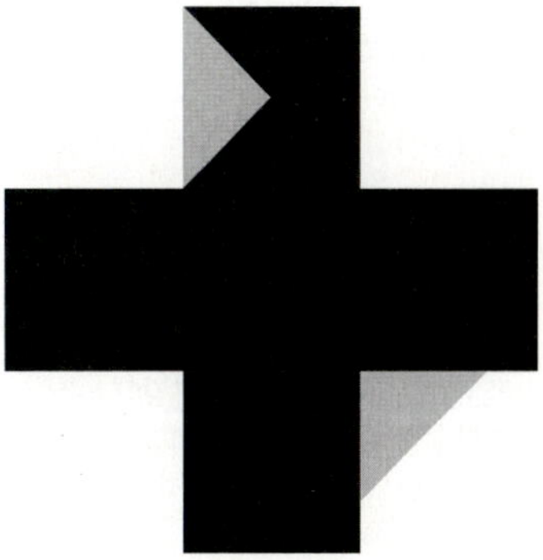

Abb. 3.25: Die Wertheimer-Benary Figur: Das Dreieck links oben wirkt heller als das gleich helle Dreieck rechts unten.

3.4.3 Die Wahrnehmung von Durchsichtigkeit

Das Phänomen der Durchsichtigkeit erschwert dem menschlichen Auge die Gestaltwahrnehmung beträchtlich. Die Durchsichtigkeit bringt meist einen „Wettstreit" verschiedener Gestaltgesetze mit sich, der nicht immer zu einer eindeutigen Lösung führt.

Betrachten Sie dazu das Bergpanorama vom Waldheim in Bild 3.26. Hier sind einige Gestaltgesetze „im Einsatz"; sie bewirken den absurden Wahrnehmungseindruck eines durchsichtigen Berges! In Wirklichkeit handelt es sich um zwei Berge: einen kleinen im Vordergrund und einen großen im Hintergrund mit einem Sattel in der Mitte. Zufällig treffen die Begrenzungslinien der Berge genau an der richtigen Stelle und mit dem richtigen Winkel aufeinander. Daraus entsteht der Eindruck zweier durchgehender Linienzüge!

Die eine Linie scheint von links oben hinten nach rechts vorne unten zu gehen, die andere Linie von links vorne unten nach rechts oben hinten. Dieser Eindruck zweier durchgehender Linien ist erst bei diesigem Wetter möglich, da sonst die Übergänge zwischen den Bergen durch Helligkeits- oder Kontrastunterschiede sichtbar sind.

Sind die beiden Linien erkannt, so sucht unsere Wahrnehmung nach einer plausiblen Lösung für diesen absurden räumlichen Zustand, der eigentlich nicht sein kann. Es ist schließlich völlig unmöglich, zwei sich auf diese Weise durchdringende Berge zu sehen. Unser Wahrnehmungssystem findet aber auch hier eine geniale, neue Lösung: den „gläsernen" Berg (beschrieben in Metzger, 1975). Dieses Phänomen lässt uns die beiden Bergzüge durchsichtig erscheinen!

Abb. 3.26: Das Bergpanorama des Waldhauses: der gläserne Berg! Bei diesigem Wetter können Berge durchsichtig erscheinen. Dies ist dann der Fall, wenn der Umriss eines vorne liegenden kleineren Berges genau in den Sattel eines weiter hinten liegenden Berges passt. Dadurch entsteht der Eindruck zweier neuer, sich gegenseitig durchdringender durchsichtiger Bergzüge.

Der Eindruck von Durchsichtigkeit entsteht also bei einer gegenseitigen Überschneidung von Formen, die miteinander rivalisieren. Welche Lösung unser Wahrnehmungsapparat findet, ist von Einzelfall zu Einzelfall verschieden.

Zieht unsere Wahrnehmung die Durchsichtigkeit aber einmal in Betracht, so kann für scheinbare Helligkeit keinerlei Garantie mehr übernommen werden – das beweist Bild 3.27, das auf eine Idee von Edward Adelson zurückgeht.

In diesem Bild scheinen zwei senkrechte durchsichtige Streifen über dem Hintergrund zu liegen. Aus dieser Wahrnehmungsvermutung zieht unser Gehirn sofort seine Schlüsse: Es weiß, dass durchsichtige Objekte etwas Helligkeit vom Hintergrund wegnehmen. Um einen einheitlichen, prägnanten Hintergrundeindruck zu erzielen, versucht es, diesen Helligkeitsverlust auszugleichen. Es

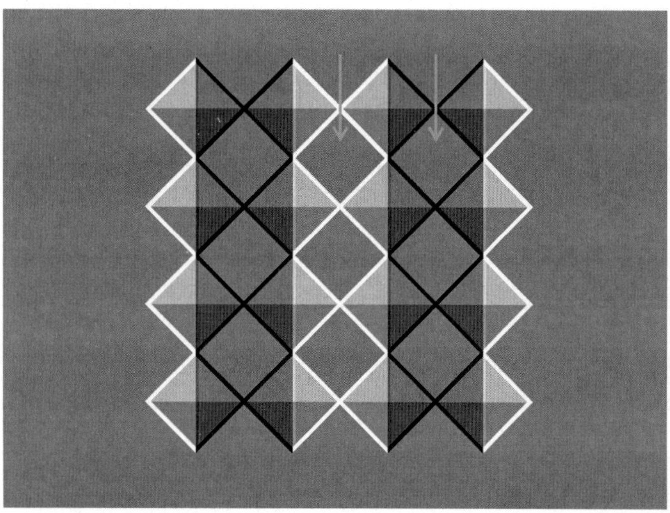

Abb. 3.27: Auswirkung der Empfindung von Durchsichtigkeit: Die beiden durch Pfeile gekennzeichneten Quadrate sind in Wirklichkeit gleich hell!

„addiert" also Helligkeit auf die Hintergrundstrukturen, die von den durchsichtigen Streifen überlagert sind. Dieses Streben nach Prägnanz wird durch die Figur von Adelson geschickt zu einer verblüffenden Täuschung ausgenutzt.

Vergleichen Sie die beiden durch einen Pfeil gekennzeichneten Quadrate miteinander. Sicherlich erkennen Sie einen gewaltigen Helligkeitsunterschied, obwohl die beiden Flächen in der Tat genau identisch sind. Davon können Sie sich leicht überzeugen, indem Sie die Umgebung der beiden Quadrate mit Papier abdecken!

3.4.4 Die White-Täuschung: Überdeckung und Simultankontrast

Der Busfahrer zeigt uns noch ein letztes Bild vor seinem wohlverdienten Feierabend (Bild 3.28). Dabei handelt es sich um die so genannte *White-Täuschung*, die aus einfachen horizontalen schwarzen Streifen und zwei vertikalen grauen Balken besteht. Der linke vertikale graue Balken erscheint dabei um einiges dunkler als der rechte!

Diese Wahrnehmung ist zunächst sehr überraschend, denn durch die Helligkeitskontrastverstärkung sollte eigentlich der umgekehrte Effekt zu erkennen sein: Die linken grauen Rechtecke haben an ihren Rändern hauptsächlich Schwarz als Nachbarfarbe und die rechten Rechtecke hauptsächlich Weiß. Durch die Helligkeitskontrastverstärkung müssten die linken Rechtecke also eher heller und die rechten Rechtecke eher dunkler erscheinen. Dass dies offensichtlich nicht so ist, hat seinen Grund in der speziellen Geometrie des Bilds. Anstatt mehrerer kleiner grauer Rechtecke sehen wir dabei zwei senkrecht stehende Balken. Der Balken links scheint überdeckt von den schwarzen Querstreifen auf einem weißen Hintergrund zu liegen. Umgekehrt scheint der rechte graue Balken von weißen Streifen überdeckt zu sein und auf schwarzem Hintergrund zu liegen. Die Helligkeitskontrastverstärkung wirkt nun einfach gegenüber den

Abb. 3.28: Die White-Täuschung.

beobachteten Hintergründen, was links eine Abdunklung und recht eine Aufhellung bewirkt!

Damit beendet der Busfahrer seine Erläuterungen, und genau rechtzeitig kommt für die Reiseteilnehmer das Abendessen, allerdings – kaum zu glauben – ganz und gar ohne optische Täuschung.

Vierte Reise: Mehrdeutige Wahrnehmungen

4

Die Welt der optischen Täuschungen ist eine faszinierende Welt voller Illusionen, eigenwilliger Perspektiven, schillernder Farben und irregeleiteter Fantasien. Wer bei doppel- oder mehrdeutigen Bildern wann was zuerst sieht, hängt vor allem von individuellen Vorerfahrungen und persönlichen Erlebnissen ab.

Spontane Momentaufnahmen und witzig-spritzige Umkehrbilder, die nur fürs Erste banal wirken, sind der Inhalt dieser Reise. Auch die Natur ist voll von mehrdeutigen Wahrnehmungen, die die Wirklichkeit verschleiern – wir müssen daher erst den richtigen Blick für sie entwickeln. Also öffnen wir unsere Sinne.

4.1 Wie man Freiburg finden kann

Heute hat der Busfahrer seinen wohlverdienten Ruhetag. Die Gruppe organisiert daher einen Ausflug auf eigene Faust. Stellen Sie sich vor, der Ausgangspunkt dieses Ausflugs sei in Freiburg vor einem Studentenwohnheim. Am Eingangstor klebt ein Zettel mit der Frage: „Wie haben Sie Freiburg gefunden?"

„Mit der Landkarte natürlich", sagt ein Reiseteilnehmer.

„Es hat mir sehr gut gefallen", sagt zur gleichen Zeit ein anderer.

Zwei vollkommen verschiedene Antworten auf ein und dieselbe Frage! Beide Antworten sind durchaus logisch und lediglich davon abhängig, wie man die Frage deutet. Damit wird klar, dass es in dieser Reise um Mehrdeutigkeiten geht. Eine inhaltliche Deutung ist ohne irgendeine Vorabinformation durchaus ziemlich schnell möglich. Bis man jedoch mögliche weitere inhaltliche Deutungsmöglichkeiten erkennt – sofern man sie überhaupt bemerkt –, kann es bisweilen eine ganze Zeit dauern. Je länger man dazu braucht, umso schöner ist danach das Aha-Erlebnis.

Das können Sie zum Beispiel an dem nächsten Zettel an der Tür mit der Aufschrift „Ich habe mich in Freiburg verliebt" ausprobieren. Dieser Satz ermöglicht wieder zwei verschiedene inhaltliche Deutungen. Alles klar?

Auf diesem überraschenden Aha-Erlebnis beim Begreifen der zweiten Deutungsmöglichkeit basieren übrigens die meisten Scherzfragen und viele Witze, in denen ein mehrdeutiges Wort oder Wortgebilde vorkommt.

Das können Sie anhand von Bild 4.1 nachvollziehen, das an der Eingangstür des Studentenwohnheims hängt:

„Ich begreife das nicht", meint ein Reiseteilnehmer.

„Begreifen ist doch ganz einfach", antwortet ein vorbeikommender Student lachend und fasst an das Bild.

„Ich komme da nicht mit", versucht es der Reiseteilnehmer nochmals und schüttelt den Kopf.

„Dann bleiben Sie eben da, wo Sie sind", sagt der Student verschmitzt schmunzelnd, um sogleich prustend die Tür zum Wohnheim zu öffnen. Und mit dem Schlag des Tür*flügels* bewegt er seine Nasen*flügel* und geht zum Klavier*flügel* im anderen *Flügel* des Hauses. Sie sehen schon, an Flügeln fehlt es dem Studentenflegel nicht!

Nach einer kurzen Denkpause öffnen auch wir gemeinsam mit unserem inzwischen ebenfalls lachenden Freund aus der Reisegruppe die Tür und schauen uns in dem rätselhaften Wohnheim um.

Die eben erwähnten Mehrdeutigkeiten stammten allesamt aus dem Bereich der Sprache. Im Folgenden wollen wir uns aber mit Mehrdeutigkeiten im Sehen beschäftigen. Darauf gibt uns bereits ein erster Blick auf den Gang des Wohnheims einen Hinweis, denn die Wände sind über und über behängt mit Bildern.

Abb. 4.1: Das Bild an der Eingangstür.

4.2 Der Rubin-Kelch

Betrachten Sie einige Sekunden lang Bild 4.2. Nachdem Sie ziemlich schnell eine eindeutige Deutung des Bildes gewonnen haben, wird Ihre Wahrnehmung ganz von selbst auf eine andere, alternative Deutung überspringen. So können Sie Bild 4.2 zum einen als weiße Blumenvase und zum anderen als zwei schwarze Gesichter deuten.

Bilder dieser Art, so genannte *ambivalente Bilder*, ermöglichen stets mehrere Deutungen. Sie sind somit die visuellen Gegenparts zu den sprachlichen Mehrdeutigkeiten, die übrigens gerade im Deutschen sehr häufig anzutreffen sind. Bei Bild 4.2 handelt es sich um eine Spielart des berühmten *Rubin-Kelchs*, der im Original aus dem Jahre 1921 stammt und nach seinem Erfinder benannt ist; er wird zur Gruppe der *Figur-Hintergrund-Bilder* gerechnet.

Bei diesen Figur-Hintergrund-Bildern handelt es sich um flächige Zeichnungen, bei denen der Betrachter die verschiedenen Flächen sowohl als Vordergrund als auch als Hintergrund erkennen kann. Dadurch gerät unser Wahrnehmungssystem in einen schweren, ja unlösbaren Konflikt, denn: Die verschiedenen Sehmöglichkeiten schließen sich im Normalfall aus. Die Figur-Hintergrund-Bilder bestehen aus Flächen unterschiedlicher Färbung und Helligkeit. Durch

Abb. 4.2: Der Rubin-Kelch: Vase oder Gesichter?

Abb. 4.3: Figur-Hintergrund-Bilder *Links*: Signet der Schach-WM 1990. *Rechts*: Saxofonspieler oder Gesicht?

die Gesetze des Sehens ist nicht eindeutig geklärt, welches Flächenteil als Figur und welches als Hintergrund wahrgenommen wird. Vielmehr stehen die Gesetze des Sehens sogar in Konkurrenz zueinander, wie wir schon in der zweiten Reise gesehen haben. Neben der Vase von Rubin gibt es eine Vielzahl weiterer Beispiele von Figur-Hintergrund-Bildern, von denen einige im Bild 4.3 abgebildet sind.

Wie löst unser Gehirn diesen vermeintlich unlösbaren Konflikt? Um das zu klären, betrachten wir das nächste Bild im Flur des Wohnheims.

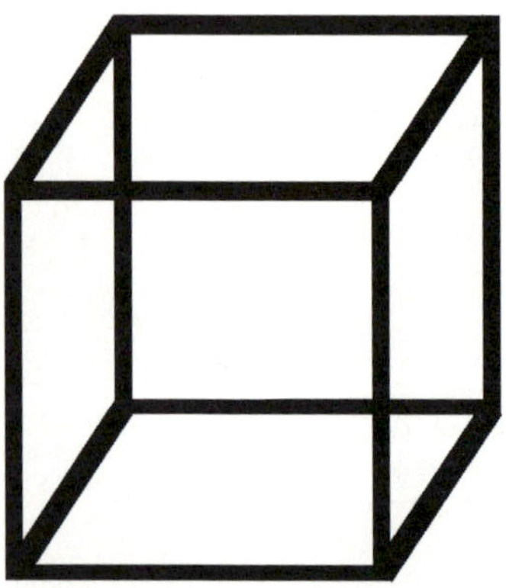

Abb. 4.4: Der Necker-Würfel: Nehmen Sie sich etwas Zeit für dieses Bild: Plötzlich beginnt er wie wild im Raum hin und her zu springen!

4.3 Der Necker-Würfel

Bild 4.4 ist die Strichgitterzeichnung eines nach dem Mathematiker L. A. Necker benannten dreidimensionalen Würfels.

Wahrscheinlich vermuten Sie hinter dieser Zeichnung nichts Besonderes: ein dreidimensionaler Würfel mit einer Vorderfront und einer Hinterfront – mehr nicht. Erst die Frage, welche Fläche denn im Vordergrund liegt, bringt uns dem Geheimnis von Bild 4.4 näher. Also: Welche Fläche liegt vorne?

„Die Fläche, die links vorne endet“, sagt ein Reiseteilnehmer.

„Nein, die Fläche rechts oben“, behauptet ein anderer steif und fest.

Zur Verdeutlichung ihrer Behauptungen schraffieren die beiden jeweils die Würfeloberfläche, die nach ihrer Überzeugung im Vordergrund liegt, in verschiedenen Farben (Bild 4.5).

Abb. 4.5: Zwei Würfelflächen, die im Vordergrund liegen könnten.

Nachdem die beiden schon eine Weile auf ihrer Meinung beharrt und dabei weiter wie gebannt auf den Würfel gestarrt haben, tritt plötzlich fast zeitgleich eine Veränderung in ihrem Verhalten ein.

„Jetzt sehe ich es mit einem Schlag in der anderen Perspektive", meint der eine Reiseteilnehmer.

„Tatsächlich, bei mir ist es auch ganz plötzlich umgesprungen", entgegnet der andere völlig überrascht.

Nach dem Entdecker dieses beeindruckenden Phänomens nennt man den umschlagenden räumlichen Würfel den *Necker-Würfel*.

Nehmen Sie sich die Zeit, den Necker-Würfel etwas länger zu betrachten – es lohnt sich! Ziemlich schnell kommt Ihnen sehr wahrscheinlich eine räumliche Wahrnehmungsalternative ins Bewusstsein. Nun blicken Sie einfach weiter auf den Würfel! Das Umspringen des Würfels kommt dann wie von selbst und völlig unerwartet! Lassen Sie sich von diesem Trick verzaubern, bei dem Sie selbst gleichzeitig Zauberer und Publikum sind.

Wieder einmal hat unser Gehirn ein unlösbar scheinendes Problem auf eine zunächst völlig überraschende Art und Weise gelöst. Ein einfaches, ruhendes Bild wie der Necker-Würfel versetzt unseren Wahrnehmungsapparat in Bewegung!

Beobachten Sie das Bild nach dem ersten Umspringen der Räumlichkeit unbedingt noch einige Zeit weiter! Dabei werden Sie nach und nach immer stabilere Oszillationen zwischen den beiden räumlichen Alternativen feststellen können.

Viele Menschen erschrecken beim ersten Betrachten dieses Phänomens und werden durch den scheinbaren Zusammenbruch ihres vermeintlich so stabilen Wahrnehmungsapparats stark verunsichert. Dafür besteht freilich überhaupt kein Grund. Denn tatsächlich erleben wir hier keineswegs einen Zusammenbruch unserer Wahrnehmung, sondern vielmehr einen weiteren fantastischen Trick der Natur, mit scheinbar ausweglosen Situationen umzugehen und Kompromisse zu schließen. Dieser Prozess kommt in unserer normalen Welt beinahe ununterbrochen vor. Alles ist in Bewegung, dauernd strömen neue Umweltreize auf uns ein. Dadurch steht der Wahrnehmungsapparat ständig vor der Aufgabe, zwischen diesen Reizen zu vermitteln, das Interessanteste herauszufiltern und gegebenenfalls zwischen mehreren Alternativen abzuwechseln. Allgemeiner gesprochen: Unsere gesamte Umwelt kann als eine ungeheuer faszinierende mehrdeutige Wahrnehmungsaufgabe aufgefasst werden.

Die Faszination bei der Betrachtung solcher ambivalenter Bilder wie dem Necker-Würfel beruht darauf, dass sie uns die Zeitlichkeit der Wahrnehmung besonders drastisch vor Augen führen. Niemand rechnet beim ersten Betrachten eines solchen Bildes damit, dass es „Leben bekommt“ und – wie von Geisterhand bewegt – hin- und herzuspringen scheint!

Aus diesen Wahrnehmungsvorgängen beim Betrachten eines ambivalenten Bildes wie dem Necker-Würfel bestätigt sich das Argument von Pöppel (2001), dass das menschliche Gehirn immer nur *einen* Wahrnehmungsinhalt im Bewusstsein haben kann. Sobald uns eine neue Perspektive bewusst wird, verschwindet die alte vollständig.

Alle diese ambivalenten Bilder sind so konstruiert, dass sie uns beim Betrachten mindestens zwei Wahlmöglichkeiten offen lassen. Beim Necker-Würfel wird das dadurch erreicht, dass keine räumliche Darstellung des Würfels bevorzugt wird: Die beiden Quadrate, die abwechselnd den Vorder- und den Hintergrund bilden, sind in ihrer Größe völlig identisch!

Unsere Wahrnehmung hat den perfekten Kompromiss entdeckt und wechselt einfach zwischen den verschiedenen Möglichkeiten ab.

Es gibt sogar noch eine weitere Möglichkeit, den Necker-Würfel zu betrachten – ohne jede Räumlichkeit! Diese Möglichkeit lässt sich leicht nachvollziehen, wenn Sie die folgende Bilderserie (Bild 4.6) der räumlich gedrehten Necker-Würfel von links nach rechts betrachten.

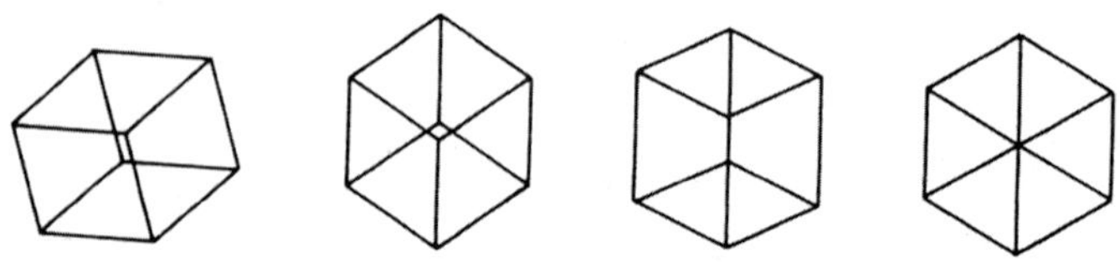

Abb. 4.6: Räumlich gedrehte Necker-Würfel nach Kopfermann: Von links nach rechts ist zunehmend eine flächige Wahrnehmung möglich.

Während bei dem Würfel auf der linken Seite die schon bekannten Oszillationen zwischen den beiden räumlichen Orientierungen ablaufen, kommt bei den Würfeln in der Mitte und rechts mehr und mehr eine flächige Komponente ins Spiel. Beim rechten Würfel dominiert diese Alternative sogar so stark, dass eine räumliche Wahrnehmung nur noch sehr eingeschränkt stattfindet. Die Oszillationen der Wahrnehmung sind hier stark behindert!

So vielfältig und faszinierend die ambivalenten Muster selbst sind, so vielfältig sind auch ihre Ausgestaltungen und Formen. Schauen wir uns deshalb weiter an der Wand des Studentenwohnheims um. An ihr befindet sich eine ganze Menge weiterer Strichzeichnungen, die den Effekt der Mehrdeutigkeit der Räumlichkeit ausnutzen.

4.4 Perspektivische Ambivalenz

Bei der perspektivischen Ambivalenz ist die räumliche Orientierung bei dreidimensionalen Objekten nicht eindeutig festgelegt, sodass mehrere dreidimensionale Sichtweisen gleichwertig wahrnehmbar sind. Wie beim Necker-Würfel treten nach etwas Beobachtungszeit wiederum Oszillationen der Wahrnehmung auf. Einige Beispiele dafür sind in Bild 4.7 abgebildet:

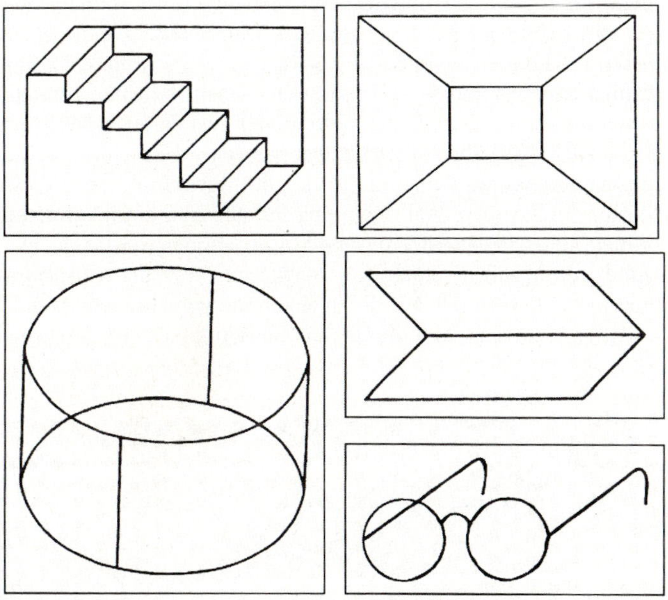

Abb. 4.7: Beispiele perspektivischer Ambivalenz: Alle diese Objekte können in zwei verschiedenen räumlichen Orientierungen gesehen werden!

Unsere Reisegruppe ist inzwischen bei einem weiteren Streitfall angelangt, dargestellt in Bild 4.8:

Abb. 4.8: Ein oder vier Würfel? Eines oder vierundzwanzig Augen?

Hier kann eine unterschiedliche Anzahl von Würfeln wahrgenommen werden: entweder einen oder vier Würfel. Unser harmoniebedürftiges Wahrnehmungssystem „erfindet" als Kompromiss nun nicht zweieinhalb Würfel, sondern es springt wiederum in zeitlichem Wechsel zwischen der Erkennung von einem und vier Würfeln hin und her. Je nach Wahrnehmungszustand sind dabei außerdem entweder eines oder vierundzwanzig Augen sichtbar – ein Wunschtraumtrick für jeden Falschspieler!

Was passiert, wenn die Möglichkeit zur Mehrdeutigkeit nicht mehr nur auf einzelne Bildausschnitte beschränkt ist, sondern über das ganze Bild reicht? Ein besonders faszinierendes Beispiel für diesen Fall können Sie in Bild 4.9 betrachten. Je nach Blickrichtung, Aufmerksamkeit und Betrachtungsweise sehen Sie einen Kreis im Mittelpunkt und die restliche Bildsymmetrie ist daran ausgerichtet. Urplötzlich – getrieben durch Oszillationen der Wahrnehmung, Aufmerksamkeitsschwankung und Blickrichtungswechsel – wird dieses Muster durch unsere Wahrnehmung spontan und komplett umgeordnet und andere kreisförmige Bildorganisationen werden sichtbar. Durch die große Vielfalt an möglichen Wahrnehmungskombinationen verbleibt dieses Bild in einem immerwährenden Wandel zwischen den einzelnen durch die Bildsymmetrie vorgegebenen Alternativen.

Abb. 4.9: Großskalige Oszillationen der Wahrnehmung – mit freundlicher Erlaubnis von Michael Stadler.

4.5 Ambivalente Bilder im Labor der Wahrnehmungspsychologie

Ambivalente Bilder eignen sich vorzüglich, um Messungen zur Zeitabhängigkeit unserer Wahrnehmung durchzuführen. Ein Grund dafür ist, dass im Gegensatz zur „normalen" bewegten Umgebung die Anzahl der Wahrnehmungsalternativen maßgeschneidert auf eine niedrige Zahl beschränkt werden kann. Ein weiterer Vorteil ist, dass das Umspringen zwischen den Alternativen so deutlich stattfindet, dass der Zeitpunkt des Umschlagens von jedem Betrachter eindeutig benannt werden kann.

Der Versuch läuft normalerweise so ab, dass die Versuchspersonen entsprechend der jeweils wahrgenommenen Alternative unterschiedliche Knöpfe drücken müssen. Mit diesen einfachen Messmethoden fand man zum Teil ganz erstaunliche Dinge heraus. So zeigte es sich beispielsweise, dass durch den freien Willen die Oszillationen der Wahrnehmung zwar verzögert, aber keinesfalls aufgehalten werden können. Das können Sie leicht überprüfen, wenn Sie den Necker-Würfel in Bild 4.4 mit der Vorgabe anschauen, dass Sie an der gesehenen räumlichen Perspektive festhalten wollen. Unweigerlich werden Sie schon sehr bald vor Ihrem eigenen Wahrnehmungssystem kapitulieren und den Perspektivenwechsel zulassen müssen.

4.5.1 Messverfahren

Wenn Sie Bild 4.4 etwas länger betrachten, so bemerken Sie sicherlich, dass es eine gewisse Zeit dauert, bis sie so richtig „warm laufen". Erst nach der relativ langen Zeit von ca. drei Minuten treten richtig stabile Oszillationen der Wahrnehmung auf. Im Anschluss an diese Gewöhnungsphase beginnt der eigentliche Laborversuch. Dabei wurde festgestellt, dass im Durchschnitt ca. alle drei Sekunden ein Umspringen der Wahrnehmung stattfindet. Von Person zu Person kommt es allerdings zu größeren Unterschieden in der durchschnittlichen Wahrnehmungsdauer eines stabilen Zustands. Das lässt sich gut bei der Betrachtung von Bild 4.10 feststellen.

Dabei handelt es sich um ein Malteserkreuz mit acht Kreuzsegmenten. Es kann entweder ein schwarzes Kreuz auf weißem Grund oder ein weißes Kreuz auf schwarzem Grund gesehen werden. Von Person zu Person treten dabei deutliche Unterschiede in der Geschwindigkeit des Alternativenwechsels auf.

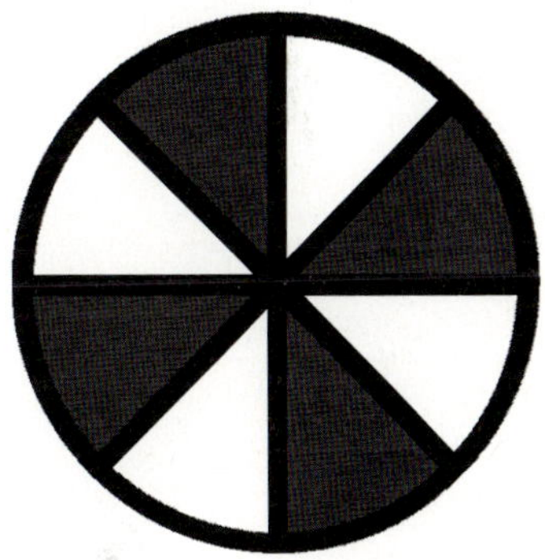

Abb. 4.10: Ein Malteserkreuz mit acht Flügeln.

4.5.2 Die Oszillationsgeschwindigkeit als „Fingerabdruck der Psyche"

Dieser Unterschied in der Geschwindigkeit des Wahrnehmungswechsels wurde ebenfalls in einem Laborversuch untersucht. Dabei wurde nachgewiesen, dass jede Person ihre eigene, unverwechselbare Oszillationsgeschwindigkeit besitzt.

Bei Personen mit hoher Wechselgeschwindigkeit gibt es nur sehr kleine Abweichungen in der Wahrnehmungsdauer. Mit anderen Worten: Solche „schnelle" Personen haben einen sehr konstanten Rhythmus des Wahrnehmungswechsels. Dagegen besitzen Personen mit langsamen Wechselgeschwindigkeiten sehr hohe Schwankungen in den Längen ihrer Wahrnehmungsdauern!

Die Oszillationsfrequenz stellt somit für jeden Menschen eine ganz charakteristische Größe dar. Unter denselben Bedingungen ist die Wahrnehmungsdauer für jede Versuchsperson eine einwandfrei reproduzierbare Größe. Bis heute ist es aber nicht gelungen, irgendwelche speziellen Eigenschaften der Versuchspersonen als eindeutige Ursache für diese Größe auszumachen. Dabei wurden zum Beispiel der Einfluss des Intelligenzquotienten, Intro- oder Extrovertiertheit, Gehirnschädigungen oder der Konsum von Drogen in Erwägung gezogen.

Genau wie bei einem Fingerabdruck lassen sich auch hier keinerlei Rückschlüsse über persönliche Merkmale wie Körpergröße, Haar- und Augenfarbe oder den seelischen Zustand ziehen. Allerdings kann – ebenso wie beim Fingerabdruck – die getestete Person durch die Oszillationsgeschwindigkeit identifiziert werden. Die Oszillationsgeschwindigkeit hat also die Bedeutung eines „Fingerabdrucks der Psyche".

4.5.3 Bilder mit unterschiedlicher Gewichtung der Alternativen

Nur in den seltensten Fällen kommen die Alternativen der Wahrnehmung eines mehrdeutigen Bildes gleich stark zum Tragen. Um solche gleichwertigen Bilder gezielt zu erzeugen, muss man die beteiligten Gesetze des Sehens sehr genau beachten und anwenden.

Ein gutes Beispiel dafür ist der Einfluss des Gesetzes der Nähe. Betrachten Sie dazu noch einmal das Bild „Vase oder Gesicht?" von Rubin (Bild 4.11).

Der Abstand der schwarzen Gesichter in Bild 4.11 nimmt von links nach rechts zu. Dadurch wird die Gewichtung von der Alternative „Vase" mehr und mehr hin zur Alternative „Gesichter" verlagert! Die einfache Begründung für diesen Effekt liefert das Gruppierungsgesetz der Nähe, das Sie bereits in der ersten Reise kennen gelernt haben. Im linken Teilbild ist die weiße Vase durch die Nähe ihrer Umrisslinien im Gegensatz zum rechten Teilbild hervorgehoben und wird dadurch zur dominierenden Figur.

Auch bei mehrdeutigen Bildern mit unterschiedlich starker Gewichtung der Alternativen finden Oszillationen der Wahrnehmung statt! Allerdings variiert die Wahrnehmungsdauer der Alternativen: Je stärker eine Alternative bevorzugt wird, desto länger ist die mittlere Wahrnehmungszeit dieser Alternative. Die mittlere Wahrnehmungsdauer der schwächeren Alternative beträgt etwa drei Sekunden. Die Wahrnehmungsdauer ist eine gute quantitative Maßzahl für die Gewichtung der Einzelbilder. Die Wahrnehmungsdauer ist somit ein idealer Indikator, um den Einfluss der an der

Abb. 4.11: „Vase oder Gesicht?" mit unterschiedlichem Abstand der Gesichter.

Abb. 4.12: Drei verdrehte Malteserkreuze. Im ersten Teilbild erscheint bevorzugt das weiße, im dritten Bild das schwarze Kreuz im Vordergrund.

Alternativengewichtung beteiligten Gesetze des Sehens zu vermessen!

Dies können wir am Beispiel des Malteserkreuzes mit acht Flügeln nachvollziehen. Bild 4.12 verdeutlicht den Einfluss der unterschiedlichen Orientierung des Musters auf die Wahrnehmung. Dabei wird das Malteserkreuz Stück für Stück um seine Achse gedreht.

Vermutlich sehen Sie im ersten Bild das weiße Kreuz im Vordergrund liegen – die Erklärung dafür ist die schon besprochene Vertikalentäuschung. Das Gesetz der Prägnanz bevorzugt die vertikale/horizontale Anordnung.

Aus diesem Grund wird umgekehrt im dritten Teilbild das schwarze Kreuz stark bevorzugt, während im zweiten Teilbild die Orientierung keinen Einfluss auf den Wahrnehmungsvorgang ausübt – dies bestätigten Laborversuche von Oyama aus dem Jahre 1960.

Am Malteserkreuz kann man weitere erstaunliche Wahrnehmungseffekte beobachten. Betrachten Sie dazu zum Beispiel die Serie von drei Malteserkreuzen, die in Bild 4.13 zu sehen ist:

Abb. 4.13: Drei Malteserkreuze mit verschiedenen Grundflächen: Das weiße Kreuz erscheint von links nach rechts zunehmend im Vordergrund.

Dabei nimmt die Grundfläche des schwarzen Kreuzes von links nach rechts stark zu. Im linken Bild ist noch teilweise ein schwarzes Kreuz auf weißem Grund zu erkennen! Mit von links nach rechts zunehmendem Schwarzanteil geht dieser Eindruck aber verloren. Im rechten Bild ist die Wahrnehmung des weißen Kreuzes bevorzugt.

Diese Beobachtung konnte schon 1957 von Künnapas experimentell nachgewiesen werden. Durch das Stoppen der Zeitdauer der einzelnen Wahrnehmungsperioden konnte er die zunehmende Dominanz der Alternative weißes Kreuz von links nach rechts genau messen.

Zur Erklärung dieses Phänomens können wir wieder auf das Gesetz der Nähe zurückgreifen. Eine kleine, geschlossene Fläche erscheint viel eher als Figur, also im Vordergrund liegend, als eine größere, sie umgebende Fläche. Deshalb wird im linken Teilbild das schwarze Kreuz und rechts das weiße Kreuz bevorzugt erkannt.

Was sehen Sie, wenn Sie die farbigen Kreuze in Bild 4.14 betrachten? Sicher sehen Sie eine bestimmte Farbe bevorzugt, deren

Abb. 4.14: Malteserkreuze in verschiedenen Farben: Das rote Kreuz liegt im Durchschnitt vor dem grünen und dem blauen.

Kreuz im Vordergrund liegend erscheint. Untersuchungen haben gezeigt, dass jeder Mensch seine ganz persönliche „Farbrangfolge" besitzt. Mit Hilfe sehr vieler Versuchspersonen wurde im Labor durch Messungen der Oszillationszeiten eine durchschnittliche Reihenfolge der Farben herausgefunden. So stellte Oyama fest, dass die meisten Personen das rote Kreuz im Vordergrund sehen, gefolgt von dem grünen, wohingegen das blaue am öftesten im Hintergrund liegend erscheint.

Abb. 4.15: Junger Mann oder Schwiegervater? (Nach Botwinick, 1961.)

4.6 Junger Mann oder Schwiegervater?

Betrachten Sie nun mit der Reisegruppe das nächste Bild im Flur des wunderlichen Studentenwohnheims (Bild 4.15).

Diesmal sind sich alle Reiseteilnehmer einig, dass sie einen Mann sehen. Das ist ja immerhin schon mal was! Wie alt aber schätzen Sie diesen ganz besonderen Mann? Er ist deshalb so besonders, weil die Alterseinschätzung durch verschiedene Menschen um sicherlich 50 Jahre voneinander differieren kann – was selbst im Zeitalter der Schönheitschirurgie noch bemerkenswert ist! Betrachten Sie dazu zur Verdeutlichung die beiden Phantomzeichnungen in Bild 4.16.

Die Unterschiede sind nun deutlich sichtbar: Der junge Mann blickt nach rechts hinten und hat blondes Haar, während der alte Mann nach rechts unten blickt und schwarze Haare hat. Außerdem unterscheiden sich die beiden Köpfe in vielen mehrdeutigen Details: Das Kinn des jungen Mannes ist die Nase des alten Mannes, die Haare des einen sind das Auge des anderen und das Halsband des einen ist der Mund des anderen. Aus diesen vieldeutigen Details resultiert der große Reiz dieses Bildes. Mit etwas Geduld können Sie auch an diesem Bild an sich selbst die stetigen Wechsel in Ihrer Wahrnehmung beobachten.

Abb. 4.16: Zwei Phantomzeichnungen.

Sie können den Wahrnehmungswechsel mit einem Trick stark erleichtern: Da ja jeder Bildausschnitt allein schon mehrdeutig ist, müssen Sie als Betrachter nur einen bestimmten Bildausschnitt wählen, der die gewünschte Alternative etwas bevorzugt. Halten Sie beispielsweise in Bild 4.16 die obere Hälfte bedeckt, so ist im Normalfall die Wahrnehmung „alter Mann" etwas bevorzugt, wohingegen bei der Abdeckung der unteren Bildhälfte der junge Mann leichter gesehen werden kann.

4.7 Junges Mädchen oder Schwiegermutter?

Diese Methode können Sie beim Betrachten des ähnlich konstruierten berühmten Bildes 4.17 von Hill überprüfen. Es handelt sich um das weibliche Gegenstück zum vorigen Bild.

Wieder kann der Betrachter einen ganz unterschiedlichen Eindruck der abgebildeten Frau gewinnen. Es kann entweder eine nach links hinten blickende junge Frau oder eine nach links vorne blickende alte Frau wahrgenommen werden. Dabei wird zum Beispiel die Halskette der jungen Frau zum Mund der alten Frau. Die Entscheidung für eine Sichtweise fällt sofort, sozusagen auf den „ersten Blick". Aber wie kommt diese Entscheidung zustande? Lässt sich aus dieser Beurteilung auf den ersten Blick ein Rückschluss auf die Persönlichkeit oder die Tagesform des Betrachters ziehen? Und kann damit die zeitlose Frage „Bin ich ein guter Liebhaber?" endlich streng wissenschaftlich ausgewertet werden?

Dieses berühmte Bild wurde im Laufe der Zeit immer wieder neu entdeckt. Das Original stammt vermutlich von einem unbekannten deutschen Künstler aus dem Jahr 1888 (veröffentlicht auf einer Postkarte), siehe Abb. 4.17 unten.

Abb. 4.17: Junges Mädchen oder Schwiegermutter?
Oben: das bekannteste Bild nach Hill, 1915.
Unten: das vermutliche Original aus dem Jahr 1888 (anonymer deutscher Künstler).

4.8 Wie fällt unser Gehirn Entscheidungen?

Die Vorgehensweise unseres Gehirns bei der Erkennung solcher Bilder ist die eines spontanen Symmetriebruchs. Die beiden vorhandenen Wahrnehmungsmöglichkeiten stellen einen symmetrischen, gleichberechtigten Zustand zumindest in unserem Unterbewusstsein dar. Unser Gehirn geht hier nach dem gleichen Entscheidungsschema vor, das uns auch aus ganz anderen Bereichen des menschlichen Lebens bekannt ist.

Fälle, in denen zwei oder mehr Handlungsalternativen vorgegeben sind, die genau gleich oder vergleichbar gut sind, gibt es zuhauf. Ständig sind Entscheidungen zu treffen: Ziehe ich die weißen oder die blauen Socken an, nehme ich noch einmal eine Tasse Kaffee oder nicht, lese ich diese Buchseite noch zu Ende oder nicht? Und so weiter. Zum Glück ist die Entscheidungsfindung in solchen kleinen Problemen bei den meisten Menschen durch den Alltag weitestgehend automatisiert. Trotzdem gibt es Menschen, die in solchen Zweifelsfällen ständig zwischen genau symmetrischen Alternativen zu stecken scheinen und sich nie für oder gegen etwas entscheiden können.

Der Grund dafür, dass manche Menschen sehr gut und manche sehr schlecht mit solchen Wahlmöglichkeiten zurechtkommen, liegt im jeweiligen Wertesystem begründet, das wir verinnerlicht haben. Der Entscheidungsneurotiker bewertet aus der Angst vor einer Fehlentscheidung die möglichen Alternativen oft künstlich gleich und zögert eine Entscheidung dadurch so lange wie möglich hinaus. Gleichzeitig leidet er aber stark unter dieser Situation. Einem anderen Menschenschlag fällt es dagegen sehr leicht, Alltagsentscheidungen zu treffen. Diese Menschen genießen den Prozess der Entscheidungsfindung als eine besondere Freiheit des Lebens.

Unabhängig davon, wie lange nun ein Zustand der Symmetrie aufrechterhalten wird, fällt irgendwann eine Entscheidung und die Symmetrie wird gebrochen. Ähnliches können wir auch bei wichtigen Lebensentscheidungen beobachten: Eine Frau schwankt beispielsweise zwischen zwei Männern, die sich durch unterschiedliche Vorzüge auszeichnen – für welchen von beiden soll sie sich entscheiden? Oder Sie bekommen ein Angebot für eine neue Arbeitsstelle in einem anderen Ort. Nehmen Sie diese Arbeitsstelle an oder lehnen Sie ab? Für beide Möglichkeiten gibt es sowohl Vor- als auch Nachteile, die es gegeneinander abzuwägen gilt. Die Entscheidung fällt unser Gehirn auf eine sehr einfache Weise – das können Sie mit Hilfe von Bild 4.17 leicht nachvollziehen: Auch hier sprechen mehrere Bilddetails für die Alternative junge Frau und mehrere für die Alternative alte Frau. Welche Alternative letztendlich wahrgenommen wird, ist somit fast reiner Zufall. Ein winziger Auslöser im richtigen Augenblick führt hier die Entscheidungsfindung herbei: Auf welchen Bildausschnitt sehen wir zuerst? Haben wir vielleicht gerade draußen eine junge Frau vorbeilaufen gesehen? Wie sind die momentanen Lichtverhältnisse? Und so weiter. Sie sehen schon: Eine kleine Ursache kann also eine große Wirkung nach sich ziehen, kommt sie nur zur richtigen Zeit. Vor und nach der Entscheidungsfindung sind diese Umweltfluktuationen dagegen normalerweise ziemlich unwichtig.

4.9 Die Synergetik

Der deutsche Physiker Hermann Haken nennt diesen eben beschriebenen Mechanismus *Symmetriebrechung durch kritische Fluktuationen.* Diese Fachbegriffe stammen aus der von ihm begründeten Wissenschaft der *Synergetik.* Darin wird mit mathematischen Methoden die Selbstorganisation von Vielteilchensystemen in der belebten und unbelebten Natur erklärt. Es zeigte sich, dass die Grundmechanismen dieser Selbstorganisation immer nach dem gleichen Schema ablaufen, egal ob in physikalischen oder biologischen Systemen, in der Psychologie, der Ökonomie oder Soziologie.

Die ständig vorhandenen Fluktuationen haben im Normalzustand keinerlei Einfluss auf die Stabilität des Systems. Wenn das System sich aber in einem symmetrischen Zustand befindet, können die Fluktuationen kritisch werden und kurzzeitig die Kontrolle über das System gewinnen. Das ist so lange der Fall, bis das System in einem neuen stabilen Zustand ist. Damit hat ein so genannter *Phasenübergang* stattgefunden.

Ein einfaches Modell für diesen Vorgang ist eine Kugel, die genau in der Mitte zwischen zwei symmetrischen Tälern liegt (Bild 4.18). In diesem instabilen Zustand werden die Fluktuationen kritisch: Ein leichter Windhauch in eine der beiden Richtungen beispielsweise reicht aus, um den Phasenübergang der Kugel in eines der beiden Täler zu erreichen. Ist sie dann in dem Tal angekommen, sind die Fluktuationen wieder vollkommen unkritisch, das heißt: Auch eine starke Windböe führt jetzt kaum mehr zu einer Änderung des Zustands.

Mit diesem Modell lassen sich auch die Prozesse der menschlichen Entscheidungsfindung verständlich machen. So entscheidet sich beispielsweise die Frage, für welchen Mann sich eine Frau entscheidet, ebenso durch kritische Fluktuationen wie die Frage nach der richtigen Arbeitsstätte.

In dem Augenblick, in dem die Entscheidungslage genau 50 zu 50 steht, bekommt die Außenwelt für einen kurzen wichtigen Augenblick eine große Bedeutung. Dies kann zum Beispiel ein Anruf oder ein Geschenk genau im richtigen Zeitpunkt sein, aber auch genau das Gegenteil. Oft spielen aber wie bei der Erkennung der Wahrnehmungsalternativen eines ambivalenten Bildes äußere Einflüsse auf das Unterbewusstsein die Hauptrolle: Es fährt vielleicht gerade ein Auto vorbei, das die gleiche Farbe hat wie das Auto eines der beiden Männer; man hört das Lachen eines Passanten, das einen an jemand erinnert; man findet ein Eurostück auf der Straße und so weiter. Hauptsache, der Zeitpunkt stimmt!

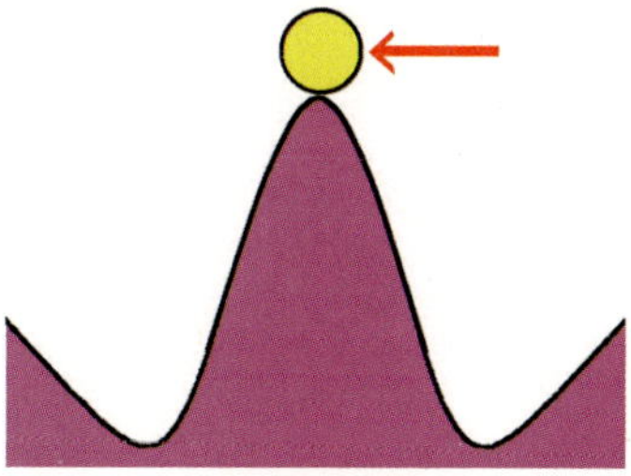

Abb. 4.18: Beispiel für eine Symmetriebrechung durch kritische Fluktuationen: Ein kleiner Windhauch von einer Seite reicht aus, um zu entscheiden, ob die Kugel in das linke oder in das rechte Tal rollt.

4.10 Die Voreingenommenheit

Wenden wir uns nochmals Bild 4.17 zu. Wahrnehmungspsychologische Experimente von Leeper mit zahlreichen Versuchspersonen ergaben folgende statistische Verteilung: 60 Prozent erkannten zuerst die junge Frau, 40 Prozent zuerst die alte Frau – also die Schwiegermutter. Messungen ergaben, dass bei unvoreingenommenen Personen der zufällig fixierte Bildausschnitt der Haupteinflussfaktor war.

Wurden die Personen aber zuvor entsprechend präpariert, gewannen andere Faktoren die Oberhand. Wurde den Versuchsteilnehmern zum Beispiel eingangs ein eindeutiges Bild einer jungen Frau gezeigt, so erkannten in dem darauf folgenden Versuch mit Bild 4.17 alle Versuchspersonen die junge Frau zuerst. Wurde umgekehrt zunächst das Bild einer alten Frau wie in Bild 4.17 rechts gezeigt, so entschieden sich 94 Prozent der Versuchspersonen beim anschließenden Betrachten des ambivalenten Bildes für die Alternative „alte Frau".

Ein gutes Beispiel für eine Prägung oder Voreingenommenheit durch Vorwissen können Sie in Bild 4.19 sehen. In der Figur links lässt sich schnell eine „13" oder ein „B" erkennen. Wie in der Figur rechts zu sehen, wird diese mehrdeutige Figur durch einen hinzugefügten Kontext schnell eindeutig. Betrachtet man die Figur von oben nach unten, wird eindeutig die „13" erkannt, schaut man von links nach rechts, ergibt sich dagegen eindeutig ein „B".

Kontextabhängigkeit gibt es auch unter Wasser und in Australien. Davon können Sie sich anhand von Bild 4.20 überzeugen. Im Mittel-

Abb. 4.19: „13“ oder „B“, mit freundlicher Erlaubnis von Michael Stadler.

punkt steht die weiße mehrdeutige Umrisslinie, die vom jeweiligen Hintergrundmuster geprägt wird. Der Hintergrund „Wasser“ im linken Teilbild erzeugt die Wahrnehmung „Delfin“. Dagegen verwandelt der angedeutete Hintergrund Steppe den Delfin in ein Känguru.

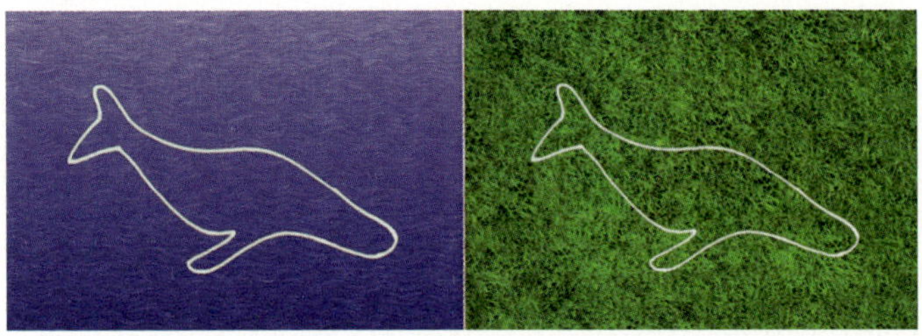

Abb. 4.20: Delfin oder Känguru?

Eine solche Voreingenommenheit muss jedoch oft nicht einmal künstlich erzeugt werden, sondern sie kann bereits von Geburt an in uns verankert sein. Betrachten Sie zur Verdeutlichung das nächste ambivalente Bild 4.21. Eine ähnliche Vorlage wie in Bild 4.21 mit dominierendem Entenanteil verwendeten 1962 Hartmann und Heiß in einem Laborversuch. Dabei erkannten von 26 Versuchspersonen 23 eine Ente und nur drei einen Hasen.

Das Bemerkenswerte an diesem Versuch war, dass zwei dieser drei Personen „Haas“ hießen! Diese Personen sind verständlicherweise durch ihr bisheriges Leben stark voreingenommen und ihr Unterbewusstsein entscheidet sich dementsprechend!

Birgt nur das jeweilige Reizmuster wenig Information und lässt dadurch genügend Deutungsmöglichkeiten, so übernimmt unser Unterbewusstsein die tragende Rolle in der Wahrnehmung. Das ist zum Beispiel der Fall bei der Erkennung von Farbklecksen im Rohrschach-Test der Psychologen, von vorbeiziehenden einzelnen Wolken oder sogar von einfachen Bleistiftlinien. Ein schönes Beispiel dafür ist in Bild 4.22 zu sehen. Vermutlich erkennen Sie – vor allem die Männer – bei der Betrachtung dieser Linie zunächst ganz nach Sig-

Abb. 4.21: Hase oder Ente? (Jastrow, 1900.)

Abb. 4.22: Eine einfache Linie (oder?) – mit freundlicher Erlaubnis von Michael Stadler.

mund Freud die Gestalt eines Frauenkörpers, während als zweite Wahrnehmungsmöglichkeit irgendwann vermutlich ein Gesicht erscheint.

4.11 Umkehrbilder

Bild 4.23 links zeigt einen Vogel, der einen kleinen Menschen im Schnabel hält. Dabei handelt es sich um ein ganz normales eindeutiges Bild mit keiner weiteren mehrdeutigen Bedeutung. Wirklich?

Wenn Sie das Bild aus einer anderen Perspektive betrachten, findet plötzlich eine fantastische Veränderung in der Organisation der Bildelemente statt. Drehen Sie dazu das Buch bitte auf den Kopf und betrachten das Bild von neuem!

Das Bild entstammt einer Comicserie von Gustave Verbeek, die um 1900 im „Sunday New York Herald“ veröffentlicht wurde. Verbeek wollte in seiner Geschichte eigentlich zwölf Bilder zeichnen, musste sich aber aus Platzgründen auf die damals übliche Cartoonlänge von sechs Bildern beschränken. Darum entwarf er alle Bilder so, dass sie umgedreht zu einem weiteren Bild der Handlung wurden. In den ersten sechs Bildern gerät seine Heldin namens „Little Lady Lovekins“ jeweils in eine gefährliche Situation, die sich nach dem Umdrehen des Bildes schließlich in Wohlgefallen auflöst. Dabei kommt ihr der Held namens „Old Man Muffaroo“ zu Hilfe und rettet sie. Wenn Sie Bild 4.23 normal betrachten, sehen Sie also Little Lady Lovekins im Schnabel eines Riesenvogels. Drehen Sie nun das Bild auf den Kopf! Dabei verwandelt sich die Szenerie vollkommen. Jetzt ist der Held zu sehen, der in einem Boot sitzt, das von einem Riesenfisch verfolgt wird.

Nach demselben Trick funktioniert das Bild 4.23 rechts, auf dem eine Katze abgebildet ist. Sobald Sie das Bild auf den Kopf drehen, werden Sie einen Hund mit hochgestellten Ohren sehen!

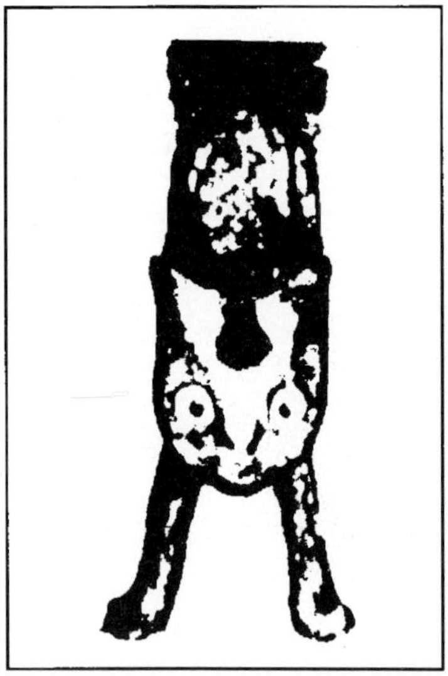

Abb. 4.23: Umkehrbilder *Links*: Comiczeichnung aus der Serie „Upside-down“ *Rechts*: Hund oder Katze?

Diese Bilder gehören alle zur Klasse der *semantisch ambivalenten Bilder*. Weitere Beispiele für diese wohl beeindruckendste Kategorie ambivalenter Muster sehen Sie in Bild 4.24.

Wie kommt es zu dieser semantischen Doppeldeutigkeit? Die Bezugs- und Zentrierungsverhältnisse der Bilddetails sind bei semantisch ambivalenten Mustern nicht eindeutig festgelegt. Es

Abb. 4.24: Semantisch ambivalente Bilder: Eichhörnchen oder Schwan? Seehund oder Esel? (Beide nach Fisher, 1968.) Ratte oder Mann? (Nach Bugelski und Alampay, 1961.) Eskimo oder Indianer? (Unbekannte Quelle.)

Abb. 4.25: Der abgebildete Berg heißt Ixtaccíhuatl (5286 m, Mexiko), was so viel heißt wie „Die schlafende Frau". Warum, das erkennen Sie nach einer Weile von selbst.

handelt sich um zwei inhaltlich vollkommen unterschiedliche Wahrnehmungsalternativen, die sich optisch so ähneln, dass beide wahrgenommen werden können. Ihren besonderen Reiz beziehen semantisch ambivalente Bilder daraus, dass dieser inhaltliche Unterschied sich auf jedes Bilddetail beziehen kann – dies können Sie an den Beispielen in Bild 4.24 leicht nachvollziehen: Insgesamt lassen sich darauf fünf Tiere und drei Menschen erkennen.

Sogar Landschaften können ein mehrdeutiges Aussehen besitzen. Davon können Sie sich in Bild 4.25 überzeugen.

In der Sprachwahrnehmung gibt es übrigens ein interessantes Analogon zu den semantisch ambivalenten Mustern, den so genannten „Verbal Transformation Effect". Wiederholen Sie zur Veranschaulichung bitte mehrfach hintereinander in schneller Abfolge das Wort „Rhabarber" – also: „Rhabarber, Rhabarber, Rhabarber, Rhabarber!" und so weiter. Und zwar so lange, bis der Rhabarber sich in „Barbara" verwandelt hat!

4.12 Morphing

Heutzutage gibt es eine Vielzahl von Computerprogrammen, die stufenweise nicht nur alte Männer in junge oder Rhabarber in Barbara, sondern sogar die unterschiedlichsten Bilder ineinander verwandeln können. Programme mit diesen Eigenschaften firmieren unter dem Sammelbegriff *Morphing*. Die ersten Programme, die in der Lage waren, verschiedene Strichzeichnungen ineinander überzuführen, existieren schon seit 1973 (Wilson). Das Startbild wird beim Morphing in kleine Bildelemente aufgespaltet, die dem Endbild per Hand zugeordnet werden. Stufenweise berechnet das Programm dann die Übergänge zwischen diesen Extremzuständen. Fügt man diese Zwischenstufen zusammen, so ergeben sich ganze Animationssequenzen, deren Faszination umwerfend ist.

Mit diesem „Zaubertrick" kann zumindest optisch ein jedes Objekt in irgendein beliebiges anderes Objekt verwandelt werden. Kein Wunder, dass sich vor allem die Werbung dieses Spiel mit der Überraschung zunutze macht!

Inzwischen sind die Morphing-Algorithmen so effektiv geworden, dass praktisch jeder zu Hause mit Hilfe eines Computers seine Verwandlungssequenzen selbst berechnen kann. Damit können Sie zum Beispiel Ihren Chef nach Wunsch in alles Mögliche verwandeln. Auch macht Ihnen der Computer, wie in Bild 4.26 zu sehen ist, aus einer Mücke problemlos einen Elefanten – ein Verwandlungskunststück, zu dem bisher ausschließlich der Mensch in der Lage zu sein schien.

Abb. 4.26: Morphing: Eine Mücke verwandelt sich in einen Elefanten.

4.13. Hysterese in der Wahrnehmung

Wie Sie in Bild 4.27 sehen können, gab es sogar schon 1967 solche stufenweisen (handgezeichneten) Übergänge zwischen verschiedenen Wahrnehmungsalternativen. Dabei wird deutlich, dass sogar Mann und Frau Gemeinsamkeiten besitzen können – für den Fall, dass Sie je daran gezweifelt haben sollten.

Ausgehend vom Kopf des Mannes links oben sind die Bilddetails Schritt für Schritt mehr in Richtung junge Frau abgeändert, die rechts unten eindeutig als solche zu erkennen ist. Das Teilbild rechts oben besitzt dabei die ausgewogensten Anteile beider Alternativen.

Mit dieser Bilderfolge lässt sich ein weiterer eindrucksvoller Selbstversuch durchführen. Betrachten Sie dazu die Bilderfolge von links oben nach rechts unten einige Sekunden lang nacheinander! Verfolgen Sie dabei genau, wie lange Sie den Kopf des Mannes erkennen! Sicherlich kommen Sie erst in der unteren Zeile ins Zögern. Normalerweise erfolgt beim Betrachten der letzten Bilder der Übergang zur Wahrnehmung „junges Mädchen".

Führen Sie nun den Versuch in umgekehrter Richtung durch! Ausgehend vom Bild rechts unten werden Sie sicherlich erst irgendwo in der oberen Zeile den Übergang der Wahrnehmung in Richtung „Mann" erleben.

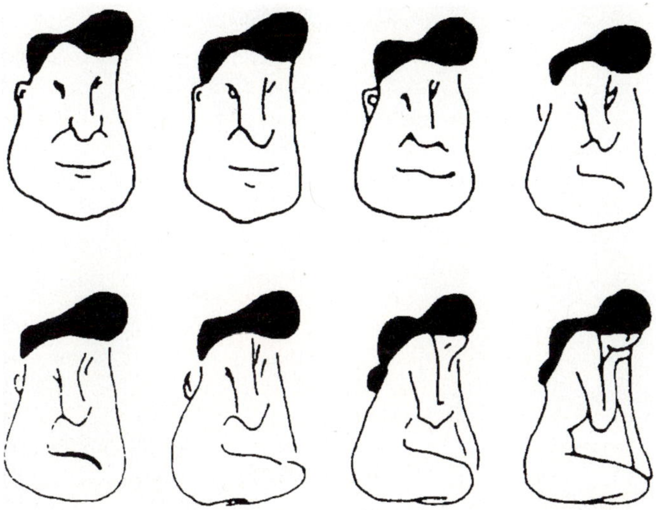

Abb. 4.27: Hysterese in der Wahrnehmung: Betrachten Sie die Teilbilder zunächst Schritt für Schritt von links oben nach rechts unten und danach in der umgekehrten Richtung. Abhängig von der Betrachtungsrichtung findet der Wechsel in der Wahrnehmung bei irgendeinem Teilbild statt (nach Fisher, 1967).

Diese Verzögerung im Wechsel der beiden Alternativen wird als *Hysterese in der Wahrnehmung* bezeichnet. Die Erklärung für dieses Phänomen liegt auf der Hand, wenn wir uns an unser Wissen über die Untersuchungen zur Voreingenommenheit von Versuchspersonen erinnern. Das gerade betrachtete Bild ist jeweils wieder eine Vorpräparation des nächsten Bildes – mit dem einzigen Unterschied, dass es sich hier um eine ganze Sequenz von Einzelbildern handelt.

Inzwischen haben wir alle Bilder gesehen, die im Flur des Studentenwohnheims hängen – bis auf ein Schild. Es hängt an einer alten Eichentür, durch die wir in einen großen Saal eintreten. Auf dem Schild steht:

„Fantastische Kunsthalle: Sonderausstellung mehrdeutiger Bilder, durchgehend geöffnet."

4.14 Die fantastische Kunsthalle

Schon im 16. und 17. Jahrhundert schufen viele Maler mehrdeutige Kunstwerke. Ein Beispiel dafür ist das Bild 4.28 von Giuseppe Arcimboldo. Arcimboldo (1527–1593) war Hofmaler in Prag und verzierte unter anderem den Mailänder Dom.

Hier sind die gezeichneten Sommerfrüchte so arrangiert, dass das Gesicht eines Mannes gesehen werden kann. Das Bild 4.28 ist Teil seiner berühmten Jahreszeitzyklen, in denen jeweils Köpfe aus realistisch gemalten Früchten, Blumen und Gemüse zusammengesetzt sind.

Dieses Verfahren zur Zeichnung mehrdeutiger Bilder eignete sich auch Salvador Dali an, einer der faszinierendsten Maler des vergangenen Jahrhunderts. Etwa ab 1933 begann er sich für die so genannten „Augenblicksbilder" zu interessieren. Man vermutet, dass die Inspiration für Dalis Augenblicksbilder von besonderen Effekten und Spiegelungen des Sonnenlichts am Strand von Rosas an der

Abb. 4.28: Giuseppe Arcimboldo: Sommer (1563).

Costa Brava herrührte, wo der Künstler wohnte. Dali selbst spricht von „scheinbar ganz normalen Bildern, die inspiriert wurden vom eingefrorenen, ganz kleinen Rätsel bestimmter Schnappschüsse".

Diese mehrdeutigen Bilder seiner Rosas-Serie kombinieren auf perfekte Weise Bild und Scheinbild miteinander. Convoy Maddox schreibt dazu, dass „sie die gehetzte Ahnung von geheimen Aktivitäten einfangen, die halb zwischen tatsächlicher Realität und dem Reich unbewusster Wünsche liegen."

Dali machte das Phänomen „mehrdeutige Bilder" in einer nie zuvor dagewesenen Perfektion und Schönheit weltberühmt, indem er mit ihnen eine neue Kunstform kreierte. Bekannte Beispiele dieser Bilder von Dali sind: „Der Geisterwagen" (1933), „Mae West" (1934–1936), „Spanien" (1938), „Sklavenmarkt mit der verschwindenden Büste Voltaires" (1940) und die „Erscheinung von Gesicht und Fruchtschale am Strand" (1938). In diesem bemerkenswerten Bild tauchen nicht nur einige normale Doppelbilder auf, sondern gleich eine ganze Vielzahl davon. In dem Bild kann unter anderem ein Hund gesehen werden, dessen Kopf Teil eines Strandes ist und dessen

Rücken aus Früchten besteht. Der Bauch des Hundes kann auch als Teil einer weißen Schale wahrgenommen werden. Der Fuß dieser Schale kann wieder als Rücken einer Amme empfunden werden.

Weitere moderne Beispiele finden sich in den Arbeiten von Maurits C. Escher, René Magritte, Viktor Vasareli, Franco Grignani und vor allem Sandro Del-Prete.

Escher bediente sich in seinen Arbeiten hauptsächlich der Figur-Hintergrund-Ambivalenz. Bei den unterschiedlichen Figuren, die abwechselnd wahrgenommen werden können, handelt es sich um Flächen, die so konstruiert sind, dass sie genau ineinander passen.

Magritte bediente sich in seinen Arbeiten einer besonderen Anordnungstechnik unterschiedlicher Symbole und Bilder. Die mystische Mehrdeutigkeit seiner Werke entsteht dabei aus raffinierten, inhaltlichen Verbindungen dieser Symbole. Aber auch die Mehrdeutigkeit des Raumes wurde von Magritte geschickt ausgenutzt. Magritte selbst ist der Auffassung, dass diese verschiedenen Sichtweisen genau die Möglichkeiten darstellen, die ganze Welt zu sehen: „Wir sehen die Welt außerhalb von uns selbst und zur gleichen Zeit haben wir lediglich eine Abbildung von ihr in uns".

Sandro Del-Prete hat sich ganz auf die Kunstform der semantisch ambivalenten Bilder konzentriert und eine faszinierende Sammlung ambivalenter Bilder geschaffen.

Ein wunderbares Bild mit dem Titel „Ein neuer Tag" stammt vom schweizerischen Künstler Robert Fischer (siehe Bild 4.29). Dieses Bild findet momentan Verbreitung als Postkarte und kann zum Beispiel zur Ankündigung einer Geburt verwendet werden – obwohl darauf zunächst gar kein Baby zu erkennen ist! Erst nach einiger Zeit erschließt sich die zweite Wahrnehmungsalternative.

Der Grafiker Wolfram Nagel verwendet in seinen Arbeiten die Kunstform der semantisch ambivalenten Bilder und zeichnet dabei bevorzugt mit Bleistift. Zwei Beispiele dafür können Sie in Bild 4.30 sehen. Sicherlich erkennen Sie auf Anhieb einen Katzenkopf. Es gibt aber noch etwas anderes zu entdecken: Jede Katze wäre froh, wenn ihr dieses andere Tier so nahe kommen würde.

Interessant ist auch die Entstehungsgeschichte dieses Bildes. Der Künstler hat eine lange Erfahrung im Zeichnen von Vögeln. Diese verhalf ihm zum „zweiten Blick" beim zufälligen Betrachten einer Katze. Aus dieser voreingenommenen Grundidee entstand nach stufenweiser Annäherung der Umrissformen und Bilddetails der beiden Tiere das vorliegende Bild.

Falls Sie noch nichts entdeckt haben, decken Sie die linke Gesichtshälfte ab und drehen das Bild langsam im Uhrzeigersinn. Spätestens jetzt müsste der Vogelkopf vor Ihnen erscheinen!

Im rechten Bild können Sie entweder einen Löwen oder einen Mann sehen. Die Mehrdeutigkeit auch kleiner Bilddetails lässt sich an diesem Beispiel gut beobachten. So fungiert die Nase des Löwen gleichzeitig als Kinn des Mannes.

Die bisher betrachteten mehrdeutigen Kunstwerke bestehen aus der Kombination zweier oder mehrerer Wahrnehmungsalternativen in einem einzigen Bild.

Abb. 4.29: Robert Fischer: Ein neuer Tag (1991/92).

Die stufenweise Annäherung oder Verwandlung der Alternativen spielte dabei bisher allenfalls in der Entstehungsgeschichte eines Bildes im Atelier eine Rolle. Gerade dieser Prozess der Verwandlung ist das besondere Stilmittel von Bild 4.31 von Silke Haarer mit dem Titel „Metamorphose". Dabei wird die nicht ganz alltägliche Verwandlung ganz alltäglicher Dinge ineinander dargestellt, die auf den ersten Blick in keinerlei Verbindung zueinander stehen. So ver-

Abb. 4.30: Wolfram Nagel: Katze und Vogel (1997), Löwe und Gesicht (1997).

wandelt sich jeweils von links nach rechts ein Schraubenschlüssel in einen Fisch, ein Weihnachtszweig mit Glaskugel in einen Grätenfisch und eine Kerze in eine Toilette mit Klopapierrolle und Wasserzug.

Wie in einem fantastischen Traum wechseln die Dinge nach und nach ihre Form, ihre Orientierung oder ihre Farbe – oder auch alles zugleich. Beispielsweise ändert die rote Glaskugel ihre Farbe in Blau, die Orientierung der Tannennadeln ist verschieden zur Orientierung der Gräten, die Form des linken Endes des Schraubenschlüssels verändert sich in den Kopf des Fisches. Die Verwandlung findet auch statt, indem immer wieder sowohl ganze Bildteile weggenommen als auch hinzugefügt werden. Zum Beispiel werden die Flossen des Fisches oder die Wasserspülung der Toilette neu hinzugefügt, dagegen werden die Strahlen der Kerze weggenommen. In den beiden unteren Reihen ist die stufenweise Verwandlung eines Apfels zu sehen. Im Gegensatz zu den Metamorphosen in den oberen drei Reihen ist dieser Prozess zunächst sehr realistisch: Der Apfel wird geschält und in Scheiben geschnitten. Diese Scheiben fügen sich zu einer veränderten Gestalt zusammen und ein neues Wesen entsteht. Dieses an Miro erinnernde fantastische Apfelmännchen ist zu den verschiedensten Farb- und Form- sowie Orientierungsänderungen in der Lage, wie die untere Reihe der Darstellung zeigt.

Solche Metamorphosen wie die Entwicklung des Apfels mit ihren drastischen Veränderungen der Gestalt finden sich auch in der Natur: Auf ähnliche Weise verwandelt sich eine Kaulquappe in einen Fisch, eine Raupe in einen Schmetterling oder ein Samen in eine Blume.

Sehen Sie sich nun das letzte Bild in der fantastischen Kunsthalle an. Es handelt sich um ein Bild des Japaners T. Kuniyoshi aus dem

Abb. 4.31: Silke Haarer: Metamorphose, 1994.

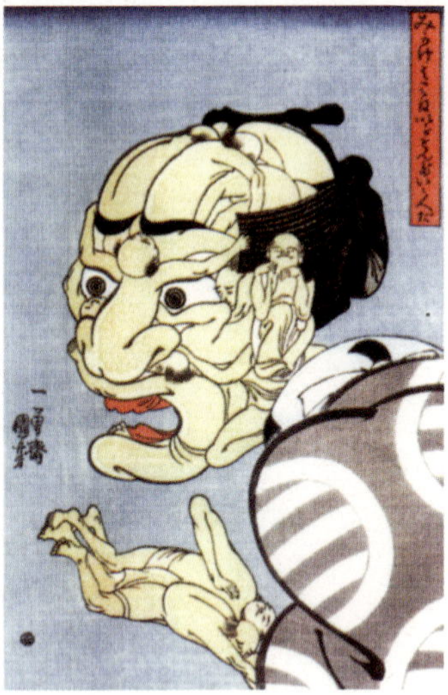

Abb. 4.32: T. Kuniyoshi: ein Gesicht aus Körpern (1990).

Jahr 1990. Bild 4.32 zeigt ein Gesicht, das aus einer ganzen Ansammlung von Körpern zusammengesetzt ist.

Noch ganz unter dem Eindruck des Erlebten, aber auch müde, verlässt die Reisegruppe nun wieder die Kunsthalle und beendet damit die Reise durch die Welt der Mehrdeutigkeiten.

Draußen angelangt, schauen die Teilnehmer zum Abendhimmel. Langsam zieht eine besonders große Wolke über sie hinweg.

„Schaut mal, die sieht aus wie ein Schnitzel mit Pommes Frites", sagt einer.

„Unsinn. Ich sehe ein Glas Rotwein", meint ein anderer.

Alle lachen und gehen in eine absolut eindeutige Kneipe, um den Tag bei Schnitzel und Rotwein ausklingen zu lassen.

5

Fünfte Reise: die Farben und der graue Alltag

Dem Himmel so nah! Farben, nichts als Farben, so weit das Auge reicht. Ein bunter Traum in Rot, Gelb, Lila, Blau und Grün. Balsam für die Seele, Sonne fürs Gemüt. Erhabenheit, Ruhe und Harmonie finden hier ihren tiefsten Ausdruck.

Indem wir die fantastische Vielfalt bunter Farben auf einer sonnenüberfluteten Blumenwiese in uns aufsaugen, lernen wir ganz automatisch tiefer zu blicken, hinter die Hülle zu schauen. Sobald wir anfangen, durch Oberflächen hindurch zu sehen, tauchen wir in neue Dimensionen ein: in die Welt der Kreativität, der Fantasie, der Farben in uns selbst.

Lassen Sie sich mitnehmen in die zauberhafte Welt unserer Farbwahrnehmung. Staunen Sie über die Vielfalt und Macht Ihrer Farbwahrnehmung!

5.1 Nachts sind alle Katzen grau

„Nachts sind alle Katzen grau!" Sicherlich kennen Sie diesen Spruch. Dass (und warum) dies tatsächlich so ist, werden wir im Folgenden sehen. Stellen Sie sich vor, es ist sechs Uhr morgens. Draußen ist es noch dunkel und der Mond scheint – ein recht ungewöhnlicher Startzeitpunkt für die Reise durch die Welt der Farbwahrnehmung, einer der fantastischsten Erfindungen des Sehens! Denn in diesem schwachen Licht sind keinerlei Farben erkennbar. Beispielsweise scheitert der Versuch, die Farben der beiden Stühle im Wartesaal in Bild 5.1 auseinander zu halten! Falls Ihnen sechs Uhr zu früh sein sollte, können Sie die folgenden Betrachtungen getrost auch zu einer anderen Zeit nachvollziehen. Einzige Bedingung dafür ist lediglich ein verdunkelbarer Raum.

5.1.1 Der Purkinje-Effekt

Nehmen Sie dieses Buch mit in diesen verdunkelbaren Raum, zum Beispiel in Ihr Badezimmer, in den Keller oder eine Abstellkammer, und betrachten Sie die beiden Stühle in Bild 5.1 im Zwielicht bei geöffneter Tür! Die Farben erscheinen zunächst intensiv und vollkommen gleich hell.

Schließen Sie nun ganz langsam die Türe und blicken Sie weiterhin auf das Bild. Nach und nach nimmt die Intensität der Farben ab! Sobald Sie die Türe bis auf einen schmalen Spalt geschlossen haben, können Sie die beiden Stühle nur noch schemenhaft erkennen. Lassen Sie nun Ihren Augen etwas Zeit, um sich an diese veränderten Lichtverhältnisse anzupassen! In der Tat können Sie nach zwei bis drei Minuten die beiden Bilder gut erkennen – jedoch nur in Schwarzweiß. Allerdings entdecken Sie zwei deutliche Veränderungen im Vergleich zum Farbensehen bei stärkerer Beleuchtung.

Der erste Unterschied ist, dass der ursprünglich blaue Stuhl deutlich heller als der ursprünglich rote Stuhl wirkt! Blaue Farbtöne werden also bei weniger Licht deutlich intensiver wahrgenommen als rote Töne. Dieser Effekt wurde schon 1825 entdeckt und nach seinem Entdecker *Purkinje-Effekt* benannt.

Abb. 5.1: In diesem Bild werden die Unterschiede zwischen Farben- und Schwarzweiß-Sehen deutlich. Betrachten Sie dieses Bild einige Zeit in der Dunkelheit. Nachdem die beiden Farben zunächst gleich hell erscheinen, wirkt schließlich der blaue Stuhl um einiges heller!

Der zweite Unterschied zum Sehen bei Helligkeit wird offensichtlich, wenn Sie versuchen, die beiden Stuhlinschriften oder diesen Text zu lesen. Die Schrift wirkt sehr unscharf und das Lesen fällt ziemlich schwer! Machen Sie zum Vergleich die Tür wieder auf und betrachten weiterhin die Schrift. Sehr schnell verbessert sich die Sehschärfe wieder! Bleiben Sie aber bis zum Auftauchen des Hundes mit dem violetten Schwanz noch in Ihrem verdunkelten Raum!

Das Ergebnis dieses Versuchs lautet demnach: Um Schriftzeichen bei starker Verdunkelung erkennen zu können, ist eine enorme Sehanstrengung erforderlich, die um ein Vielfaches höher liegt als bei normalen Lichtverhältnissen.

Diese Erkenntnis erhellt unter anderem die alte Auseinandersetzung zwischen Eltern und Kindern um das Lesen unter der Bettdecke und den richtigen Zeitpunkt des Licht-Ausmachens. Aus den Erkenntnissen unseres Badezimmerversuchs kann ein elterliches „Lies nicht mehr so viel, du machst dir die Augen kaputt!“ immerhin von den Kindern mit einem „Kauft mir lieber eine hellere Nachttischlampe!“ beantwortet werden.

5.1.2 Das Tagsehen und das Nachtsehen

Aus unserem ersten Versuch können wir einige Schlüsse ziehen: Das Schwarzweiß-Sehen und das Farbensehen sind zwei vollkommen verschiedene Wahrnehmungsprozesse, die bei ganz verschiedenen Lichtverhältnissen in Aktion treten. Außerdem verfügen sie über ganz unterschiedliche Eigenschaften in der Sehschärfe und in der Helligkeitsempfindung:

Das Farbensehen liefert einen bedeutend schärferen Seheindruck als das Schwarzweiß-Sehen. Es benötigt viel Lichtstärke und kommt deshalb hauptsächlich tagsüber zum Tragen.

Das Schwarzweiß-Sehen dagegen liefert bei weitem keine so scharfen Seheindrücke wie das Farbensehen. Dafür ist es weniger auf große Lichtstärken angewiesen und übernimmt deshalb hauptsächlich die Nachtschicht. Das alte Sprichwort, dass nachts alle Katzen grau sind, trifft also voll zu. Bei Tag ist das Schwarzweiß-Sehen zwar ebenfalls Bestandteil unserer Wahrnehmung, es wird dann aber von der Farbwahrnehmung total überdeckt.

5.1.3 Der bunte Hund

Unsere früh aufgestandene Reisegruppe wartet immer noch auf den Busfahrer, als sich ihr ein rotbrauner Hund mit einem violetten Schwanz nähert.

„Na also, jetzt wird die Nacht doch noch farbig“, freut sich einer der Wartenden.

Daraufhin schüttelt sich der Hund kräftig und sein violetter Schwanz wackelt wie wild hin und her.

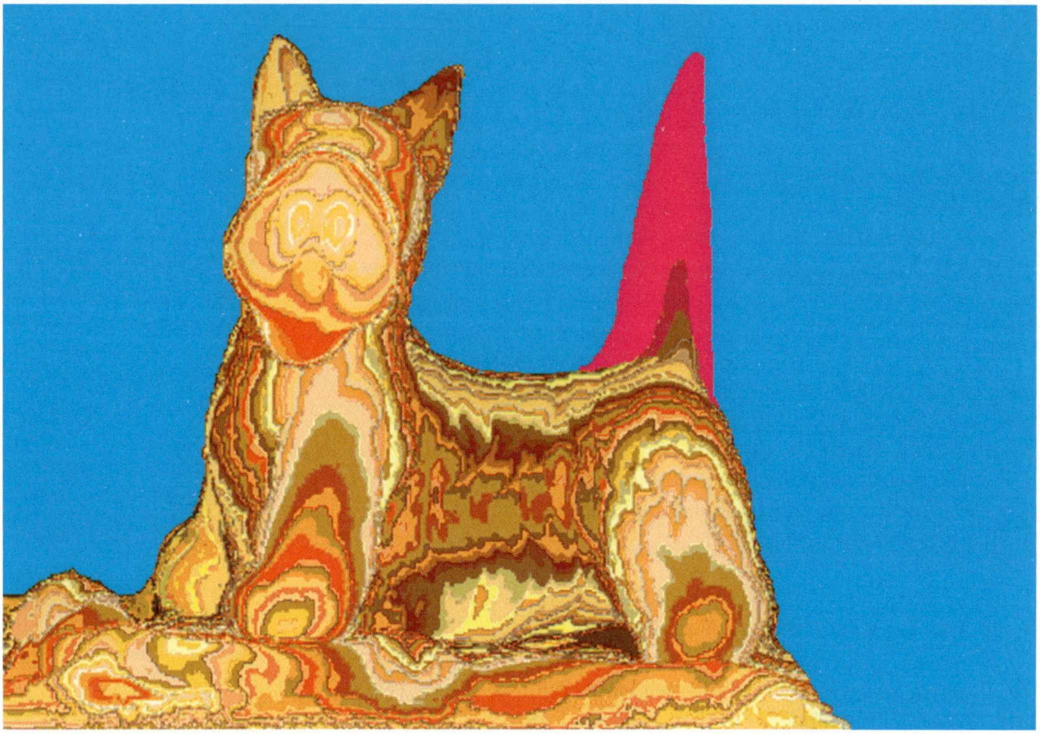

Abb. 5.2: Ein farbiges „Schüttelbild“ für schwache Beleuchtung. Achtung: Der bunte Hund wedelt mit seinem Schwanz, wenn Sie ihn schütteln!

Diese „Schüttelszene“ können Sie in Ihrem verdunkelbaren Raum leicht nachspielen. Nehmen Sie dazu Bild 5.2 mit dem Hund zur Hand und schwenken Sie es langsam vor Ihren Augen hin und her! Tatsächlich fängt der Schwanz des Hundes kräftig an zu wedeln, umso mehr Sie das Bild bewegen! Falls der Effekt nicht deutlich eintritt, verringern Sie etwas die Helligkeit, indem Sie die Türe etwas mehr schließen.

Wie wir später erfahren werden, liegt der Grund für diese fantastische Beweglichkeit des Bildes in der Abstimmung der Farbgebung des Schwanzes mit dem Hintergrund.

Hier zeigt sich bereits die Vielfalt der Farben und ihre Verwobenheit mit ganz anderen ungeahnten Bereichen der Wahrnehmung, zum Beispiel Scheinbewegungen.

5.1.4 Verschwindende Sterne

Unsere Reisegruppe ist inzwischen dazu übergegangen, sich die Wartezeit auf den Busfahrer durch das Betrachten des Sternenhimmels zu vertreiben. Dabei lässt sich ein weiterer interessanter, helligkeitsabhängiger Effekt beobachten. Es zeigt sich, dass lichtschwache Sterne aus unserer Wahrnehmung verschwinden, sobald wir sie zu fixieren versuchen. Und sie tauchen umgehend wieder auf, sobald wir etwas neben den lichtschwachen Bereich blicken.

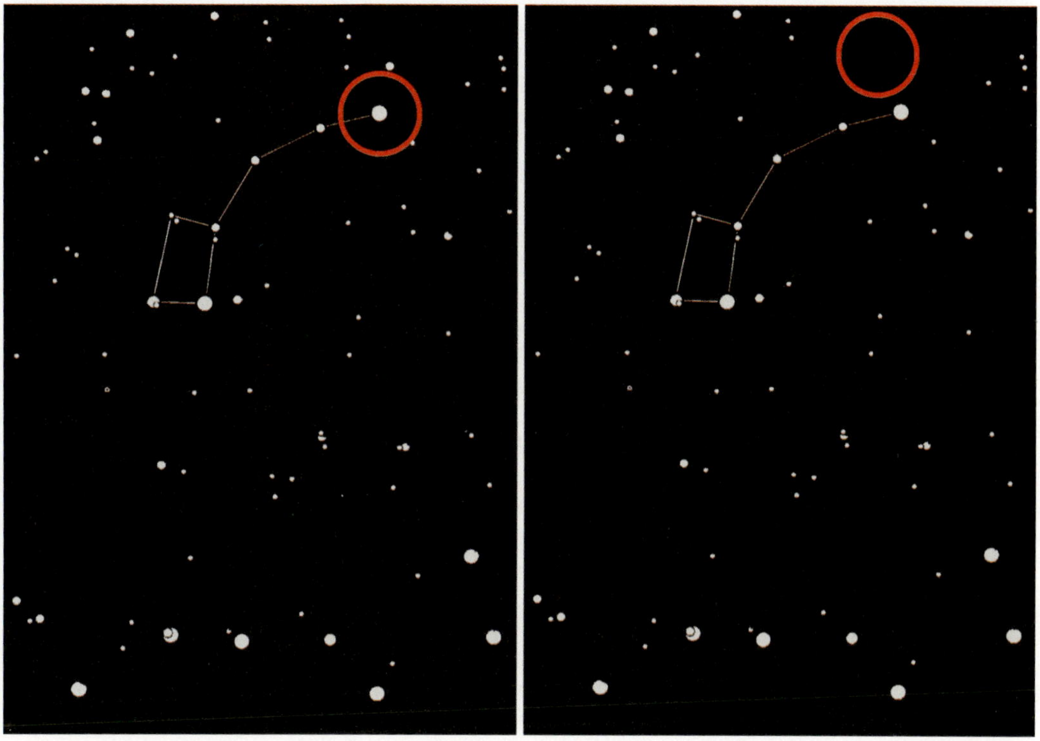

Abb. 5.3: Ein Augenexperiment mit den Sternen: Schwache Sterne verschwinden, wenn man sie zu fixieren versucht – der Kreis stellt jeweils die Fixationsrichtung dar.

Diesen in Bild 5.3 dargestellten Effekt können Sie sehr gut an einem lauen Sommerabend mit einem Blick zu den Sternen ausprobieren. Oder vielmehr zum Licht der Sterne, denn nur dieses können wir wahrnehmen. Um die realen Sterne zu sehen, sind unsere Augen hoffnungslos überfordert, da sie bei weitem zu klein sind. Selbst wenn man alle bekannten Sternoberflächen außerhalb unseres Sonnensystems aneinander fügen würde, ergäbe sich lediglich eine Scheibe mit dem sehr geringen Durchmesser von 0,2 Bogensekunden. Das ist 500-mal weniger, als mit bloßem Auge wahrnehmbar ist! Das Einzige, was wir von den Sternen sehen, ist also ihr ausgestrahltes Licht.

5.1.5 Die Helligkeit von Sternen

Schon der griechische Philosoph Hipparchos hat sich mit den verschiedenen Helligkeiten der Sterne befasst. Er teilte die mit bloßem Auge sichtbaren Sterne in sechs verschiedene Helligkeitsklassen ein. Die Sterne der ersten Klasse sind nach Hipparchos am hellsten und die der sechsten Klasse gerade noch mit bloßem Auge sichtbar. Das entspricht der Helligkeit einer Kerze in sage und schreibe ca. 20 km Entfernung!

Die Skala von Hipparchos wurde nach der Erfindung von Fernrohren und Teleskopen ganz erheblich bis auf 24 Helligkeitsgrade erweitert. Sterne mit dem Helligkeitsgrad 24 können mit sehr lichtstarken Instrumenten bei langer Belichtungszeit gerade noch fotografiert werden. Ihre Helligkeit entspricht in etwa einer Kerze in der unglaublichen Entfernung von ca. 100 000 km!

Die Skala der relativen Helligkeiten wurde auch zur anderen Seite hin erweitert. So ist beispielsweise die Wega ein Stern der nullten Größe. Noch hellere Sterne haben negative Werte. Der Sirius als hellster sichtbarer Stern hat die relative Helligkeit von –1,5. Zum Vergleich: Die Sonne hat die relative Helligkeit von –26,7.

Im 19. Jahrhundert wurde die Helligkeitsdifferenz zwischen den Größenklassen noch genauer festgelegt: Ein Stern einer Größenklasse ist danach genau um den Faktor 2,512 heller als ein Stern aus der nächsten Größenklasse – Bezugsstern ist der Polarstern mit der relativen Helligkeit von 2,12.

Bald stellte sich aber heraus, dass auf den Polarstern als Bezugspunkt kein Verlass ist: Er schwankt nämlich ganz leicht in seiner Helligkeit. Deshalb wurde 1922 folgende Lösung realisiert: die *Internationale Polsequenz* (IPS). Diese IPS besteht aus mehreren Sternen in der Umgebung des nördlichen Himmelspols bis hinunter zur 17. Größenklasse; sie dient seitdem als Bezugssystem für die Helligkeitseichung von Fixsternen.

Wir wissen heute, dass Fixsterne wie beispielsweise unsere Sonne Unmengen von Energie erzeugen, die sie in Form von elektromagnetischer Strahlung in alle Richtungen an ihre Umgebung abgeben. Diese Strahlung breitet sich mit einer sehr hohen konstanten Geschwindigkeit, der Lichtgeschwindigkeit, über den Weltraum aus. Dabei legt sie zum Teil unermesslich weite Strecken in unveränderter Form zurück. Erst wenn sie auf ein Hindernis wie zum Beispiel das menschliche Auge trifft, wird ihre lange „Wanderschaft" beendet. Die Strahlung aus sehr weit entfernten Galaxien hat zum Beispiel eine Reisezeit von mehreren Millionen Jahren hinter sich. Trotzdem nehmen wir exakt dasselbe Licht wahr, das vor dieser langen Zeit von dieser Galaxis auf die Reise geschickt wurde.

5.1.6 Die elektromagnetische Strahlung

Die Natur der elektromagnetischen Strahlung ist spätestens mit den Gleichungen des Physikers James Clerk Maxwell (1831–1879) verstanden und auf eindrucksvolle Weise kompakt beschrieben worden. Um die volle Eleganz dieser Beschreibung zu erfassen, muss man sie eigentlich in ihrer Originalsprache, der Mathematik, lesen. Trotzdem wollen wir hier der Einfachheit halber eine „Übersetzung" der Erkenntnisse der klassischen Elektrodynamik in die Umgangssprache versuchen. Der folgende Dialog zwischen dem genialen Physiker und seiner Großmutter veranschaulicht leicht vereinfacht das Phänomen, wie sich elektromagnetische Strahlung ausbreitet:

Physiker: „Großmutter, das kannst du dir vorstellen wie beim Telefon: Du sprichst in den Hörer, der Schall wird durch das Telefonkabel übertragen, bis es am anderen Ende bei deiner Tochter in Stuttgart ankommt."

Großmutter: „Das klingt einleuchtend. Ich stelle mir statt des Telefons aber lieber meinen Pudel vor: Wenn ich ihn hinten am Schwanz kneife, dann bellt er vorne. Die Berührung wird über die Nervenleitung bis in sein Gehirn und schließlich an seine Stimmbänder gemeldet. Was ich mir aber nicht mehr vorstellen kann, ist, wie das Ganze beim Radio funktioniert?"

Physiker: „Das funktioniert im Prinzip genauso – nur ohne Pudel dazwischen!"

Falls Sie keinen Pudel haben, erhalten Sie jetzt eine andere, wissenschaftlichere Beschreibung der Vorgänge beim Transport von Energie durch elektromagnetische Strahlung: Anfangs wird die Energie in Form von gekoppelten elektrischen und magnetischen Feldern ausgestrahlt. Die Kopplung ist so, dass sich die beiden Felder in ihrer Stärke wellenförmig abwechseln. Entscheidend ist, dass diese elektrischen und magnetischen Wellen immer senkrecht (transversal) zu ihrer Ausbreitungsrichtung schwingen! Diese *Transversalwellen* sind eine ganz besondere Fortbewegungsart. Das einfachste Modell dafür ist die Wellenausbreitung eines Seils, was in Bild 5.4 dargestellt ist.

Zur Verdeutlichung stellen sich zwei Mitglieder der Reisegruppe zur Verfügung und halten ein Seil wie in Bild 5.4. Auf der linken Seite wird das Seil in Schwingungen versetzt. Bereits nach kurzer Zeit kommen die Wellen am anderen Ende an. Die Schwingungen sind senkrecht (transversal) zu ihrer Ausbreitungsrichtung und kommen unverändert auf der rechten Seite an.

Falls das Seil nur nach oben und unten ausgelenkt wird, handelt es sich um einen Spezialfall der transversalen Wellenausbreitung: Die Schwingung ist jetzt *polarisiert*!

Wird das Seil dagegen auch noch nach links und rechts ausgelenkt, so ergeben sich kreisförmige Wellenbewegungen um das Seil herum und die Transversalschwingung findet in zwei Ebenen statt.

Neben der Polarisierung der Wellenrichtung spielen zwei weitere Begriffe eine wichtige Rolle: die Wellenlänge und die Amplitude. Je schneller das Seil bewegt wird, umso mehr Wellenzüge werden erzeugt. Man sagt, diese Wellen haben eine kürzere *Wellenlänge.* Auch kann das Seil natürlich weiter ausgelenkt werden. Dadurch ergeben sich Wellen mit einer größeren Höhe. Diese Höhe wird als *Amplitude* bezeichnet.

Wie die Seilwellen unterscheiden sich auch die elektromagnetischen Wellen in ihrer Wellenlänge und ihrer Amplitude.

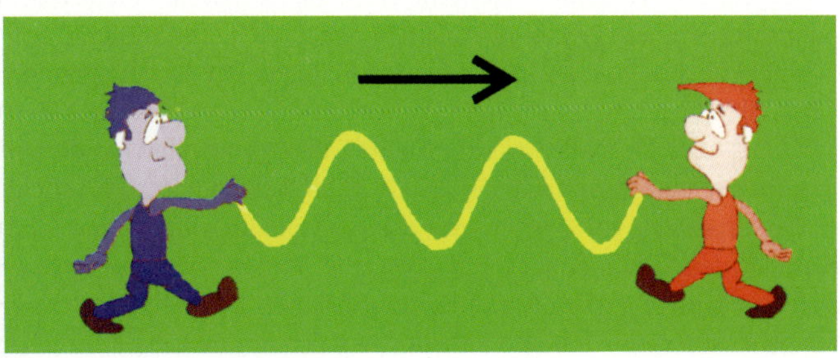

Abb. 5.4: Ein einfaches Modell für eine Transversalschwingung: Von links nach rechts wird Energie übermittelt. Dabei wird das Seil in Schwingungen nach oben und unten versetzt, die senkrecht zu ihrer Fortpflanzungsrichtung von links nach rechts laufen.

Wellenzüge mit unterschiedlicher Amplitude unterscheiden sich im Seheindruck in ihrer Intensität. Dabei gilt folgende Regel: Je größer die Amplitude ist, umso intensiver erscheint das Licht!

Die Wellenlänge einer elektromagnetischen Welle steht dagegen in direktem Zusammenhang mit der Energie der Strahlung. Hier gilt: Je kleiner die Energie der Welle, umso größer ist die Wellenlänge, und umgekehrt.

Einen Überblick über das gesamte elektromagnetische Energiespektrum haben Sie bereits durch einen Blick auf Bild 1.1 erhalten. Dabei wurde auch deutlich, dass uns die Namen der meisten Strahlungsarten des Spektrums geläufig sind. Die Energien der unterschiedlichen Strahlungsarten sind uns aber zumeist unbekannt, da sich ihre Wahrnehmung mit Ausnahme des kleinen Bereichs zwischen 400–800 nm Wellenlänge unseren Sinnen entzieht. In diesem schmalen Fenster des elektromagnetischen Spektrums befindet sich das sichtbare Licht.

Warum aber können wir nur diesen kleinen Bereich des gesamten Energiespektrums sehen?

Die Antwort darauf gibt uns wieder einmal die Gelegenheit, das fantastische Streben der Natur nach einem Optimum zu bewundern. Zwar kommt von der Sonne und aus dem ganzen restlichen Weltall ständig Strahlung aus dem ganzen elektromagnetischen Spektrum zur Erde. Davon wird aber bereits der größte Anteil von der Atmosphäre absorbiert. Dieser natürliche Schutzschild lässt Strahlung genau genommen nur in zwei sehr schmalen Wellenlängenfenstern bis auf die Erdoberfläche passieren: Das eine davon ist das „optische" Fenster mit einer Wellenlänge zwischen 400 und 800 nm, das andere ist das „Radiofenster" mit einer Wellenlänge zwischen 1 mm und 18 m.

5.1.7 Das sichtbare Licht

Unser menschliches Auge hat sich in seinem Sehvermögen sehr gut den Gegebenheiten angepasst und „deckt" das optische Fenster genau „ab". Um das optische Fenster herum lässt die Atmosphäre auch noch einige andere Strahlen wie die ultraviolette Strahlung (mit Wellenlängen kleiner als 400 nm) durch, wovon man sich an der eigenen Haut beim Sonnenbaden überzeugen kann. Diese UV-Strahlung wird aber von der Erdatmosphäre nur unvollständig durchgelassen. Deshalb ist eine widerspruchsfreie Lichtwahrnehmung in einem größeren Wellenlängenbereich (zum Beispiel von 200–800 nm) sehr schwierig zu bewerkstelligen. Bei der Auswertung der Wellenlängen müsste unsere Wahrnehmung zu viele Ausnahmen machen – das Durchlässigkeitsverhalten der Atmosphäre in diesen Randbereichen des optischen Fensters ist einfach zu unterschiedlich!

Die Strahlung im zweiten von der Atmosphäre durchgelassenen Bereich, dem Radiofenster, hat so große Wellenlängen, dass Entfernungen im für den Menschen interessanten Umkreis nicht ausreichend unterschieden und aufgelöst werden können.

Damit bleibt unseren Augen also nur noch jener Bereich zwischen 400 und 800 nm als Sehbereich übrig. Glücklicherweise spielen sich genau in diesem Bereich viele interessante, charakteristische Vorgänge ab: Je nach Gegenstand werden manche Wellenlängen reflektiert, manche absorbiert und manche einfach durchgelassen. Dadurch erscheint jeder Gegenstand in seinem eigenen, charakteristischen Licht.

Dieses Licht fällt schließlich auf die Netzhaut unserer Augen. Das Schwarzweiß-Sehen geschieht, wie wir aus der ersten Reise wissen, mit Hilfe von ca. 120 Millionen lichtempfindlichen Zellen, den Stäbchen. Sie bestehen aus einem bestimmten Sehfarbstoff, dem *Rhodopsin.* Diese Färbung des Rhodopsins fällt sehr deutlich bei Blitzlichtaufnahmen auf: Die Augen sind oft rot gefärbt! Wegen dieser Rotfärbung wird das Rhodopsin auch Sehpurpur genannt.

Die Stäbchen sind keineswegs gleichmäßig über die Netzhaut verteilt. In dem Bereich des schärfsten Sehens, der Fovea, befinden sich keine Stäbchen – die Stäbchen liegen alle außerhalb dieses zentralen Bereichs der Netzhaut, denn hier befinden sich die farbempfindlichen Zapfen. Diese Verteilung ist die Erklärung dafür, dass die Schrift in Bild 5.1 bei starker Verdunkelung nur sehr unscharf gelesen werden kann. Auch das Phänomen des Verschwindens der lichtschwachen Sterne kann daraus erklärt werden:
Fixieren wir mit unseren Augen den Polarstern wie in Bild 5.3 links, so trifft das Licht einiger lichtschwacher Sterne um ihn herum auf die Randbereiche der Netzhaut. Dort befinden sich sehr viele Stäbchen, die in der Lage sind, auch noch sehr schwaches Licht zu registrieren. Deshalb ist am Rand des Sehfeldes eine (allerdings unscharfe) Wahrnehmung solcher lichtschwacher Sterne möglich. Versuchen wir aber wie in Bild 5.3 rechts unseren Blick auf einen dieser Sterne scharf zu stellen, so fällt das Licht dieses Sterns auf das Zentrum der Netzhaut. Da sich dort keine lichtempfindlichen Stäbchen befinden, kann das schwache Sternenlicht in diesem Fall nicht mehr wahrgenommen werden!

5.2 Das Farbensehen

Unsere Reisegruppe sieht die Dinge inzwischen in einem helleren Licht, da sowohl der Busfahrer als auch die Sonne inzwischen da sind und um die Wette strahlen. Der Busfahrer strahlt, weil er nach seinem Ruhetag sehr gut erholt ist. Außerdem ist die fantastische Tour durch die Farben seine ganz persönliche Lieblingsstrecke; immerhin stehen heute einige wunderbare Naturschönheiten auf dem Programm. Und die Sonne strahlt, weil der vor kurzem noch herunterprasselnde Regen gerade aufhört. Sofort entsteht ein wundervoller farbenprächtiger Regenbogen.

5.2.1 Der Regenbogen

Das eindrucksvolle Farbenspiel eines Regenbogens ist uns von Kindheit an so vertraut, dass wir uns über die Ursachen dieser Naturerscheinung kaum große Gedanken machen. Es würde zwar ausreichen, sich einfach nur über die Farbenvielfalt des Regenbogens wie in Bild 5.5 zu freuen, aber hinter dem Regenbogen beginnt eigentlich erst das fantastische Land der Farben. Deshalb versuchen wir, hinter das Geheimnis des Regenbogens zu blicken.

Der Weg dahin führt uns über einen englischen Markt im Jahre 1666. Damals kaufte dort der Physiker Isaac Newton ein spezielles Glasstück mit drei Seiten, ein Prisma. Er war begeistert davon, wie das Prisma das auf der einen Seite einfallende Licht am anderen Ende in alle möglichen Farben zerlegte. Diese Farben sind übrigens genau identisch mit den Farben des Regenbogens. Über diese Erscheinung schrieb er eine Abhandlung mit dem Titel *Theorie des Lichtes und der Farben*. Darin stellte er die These auf, dass sich das weiße Sonnenlicht aus allen Farben seines Prismas zusammensetzt.

Newton war der festen Überzeugung, dass es sich dabei „wahrscheinlich um die wunderbarste Entdeckung handelt, die jemals gemacht wurde“. Aber nicht einmal mit solch farbigen Worten konnte er seine zahlreichen Gegner von der Farbigkeit des Sonnenlichts überzeugen. Noch im Jahr 1790 widersprach ihm Goethe, dass „der Gedanke über die Farbigkeit des Sonnenlichtes absurd“ sei und „sich höchstens als Kindermärchen“ eigne.

Inzwischen aber zweifelt niemand mehr an der Vermutung Newtons: Weißes Sonnenlicht setzt sich tatsächlich aus dem ganzen Regenbogenspektrum verschiedener Farben zusammen!

Wie entstehen die Farben des Regenbogens?

Wichtige Voraussetzungen für einen Regenbogen sind Regentropfen und Sonnenlicht. Was geschieht nun, wenn das Licht auf die Oberfläche eines Wassertropfens fällt? – Werfen Sie einen Blick auf Bild 5.6:

Der eine Teil des Lichtstrahls wird von der Oberfläche des Tropfens wieder reflektiert. Dieser Strahl wird auch als Strahl erster Klasse bezeichnet; der andere Teil des Lichts dringt in den Tropfen ein. Dieser eindringende Strahl wird innerhalb des Wassertropfens gegenüber dem einfallenden Strahl in seiner Ausbreitungsrichtung abgelenkt – man sagt auch: Er wird *gebrochen*. Brechung tritt immer dann auf, wenn das Licht von einem Medium (zum Beispiel Luft) in ein anderes übergeht (zum Beispiel Wasser oder Glas wie beim Prisma).

Die Brechung des Lichts ist bei unterschiedlicher Wellenlänge verschieden stark. So wird das energiereiche blaue Licht stärker von seiner ursprünglichen Bahn abgelenkt, rotes hingegen schwächer. Dieser aufgefächerte Strahl kann nun innerhalb des Wassertropfens beliebig oft reflektiert werden und wie in einem Karussell den Mittel-

Abb. 5.5: Die Farbenpracht des Regenbogens.

punkt des Tropfens umrunden. Irgendwann aber verlässt er den Tropfen wieder. Je nachdem, wie oft der Strahl auf die Tropfenoberfläche gestoßen ist, wird er als Strahl zweiter, dritter oder vierter Klasse bezeichnet.

Von besonderer Bedeutung sind die Strahlen der dritten Klasse. Diese bilden den *Hauptregenbogen*, der am deutlichsten sichtbar ist. Aber auch die Strahlen der vierten Klasse sind in der Lage, einen *Nebenregenbogen* zu bilden, der allerdings um einiges schwächer und seltener sichtbar ist.

Bei unserer Erklärung des Regenbogens gibt es aber noch eine Schwierigkeit. Das Sonnenlicht ist nämlich nicht so schmal, dass es immer auf derselben Stelle auf den Regentropfen fällt. Und außerdem besteht der Regen nicht nur aus einem Tropfen, sondern aus sehr vielen. Deshalb müssen alle möglichen einfallenden Lichtstrahlen getrennt betrachtet werden: Verläuft zum Beispiel ein Lichtstrahl direkt durch den Tropfenmittelpunkt, so wird der Strahl zweiter Klasse direkt auf die Sonne zurückgeworfen. Je weiter der Abstand des einfallenden Strahls aber vom Mittelpunkt des Tropfens entfernt ist, umso weiter wird er beim Rückweg weg von der Sonne gelenkt.

Der französische Mathematiker René Descartes (1596–1650) konnte durch einfache geometrische Betrachtungen zeigen, dass der

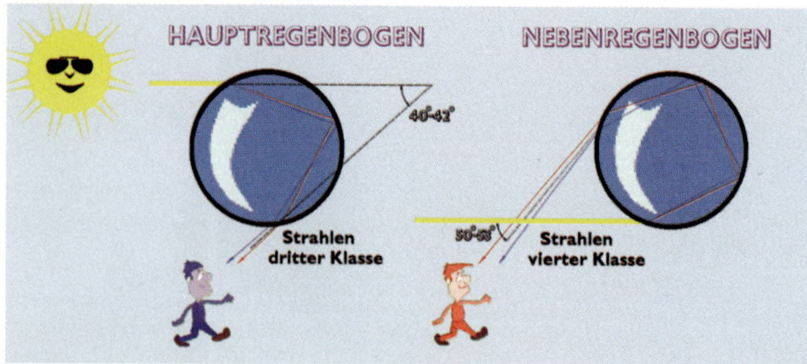

Abb. 5.6: Das Lichtkarussell in einem Regentropfen: Die Sonne strahlt von links auf den Regentropfen. Ein Teil des Strahls wird an der Oberfläche gleich wieder reflektiert, der Rest dringt in den Wassertropfen ein. Beim Eintritt in das Wasser verändert sich die Ausbreitungsrichtung des Strahls. Die Größe des Brechungswinkels ist abhängig von der Wellenlänge des Lichts: Blaues Licht wird mehr, rotes weniger von der ursprünglichen Richtung abgelenkt. Diese Brechung im Wassertropfen ist die Ursache für den Regenbogen.

Großteil aller möglichen Strahlen zwischen 40 und 42 Grad „von der Sonne weg" ausgelenkt wird. Dabei erscheint das blaue Licht unter 40 Grad und das rote unter 42 Grad, die Winkel für die anderen Farben liegen dazwischen. Genau diese Winkel zwischen Sonne, Regenbogen und Beobachter hat schon 1266 der Philosoph Roger Bacon in der Natur beobachtet.

Auch die Strahlen der vierten Klasse, die den Nebenregenbogen bilden, können geometrisch genau untersucht werden. Wieder zeigt sich, dass praktisch alle Strahlen der vierten Klasse unter demselben Winkel die Wassertropfen verlassen. Diese Winkel betragen für blaues Licht 53 Grad und für das rote Licht 50 Grad. Das bedeutet, dass die Farben des Nebenregenbogens genau auf dem Kopf stehen!

Hieraus kann sogar noch eine weitere Erkenntnis gefolgert werden: Im Bereich zwischen 42 und 50 Grad sind weder Strahlen der dritten noch der vierten Klasse möglich! Die Entdeckung dieses dunklen Bereichs zwischen den beiden Bögen wird dem griechischen Philosophen Alexander von Aphrodisias zugeschrieben. Deshalb wird der dunkle Bereich *Alexander'sche Dunkelzone* genannt. Mit Hilfe von Bild 5.7 können Sie das eben Gelesene anschaulich nachvollziehen.

Das Spektrum des Regenbogens erscheint deshalb so intensiv, weil er wie kein zweites Gebilde der Natur ausschließlich aus reinen

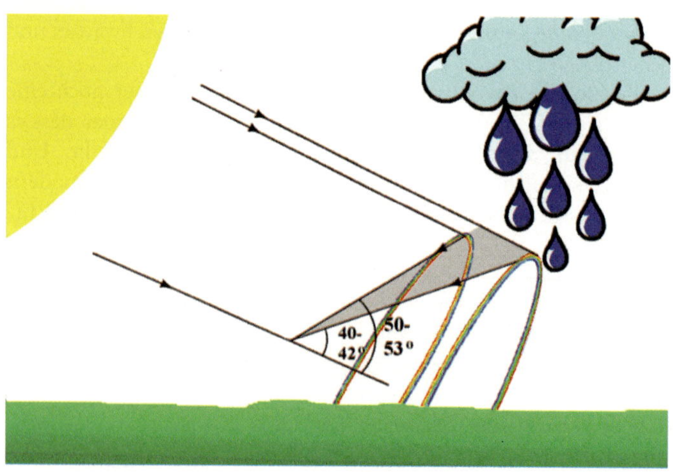

Abb. 5.7: Das Ergebnis der geometrischen Betrachtungen eines beleuchteten Wassertropfens von Descartes: Er fand die Erklärung für den Hauptregenbogen, der zwischen 40 und 42 Grad erscheint. Außerdem konnte er die anschließende Alexander'sche Dunkelzone zwischen 42 und 50 Grad sowie den manchmal sichtbaren Nebenregenbogen im Bereich zwischen 50 und 53 Grad erklären, der farbenmäßig „auf dem Kopf" steht.

Farben besteht! Das bedeutet, dass das Licht eines jeden Farbtons aus genau einem Wellenlängenbereich besteht – solche reinen Farben werden *monochromatisch* genannt. Wir können abschließend festhalten: Im Regenbogen sind keinerlei Vermischungen von Lichtstrahlen mit verschiedenen Wellenlängen vorhanden! Unser Wahrnehmungsapparat ist also in der Lage, die monochromatischen Farben des Regenbogens unterschiedlich wahrzunehmen. Dazu verfügt er über eine fantastische Eigenschaft, die sowohl nützlich, oft aber auch einfach nur schön ist: das Farbensehen.

5.2.2 Eine Verbindung zwischen Logik und Gefühl

Bei kaum einer Sinnesempfindung gibt es so viele Überschneidungen und Auseinandersetzungen zwischen Kunst und Naturwissenschaft, zwischen Psychologie und Physik, wie bei der Empfindung von Farbe. So lässt sich beispielsweise die Wirkung von Farben manchmal eben viel besser mit „meine Lieblingsfarbe“ oder mit „warm“ oder „kalt“ beschreiben als mit physikalischen Daten wie zum Beispiel „400 nm“. Und Künstler hüten sich bekanntlich davor, nach naturwissenschaftlichen Erkenntnissen zu malen. Vincent van Gogh meinte beispielsweise: „Die wahren Maler sind diejenigen, welche die Dinge nicht so malen, wie sie sind, sondern so, wie sie sie fühlen.“

Dieser Zwiespalt zwischen Gefühl und Verstand kommt in keiner anderen Sinnesempfindung so deutlich zum Ausdruck wie beim Farbensehen. Die Besonderheit der Farbwahrnehmung besteht darin, dass schon sehr kleine Unterschiede in der Wellenlänge größte Unterschiede in der Farbempfindung auslösen. Diese Unterschiede können dabei auch von Person zu Person sehr unterschiedlich sein.

Wie konnte sich das Farbensehen überhaupt in der Evolution entwickeln, und was ist sein eigentlicher praktischer Nutzen?

Durch das Farbensehen werden Tarnungen leichter aufgelöst, Strukturen besser erkannt und Beutetiere schneller wahrgenommen, was natürlich einen ganz entscheidenden Vorteil in der Evolution darstellt. So lassen sich bunte Fische im Wasser oder leuchtend rote Beeren in einem grünen Baum ganz bequem erkennen. Das wird zum Beispiel bei der Betrachtung der in Bild 5.8 gezeigten Eberesche deutlich. Während auf der linken Seite in Schwarzweiß erst nach einiger Zeit eine Struktur erkennbar wird, sind die Beeren im identischen Bild rechts mit Farbe sofort sichtbar.

Dieser Vorteil muss allerdings mit einem gehörigen Aufwand an Gehirnkapazität und Verschaltungen von Neuronen „erkauft“ werden. So besitzt der Mensch ca. sechs Millionen farbige Sehzellen in jedem Auge – ganz zu schweigen von den Zellen, die der Weiterverarbeitung der Farbinformation dienen. Aufgrund dieses hohen zusätzlichen Aufwands schießt die Natur hier in gewisser Weise mit Kanonen auf Spatzen. So ist es auch zu erklären, dass sich das Farbensehen in der Evolution bei manchen Tieren nur teilweise oder – wie bei Hunden – gar nicht durchgesetzt hat.

Abb. 5.8: Der Nutzen des Farbensehens: eine Eberesche in Schwarzweiß und Farbe.

Die Natur wäre aber nicht die Natur, wenn Sie dieses enorme Potential ihrer „Erfindung" nicht noch anderweitig nützen würde. Die restlichen farbigen Kanonenkugeln, die nicht für das Enttarnen von Spatzen und so weiter benötigt werden, stehen zu unserer freien Verfügung. Aus dieser „Freiheit" resultiert in jedem Menschen ein leicht verschiedenes Farbempfinden. Das Farbensehen wird so zu einer ganz persönlichen Empfindung mit unterschiedlichen Lieblingsfarben und Symbolen. Wie beim Riechen ist eine direkte Verbindung zum Unterbewusstsein und Gefühlsleben feststellbar. Wie Gerüche wirken manche Kombinationen von Farben angenehm und schön oder auch abstoßend.

Wegen dieser faszinierenden Verbindung des Farbempfindens einerseits mit dem Verstand und andererseits mit dem Gefühl ist es nur zu verständlich, dass sich sowohl Künstler als auch Naturwissenschaftler seit jeher für die Farben „zuständig" fühlen.

Eine angemessene Beschreibung des Farbensehens ist aber wohl erst durch eine Kombination dieser beiden Bereiche möglich. Genau dies wollen wir versuchen, indem wir noch einmal die prächtigen Farben des Regenbogens gefühlsmäßig auf uns wirken lassen. Zugleich stellen wir uns aber die logische Frage, wie es unser Wahrnehmungsapparat überhaupt schaffen kann, so viele verschiedene Farben überhaupt zu empfinden.

5.2.3 Die Dreifarbentheorie des Sehens

Wir Menschen sind in der Lage, ca. 150 verschiedene Farbtöne voneinander zu unterscheiden. Diese Farben können von uns außerdem verschieden intensiv und verschieden hell eingestuft werden. Das ergibt insgesamt den fast unvorstellbaren Wert von ca. sieben Millionen auflösbarer unterschiedlicher Farbstufen!

Wie schafft es unser Auge, eine solch immense Menge von Farben hoch aufgelöst wahrzunehmen?

Diese Frage stellte sich auch der englische Mediziner Thomas Young (1773–1829). Ihm war klar, dass auf der menschlichen

Netzhaut nur ein begrenztes Platzangebot (ca. die Ausmessung einer Briefmarke) zur Verfügung steht. Schon zur Erzielung unserer Sehschärfe sind mehr als 100 Millionen Sehzellen mit einem Durchmesser von zwei Mikrometern nötig! Um alle wahrnehmbaren Farbabstufungen an jedem Netzhautort zu erkennen, wären idealerweise rund sieben Millionen unterschiedliche Farbsehzellen erforderlich. Auf der Netzhaut ist aber nicht einmal Platz für die jeweils 150 verschiedenen Zellen zur Erkennung der 150 verschiedenen Farbtöne.

Young war klar, dass die Natur immer nach dem Optimum strebt und deshalb genau so viele unterschiedliche Typen von Farbsehzellen verwendet, wie erforderlich sind – und keine einzige mehr. Er fand heraus, dass jeder mögliche Farbton durch eine angemessene Mischung von maximal drei Grundtönen erzeugt werden kann. Dabei ist es zunächst egal, welche Farbe diese drei Basistöne haben, sie sollten sich lediglich ausreichend unterscheiden. Beispielsweise kann mit den Grundfarben Blau, Rot und Grün durch Mischung jede andere Farbe erzeugt werden.

Diese Erkenntnis kann man mit Hilfe dreier Diaprojektoren verdeutlichen, welche die Farben Blau, Rot und Grün auf eine Leinwand werfen (Bild 5.9). Lassen sich die Projektoren in ihrer Leuchtkraft und Helligkeit stufenlos verstellen, so können Sie jeden möglichen Farbton zusammenmischen. Treffen verschiedene Lichtstrahlen aufeinander, so ist das Ergebnis heller als die einzelnen Anteile; die Intensitäten der Strahlen addieren sich. Deshalb spricht man von der *additiven* Mischung. So erhalten wir aus Rot und Grün und Blau als Ergebnis Weiß. Damit ist der Beweis erbracht, dass weißes Licht aus farbigem Licht besteht!

Auch alle anderen möglichen Farbtöne können durch die Veränderung der Lichtstärke der Projektoren erzeugt werden.

Drei Grundfarben sind also vollkommen ausreichend, um alle uns sichtbaren Farbtöne darzustellen. Aus dieser Erkenntnis zog Thomas Young die richtigen Schlüsse, welche später von Hermann von Helmholtz (1852) erweitert wurden. Bereits 1802 stellte er die Behauptung auf, dass an jeder Stelle der Netzhaut drei lichtempfindliche Strukturen sitzen, die auf Rot, Grün und Blau reagieren. Diese Theorie der Dreifarbigkeit des menschlichen Sehens wird auch als *Trichromasie* oder als Young-Helmholtz-Theorie des Farbensehens bezeichnet.

Abb. 5.9: Die additive Farbmischung: Farbiges Licht, zum Beispiel aus verschiedenen Projektoren, vermischt sich und seine Intensitäten addieren sich: Rot und Grün = Gelb, Grün und Blau = Cyan, Blau und Rot = Magenta, Rot und Grün und Blau = Weiß.

Die additive Farbenmischung des Lichts ist unserem Alltagsverständnis nicht unbedingt geläufig. Der Grund dafür ist, dass wir nur sehr selten die Möglichkeit haben, mit farbigen Lichtstrahlen nach unserem Belieben zu hantieren. Viel leichter ist es dagegen, Wasserfarben oder andere farbige Stoffe miteinander zu vermischen und ihre Mischfarbe zu betrachten. Dabei kommt etwas vollkommen anderes heraus als die additive Mischung von Lichtstrahlen ergeben würde: Gelbe Wasserfarbe wird, mit Blau gemischt, Grün und nicht Weiß! Es handelt sich hier um die so genannte *subtraktive* Farbenmischung. Der Unterschied zur additiven Mischung liegt darin, dass handfeste Stoffe (wie die Wasserfarbstoffe) im Gegensatz zu Lichtstrahlen miteinander vermischt werden. Obwohl Weiß und Grün sehr verschieden sind, lässt sich trotzdem die subtraktive Farbenmischung aus der additiven Farbenmischung erklären.

Dazu wollen wir von den beiden Farben Blau und Gelb ausgehen. Wie Sie bereits in der ersten Reise gesehen haben, werden die Farben eines Gegenstands durch die Stärke der von ihm reflektierten Lichtwellenlängen bestimmt. Alle anderen unreflektierten Wellenlängen werden von dem Gegenstand absorbiert. Ein blauer Farbstoff reflektiert hauptsächlich Blau und ein wenig im grünen Bereich, während er Gelb und Rot absorbiert. Gelbe Wasserfarben reflektieren natürlich Gelb und ein wenig Grün und Rot, während Blau absorbiert wird.

Was geschieht nun aber, wenn diese beiden Stoffe vermischt werden?

Die Farbstoffmischung entzieht dem einfallenden Licht alle Farben, in deren Bereich eine Aufnahme möglich ist. So werden Gelb und Rot schon durch den blauen Farbstoff dem Licht entzogen. Dazu kommt Blau vom gelben Farbstoff.

Was bleibt noch übrig? Nur noch das Grün, das von beiden Farbstoffen nur teilweise absorbiert wird. Der restliche Grünanteil wird vom Farbstoffgemisch reflektiert, was entsprechend der subtraktiven Farbmischung den grünen Farbton ergibt. Die subtraktive Farbmischung entsteht also aus der additiven Mischung der von den Farbstoffen reflektierten Farben. Das, was übrig bleibt, ist die neue Farbe des subtraktiven Farbgemischs.

Die endgültige Bestätigung der Dreifarbentheorie gelang erst im Jahr 1964: Unabhängig voneinander untersuchten die Wissenschaftler Paul Brown und George Wald sowie William Marks et al. mit mikroskopischen Methoden die Gesetzmäßigkeiten der Wellenlängenabsorption der verschiedenen Sehzellen. Dabei fanden sie heraus, dass es genau drei verschiedene Farbsehzellen gibt – die so genannten *Zapfen* –, die im Umkreis der Farben Blau, Grün und Rot am empfindlichsten sind. Alle drei Zapfen verwenden den Sehfarbstoff Iodopsin.

5.2.4 Stäbchen und Zapfen

Insgesamt gibt es auf der Netzhaut ca. sechs Millionen Zapfen, die sich fast alle im Gebiet des schärfsten Sehens, der Fovea, befinden. Dadurch wird klar, dass die Farbsehzellen für das Scharfsehen zuständig sind. Allerdings benötigen sie sehr viel mehr Licht als die in den äußeren Netzhautregionen liegenden Stäbchen.

Die Zapfen unterscheiden sich in einigen ganz wesentlichen Punkten von den Stäbchen:

Tabelle 5.1: Unterschiede zwischen Stäbchen und Zapfen.

	Zapfen	Stäbchen
Sehart	Farbe	Schwarzweiß
Anzahl	6 Millionen	120 Millionen
Farbstoff	Iodopsin	Rhodopsin
bevorzugte Lage	in der Fovea	am Rand der Netzhaut
Sehschärfe	scharf	unscharf
Lichtempfindlichkeit	wenig lichtempfindlich	lichtempfindlich
Zeitauflösung	18–24 Bilder/ Sekunde	träger, Bewegungen wirken schneller als bei Tag
kein Flimmern mehr ab	maximal 80/Sekunde	22–25/Sekunde
Weiterleitung des Sehreizes	schnell	langsam

Das Stäbchen- und Zapfensehen ist unabhängig voneinander möglich. Bei schwacher Beleuchtung ist beispielsweise nur noch das Schwarzweiß-Sehen durch die Stäbchen möglich. Bei starker Beleuchtung tritt das Stäbchensehen dagegen deutlich in den Hintergrund. Die gesamte Sehleistung wird nun von den Zapfen erbracht. Deshalb sehen wir bei Tageslicht deutlich schärfer. Das Schwarzweiß-Sehen ist eine zeitlich viel weiter zurückliegende Erfindung der Natur als das Farbensehen. Deshalb ist das Stäbchensehen technisch nicht ganz auf dem „neuesten Stand". Das zeigt sich zum Beispiel im Auflösungsvermögen von schnellen Bildfolgen. Während das Farbensehen ca. 20 Bilder pro Sekunde noch auflösen kann, ist das Schwarzweiß-Sehen viel träger. Deshalb erscheinen uns Bewegungen bei schwacher Beleuchtung schneller als bei Tag!

Unter dem Strich betrachtet bedeutet das, dass nachts nicht nur alle Katzen grau und unscharf sind. Ihre Bewegungen wirken außerdem schneller als am Tag! Auch wenn man vergleicht, ab welcher vorgegebenen Bildfrequenz kein Flimmereindruck mehr sichtbar ist, wird der Unterschied deutlich: Das Stäbchensehen nimmt bereits bei 22 bis 25 Lichtreizen pro Sekunde kein Flimmern mehr wahr. Dagegen bedarf es beim Zapfensehen bis zu 80 Bildwechsel.

Dass auch viel höhere Zeitauflösungen von Bildfolgen möglich sind, zeigt das Beispiel der Biene. Sie kann noch 100 bis 200 Bilder in der Sekunde auflösen.

Dieser Wert ist sogar zu hoch für unser Fernseh- und Computerbildschirme mit 50 bis 100 Bildern pro Sekunde. Deshalb wirkt unser Fernsehen auf die Biene lediglich wie eine Diashow stehender, wechselnder Bilder.

Ein weiterer Beweis dafür, dass das Stäbchensehen nicht auf dem neuesten Stand ist, ist die Weiterverarbeitungszeit des Sehreizes. Das

Schwarzweißempfinden benötigt in seiner Weiterverarbeitung viel mehr Zeit als das Farbensehen. Dieser Zeitunterschied kann anhand des so genannten *Pulfrich-Effekts* deutlich gemacht werden.

Dabei handelt es sich um eine Wahrnehmungstäuschung bei der Betrachtung eines schwingenden Pendels. Lassen Sie vor Ihrem Sichtfeld ein Pendel schwingen. Schwächen Sie nun vor einem Auge die Helligkeit zum Beispiel mit einer Sonnenbrille ab, so kommen die Informationen über die Lage des Pendels gegenüber dem anderen Auge etwas verzögert an. Deshalb erscheint die Pendelbewegung nicht mehr in einer Ebene, sondern ellipsenförmig.

5.2.5 Wie funktioniert das Farbensehen?

Die Sehzellen betätigen sich als „Fänger" des Lichts. Dabei sammeln sie bevorzugt das Licht ein, das am besten zu ihnen passt. Wenn die Wellenlänge des einfallenden Lichts genau im Bereich der maximalen Empfindlichkeit liegt, wird das Licht in vollem Umfang registriert. Je mehr die Wellenlänge aber von diesem Punkt der größten Empfindlichkeit abweicht, umso schwächer bewertet die jeweilige Sehzelle den einfallenden Strahl. Weichen die Lichtwellenlängen zu weit ab, so ist die Empfindlichkeit der Sehzellen gleich Null, das heißt, sie reagieren nicht mehr auf den einfallenden Strahl.

Die drei verschiedenen Zapfenarten besitzen deutlich unterschiedliche Empfindlichkeitsbereiche, die sich überlappen und das gesamte Spektrum abdecken. Die Empfindlichkeit der „blauen" Zapfen (linke Kurve in Bild 5.10) beginnt ab ca. 400 nm und nimmt mit der Wellenlänge zu. Bei der Farbe Violettblau (448 nm) erreicht die Empfindlichkeit ihr Maximum. Dann sinkt sie wieder ab, bis sie bei ca. 550 nm ganz verschwindet.

Analog verhält es sich mit den Kurven der beiden anderen Zapfensorten in Bild 5.10. Die mittlere Empfindlichkeitskurve der „grünen" Zapfen hat ihr Maximum bei etwa 518 nm, die der „roten" Zapfen bei etwa 617 nm, was genau genommen der Farbe Orangerot entspricht.

Die unterschiedlichen Sehzellen messen also einfach, wie gut ein einfallender Lichtstrahl farblich zu ihnen passt. Registrieren sie eine gute Übereinstimmung, so erzeugen sie einen sehr hohen Reiz, ansonsten einen niedrigen. So entstehen drei verschieden starke Nervenreize, die im Sehzentrum zu einem einzigen Farbeindruck ausgewertet werden.

Beispielsweise wird ein einfallender Strahl der Wellenlänge 580 nm wie in Bild 5.11 links von den blauen Zapfen gar nicht registriert. Dagegen schlagen die grünen und roten Zapfen etwa gleich stark an. Diese Reize werden dann im Sehzentrum zum Farbeindruck Gelb verarbeitet.

Außer den monochromatischen Farben des Regenbogens besteht das natürliche Licht sehr selten nur aus einer Wellenlänge. Vielmehr sind normalerweise sehr viele unterschiedliche Wellenlängen an einem Farbeindruck beteiligt.

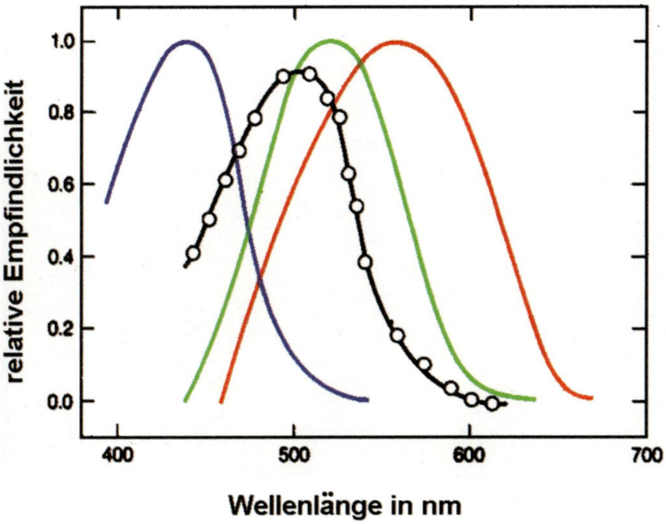

Abb. 5.10: Die Empfindlichkeit der Zapfen (blaue, grüne und rote Kurve) und der Stäbchen (schwarze Kurve) in Abhängigkeit von der einfallenden Lichtwellenlänge.

Derselbe Farbeindruck Gelb entsteht beispielsweise, wenn wir rotes und grünes Licht gleich stark mischen (zweiter Fall in Bild 5.11). Die roten Zapfen werden diesmal durch das rote Licht und die grünen Zapfen durch das grüne Licht angeregt. Daraus errechnet unser Sehzentrum den Farbeindruck Gelb – und das, obwohl der einfallende Lichtstrahl ganz anders zusammengesetzt ist.

Die Zapfen reagieren natürlich auch auf unterschiedliche Intensitäten. Fällt zum Beispiel ein sehr leuchtstarker Lichtstrahl auf die Netzhaut, so wird ein deutlich stärkerer Reiz an das Sehzentrum weitergeleitet. Was geschieht zum Beispiel, wenn das einfallende Licht zwar immer noch aus den Farben Rot und Grün besteht, aber nicht mehr zu gleichen Teilen, also etwa im Verhältnis 10:1? – Das ist als dritter Fall in Bild 5.11 zu sehen: Die roten Zapfen werden dadurch erheblich mehr angeregt als die grünen, was im Sehzentrum zu dem Farbeindruck Orangerot ausgewertet wird.

Auch die Auswertung des Sonnenlichts geschieht auf diesem einfachen Weg über die drei unterschiedlichen Reizmeldungen. Das Sonnenspektrum erstreckt sich über alle Wellenlängenbereiche des sichtbaren Bereichs in etwa gleicher Stärke. Das führt dazu, dass alle drei Zapfensorten zu gleichen Teilen erregt werden. Diese gleich starken Reizmeldungen führen im Sehzentrum zum Farbreiz Weiß – wie im letzten Fall in Bild 5.11 zu sehen.

In welchem Zusammenhang steht nun das Schwarzweiß-Sehen zum Farbensehen?

Zunächst ist wichtig zu wissen, dass das Schwarzweiß-Sehen ein physikalisch unabhängiger Seheindruck ist, der keinen direkten Einfluss auf das Farbensehen im Sehzentrum hat. Trotzdem kann ein Vergleich zwischen den Tag- und Nachtsehmethoden angestellt werden: Die Empfindlichkeit des Stäbchensehens – schematisch als schwarze Kurve in das Schaubild 5.10 eingezeichnet – erreicht ihren höchsten Wert bei einer Wellenlänge von 505 nm. Einfallendes Licht dieser Wellenlänge wird also von den „nachtaktiven" Stäbchen am

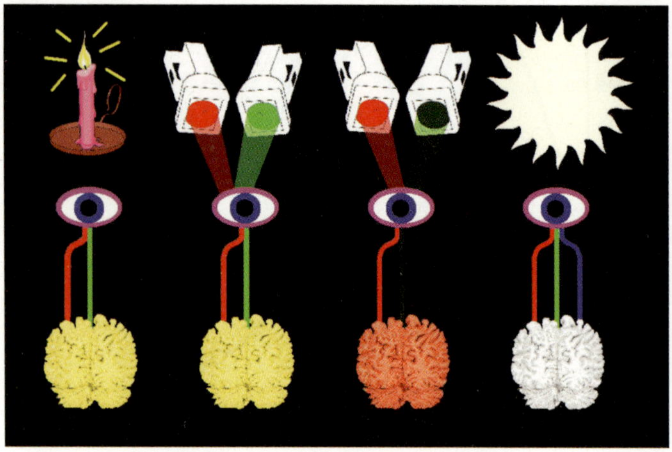

Abb. 5.11: Vier Aufgaben für das Farbensehen.

stärksten wahrgenommen. Diesen Wert können wir mit dem Wert der Gesamtempfindlichkeit des Farbensehens vergleichen. Die Kurve der gesamten Empfindlichkeit aller drei Zapfen zusammen ist weitgehend ähnlich mit der Kurve des mittleren, grünen Zapfenschens. Sie hat ihr Maximum bei etwa 555 nm. Das Sehen bei Tageslicht bevorteilt also den Farbton Grün.

Dieser Unterschied in der Wellenlänge des Empfindlichkeitsmaximums zwischen Helligkeits- und Dämmerungssehen ist die Ursache für den Purkinje-Effekt, den wir schon bei der Betrachtung von Bild 5.1 kennen gelernt haben. Grün und Rot wird deshalb bei Tageslicht im Vergleich zu Blau heller eingeordnet als bei schwacher Beleuchtung!

Bild 5.12 bringt uns noch einen Schritt näher an das Verständnis unseres Farbensehens. Darin ist die Farbenauflösungskurve eines Durchschnittsmenschen aufgetragen (nach Richard Gregory, 2001).

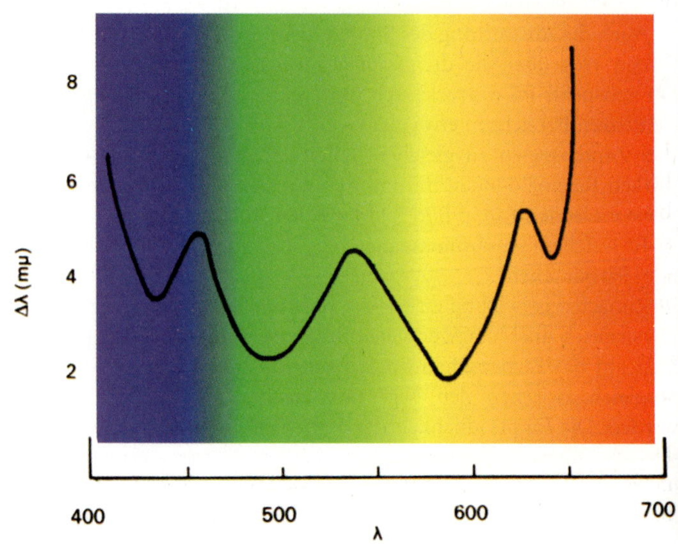

Abb. 5.12: Farbauflösungscharakteristik nach Gregory.

Darin ist das extrem nichtlineare Auflösungsvermögen unserer Zapfen in Abhängigkeit von der jeweiligen Wellenlänge aufgetragen. Als Auflösungsvermögen wird dabei der kleinste Wellenlängenunterschied bezeichnet, der noch einen spürbaren Unterschied im Farbton erzeugt. Eine Erklärung für diese wilde Berg- und Talfahrt der Kurve können wir aus dem Vergleich mit den Zapfencharakteristiken in Bild 5.10 gewinnen: Die Farbempfindung ändert sich wenig, solange die Wellenlänge an den Enden des Spektrums von Bild 5.10 variiert wird. Umso weiter wir in die Mitte des Spektrums kommen, umso komplizierter wird das Ganze. Wenn wir uns langsam von außen in die ansteigenden Absorptionsbereiche von Rot oder Blau bewegen, ist ein stetiger Anstieg des Auflösungsvermögens zu verzeichnen – solange es keine Wechselwirkung mit den anderen Farbabsorptionsbereichen gibt. Im Bereich der mittleren Wellenlängen überlagern sich die Auflösungseffekte der einzelnen Absorptionskurven und schon eine kleine Verschiebung der Wellenlänge kann die Zustände deutlich ändern. Das Farbauflösungsvermögen der einzelnen Farben ist dabei jeweils an den Stellen am besten, an denen die zugehörigen Empfindlichkeitskurven ihre größten Steigungen besitzen. Den besten Auflösungseffekt bekommt man, wenn die beteiligten relevanten Steigungen entgegengesetzt sind, also zum Beispiel bei Gelb (grüne Kurve in Bild 5.10 sinkt und rote steigt) oder bei Blaugrün (blaue Kurve in Bild 5.10 sinkt und grüne und rote steigen).

Eine Konsequenz dieser Farbauflösungscharakteristik ist, dass wir die reinen Farben zum Beispiel im Regenbogen (vgl. Bild 5.5 rechts) nicht als kontinuierliche Abfolge von Farben wahrnehmen, sondern in Bändern geordnet. Während in den Bereichen niedriger Auflösung (den Bändern) an den Enden des Spektrums bei Blau und Rot oder zwischen Blaugrün und Gelb in großen Bereichen ein kontinuierlicher langsamer Farbübergang sichtbar ist, wechseln zwischen den Bändern die Farben schlagartig von Blau nach Grün und von Gelb nach Orange.

5.3 Die Schmetterlingswiese

Lassen Sie sich zur Verdeutlichung der Funktionsweise des menschlichen Farbensehens auf eine ganz besondere grüne Wiese voller farbiger Schmetterlinge führen. Auf einem großen Schild steht die Aufschrift:

„Schmetterlingsjagd: Entdecken Sie das fantastische Geheimnis des menschlichen Farbensehens!"

5.3.1 Die Ausrüstung

Der Busfahrer hat bereits drei verschiedenfarbige Schmetterlingsnetze vorbereitet, die er an drei Freiwillige verteilt; die drei Netze sind in Bild 5.13 zu sehen.

Das blaue Netz ist sehr groß und hat große Maschen, das grüne Netz ist mittelgroß mit mittlerem Maschenabstand und das rote Netz ist klein mit entsprechend feinen Maschen.

Aus seiner langen Erfahrung weiß der Busfahrer, dass die nun folgende Schmetterlingsjagd auf jeder Reise ins Farbenreich einer der Höhepunkte war. Außerdem sind die Schmetterlinge auch für ihn noch eine Abwechslung, da sie von Reise zu Reise immer wieder für eine Überraschung gut sind. Nicht umsonst sind Schmetterlinge das Musterbeispiel für das Auslösen chaotischer Prozesse. Die Chaosforschung behauptet bekanntlich, dass ein Flügelschlag eines Schmetterlings in zum Beispiel Peking das Wetter bei uns entscheidend beeinflussen kann.

Die Schmetterlinge auf dieser besonderen Wiese gibt es in allen reinen Farben, also den Farben des Regenbogens, und in den unterschiedlichsten Größen. Je nach Farbe sind sie verschieden groß: Die blauen Schmetterlinge sind die größten, sie passen gerade noch in das große blaue Netz hinein; für die beiden kleineren Netze sind sie dagegen zu groß. Für die kleinsten Schmetterlinge, die roten, gilt das genaue Gegenteil: Sie können nur mit dem kleinen, roten Netz gefangen werden. Bei den beiden anderen Netzen schlüpfen sie durch die zu großen Maschen wieder heraus. Ebenso bleiben die mittelgroßen grünen Schmetterlinge nur im grünen Netz hängen, da sie durch die Maschen des großen blauen Netzes hindurchschlüpfen und nicht in das kleine rote Netz passen.

Abb. 5.13: Die Schmetterlingsnetze.

5.3.2 Die Schmetterlinge, Einstein, das Licht und die Farben

Diese Schmetterlinge sind ein gutes Modell für das Licht und seine Farben. Wie Sie bereits wissen, ist das Licht nichts anderes als eine elektromagnetische Welle, die seit Maxwell genau beschrieben ist. In diesem Buch haben wir bisher das Licht immer als Welle aufgefasst. Nicht immer verhält sich das Licht aber als Welle. Manchmal kann man das „Verhalten" des Lichts nur damit erklären, dass man es sich als eine Ansammlung von Teilchen vorstellt – diese Lichtteilchen werden *Photonen* (griechisch „photein" – leuchten) genannt.

Die unterschiedlichen Beschreibungsmöglichkeiten des Lichts führten in der Geschichte schon zu sehr heftigen Auseinandersetzungen. So vertrat zum Beispiel der Ihnen bereits bekannte Newton die Teilchenhypothese, während Young den Wellencharakter des Lichts proklamierte. Es stellte sich heraus, dass diese Doppeldeutigkeit der Beschreibungen für das Licht nicht auflösbar war. Man einigte sich daher auf einen faszinierenden Kompromiss: Manchmal verhält sich das Licht wie ein Teilchen und manchmal wie eine Welle! Erst das Wissen über beide Möglichkeiten – auch *Welle-Teilchen-Dualismus* genannt – erklärt das Phänomen Licht vollständig.

Zur Erklärung des Farbensehens ist es am einfachsten, das Licht als Ansammlung von Teilchen zu betrachten. Diese Photonen verschiedener Farbe unterscheiden sich in ihrer Energie bzw. wie man seit Albert Einstein weiß, in ihrer dynamischen Masse. Die energiereichen blauen Photonen haben die höchste Masse und sind deshalb die größten. Die grünen sind mittelgroß und die roten sehr klein.

Damit ist die Analogie zu den bunten Schmetterlingen offensichtlich. Die Schmetterlinge sind ein anschauliches Modell für die Photonen und unsere Schmetterlingsnetze verdeutlichen sehr gut die Farbwahrnehmung im menschlichen Auge.

Darauf weist auch der Busfahrer hin und behauptet: „Deshalb habe ich mir die ganze Arbeit gemacht, die Schmetterlinge entsprechend ihrer Größe unterschiedlich farbig anzumalen!" Gleichzeitig träumt er einmal wieder von dem Augenblick, an dem er auf Sprüche dieser Art und das zugehörige Trinkgeld nicht mehr angewiesen ist.

Das gesamte Treiben auf der Schmetterlingswiese ist in Bild 5.14 zusammengefasst zu sehen.

5.3.3 Die Farbe Schwarz

„Irgendwie sehe ich schwarz, dass sich hier bald etwas Aufregendes tut", beschwert sich nach einigem Warten auf der Wiese einer der Reiseteilnehmer.

Der Busfahrer hingegen kontert: „Na hören Sie mal! Das ist doch schon ein toller Anfang, dass keiner von uns einen Lichtschmetterling im Netz hat. Und Null mal Blau und Null mal Grün und Null mal Rot ergibt die Farbe Schwarz."

Abb. 5.14: Buntes Treiben auf der Schmetterlingswiese.

5.3.4 Die Farbe Rot

„Ich sehe bald rot, wenn sich hier weiter nichts tut", quengelt der gleiche Reiseteilnehmer ungeduldig weiter. Und siehe da: Plötzlich fliegt tatsächlich ein kleiner roter Schmetterling (siehe Bild 5.14 oben) von der Wiese auf, der sich von dem roten Netz sehr leicht fangen lässt.

„Rot. Stimmt, wir sehen rot", freut sich der Busfahrer.

Danach fliegen sogar fünf weitere rote Schmetterlinge auf (siehe zweites Bild in Bild 5.14), die wieder alle von dem roten Netz eingesammelt werden.

„Jetzt sehen wir ein sehr starkes Rot, die *Intensität* hat deutlich zugenommen", jubelt der Busfahrer.

5.3.5 Die Farbe Gelb

Nun kommen die Schmetterlinge so richtig in Schwung. Als Nächstes fliegen gleich vier Schmetterlinge auf: zwei grüne und zwei rote (siehe Bild 5.14). Jetzt tritt neben dem roten auch das grüne Netz in Aktion und sammelt flink zwei mittelgroße grüne Schmetterlinge ein. Wie Sie aus Bild 5.11 schon wissen, ergibt eine gleiche Anzahl der Farben Grün und Rot die Farbwahrnehmung Gelb.

Zum Beweis hierfür steigen noch einmal vier gelb gefärbte Schmetterlinge auf. Sie sind in der Größe genau zwischen den roten und den grünen und passen sowohl in das grüne als auch in das rote Netz, wenngleich sie etwas zu klein für das grüne Netz und etwas zu groß für das rote Netz sind. So haben beide Freiwillige etwas Mühe, die nicht ganz passenden Schmetterlinge einzufangen. Aber sie schaffen es.

Da sie beide etwa gleich schnell sind, haben sie schließlich je zwei gelbe Schmetterlinge im Netz – dasselbe Ergebnis wie vorhin bei den zwei roten und zwei blauen Schmetterlingen. Damit wird deutlich, dass Gelb zum einen eine reine Farbe, aber auch eine Mischung aus den reinen Farben Rot und Blau sein kann.

5.3.6 Die Farbe Magenta

In der nächsten Demonstration fliegen zwei große blaue Schmetterlinge auf, zusammen mit zwei kleinen roten (siehe Bild 5.14 unten). Sehr schnell landen sie in den zugehörigen blauen und roten Netzen. Blau plus Rot ergibt die Farbe Magenta. Deshalb sollte jetzt zur Bestätigung eigentlich ein Schwarm von magentafarbenen Faltern hochfliegen.

Aber es passiert gar nichts. Wie kann das sein?

Der simple Grund hierfür lautet, dass es kein reines Magenta oder Purpur in der Natur gibt! Im Regenbogen endet die Skala auf der einen Seite bei Blau und auf der anderen Seite bei Rot. Die Farbe

Magenta ist also lediglich eine „Erfindung“ unseres Dreifarbensehsystems. Das Spektrum des Regenbogens wird von unserem Sehzentrum zu einem Farbenkreis wie in Bild 5.15 gebogen. Die Anschlussstelle zwischen Rot (A) und Blau (B) wird stufenlos mit Purpur- und Magentatönen aufgefüllt.

Diese Erkenntnis, dass unser Wahrnehmungsapparat diese ganz neuen, unnatürlichen Farbtöne wie Magenta und Purpur erkennen kann, ist ein weiterer Beweis für die Dreifarbentheorie des Sehens. Mit Hilfe der Schmetterlinge wird das leicht verständlich. Wenn es diese neu „erfundenen“ Farbtöne nicht gäbe, so hätten anstatt der zwei großen und zwei kleinen Schmetterlinge viele mittelgroße auffliegen müssen – und diese hätten ja die Farbe Grün.

5.3.7 Die Farbe Weiß

Inzwischen fliegen alle Schmetterlinge in den verschiedensten Farben gleichzeitig auf und die drei Fänger haben alle Hände voll zu tun, um sie mit ihren Netzen wieder einzufangen. Da jeder gleich schnell war, sind in jedem Netz am Ende etwa gleich viele Schmetterlinge – das ergibt im Sehsystem die Farbe Weiß.

Gerade als alle Schmetterlinge eingefangen sind, fliegen von der Nachbarwiese noch einmal fünf rote Schmetterlinge auf, die jedoch schnell im roten Netz gefangen werden. Damit befinden sich fünf Schmetterlinge mehr im roten Netz als in den anderen, was aber nicht besonders auffällt. Im Gegensatz zur Demonstration der Farbe Rot (siehe oben), wo die fünf einzelnen Schmetterlinge zu einem intensiven Rot führten, ergibt sich jetzt ein schwaches, sehr aufgehelltes Rot. Neben der Intensität einer Farbe ist also auch die *Helligkeit* – das

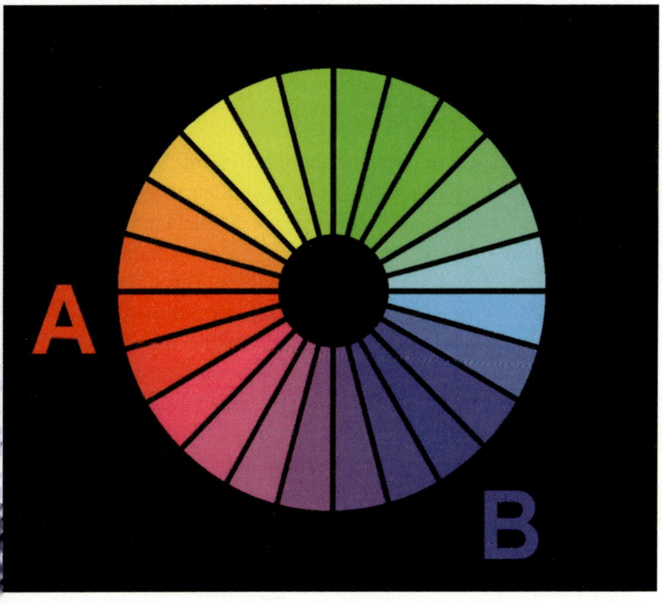

Abb. 5.15: Unser Wahrnehmungsapparat ordnet und ergänzt seine Farben: Die reinen Farben des Regenbogens enden auf der einen Seite bei Rot (A) und auf der anderen Seite bei Blau (B). Die Farblücke stopft unsere Farbwahrnehmung mit neuen, frei erfundenen Farben. Diese „künstlichen“ Farben im Bereich zwischen A und B sind Mischfarben zwischen Rot und Blau.

ist der beigemischte Weißanteil – für den Farbeindruck entscheidend.

5.3.8 Die Komplementärfarbe zu Rot

Die Schmetterlinge sind inzwischen alle entkommen und noch einmal aufgeflogen. Die Träger des blauen und grünen Netzes sind fleißig dabei, ihre Schmetterlinge erneut einzufangen. Dagegen ist der Träger des roten Netzes ziemlich erschöpft, weil es bisher schon so viele rote Schmetterlinge zu fangen gab. Das Ergebnis ist, dass das blaue und das grüne Netz schnell wieder gefüllt sind, das rote dagegen deutlich leerer ist. Damit wird das weiße Licht als Cyangrün wahrgenommen – das ist nämlich die *Komplementärfarbe* zu Rot! Das Wort Komplementärfarbe stammt aus dem Lateinischen („complementum" = Ergänzungsmittel, Ausfüllung) und bedeutet Ergänzungsfarbe. Die Komplementärfarbe ist jene Farbe, die eine andere zu Weiß ergänzt.

Damit ist die Präsentation der Schmetterlinge zur Funktionsweise des Farbensehens beendet und wir setzen unsere fantastische Reise durch die Farbwahrnehmung fort. Nach dieser anstrengenden Demonstration ruhen sich die Schmetterlinge nun etwas aus und bereiten sich auf ihre nächste Vorführung in Peking für eine Reisegruppe auf einer Abenteuerfahrt durch die Chaosforschung vor.

5.4 Eine Rundfahrt durch das Farbensehen

Die letzte Vorführung der Schmetterlinge führt uns zu einem Phänomen, dem wir bisher noch keine Beachtung geschenkt haben: die *Farbenadaption.*

5.4.1 Die Farbenadaption

Beleuchten Sie das rote Farbfeld in Bild 5.16 mit hellem Licht. Betrachten Sie die rote Farbe nun ca. 45 Sekunden lang, indem Sie Ihr rechtes Auge ganz nah an das Buch halten. Schließen Sie gleichzeitig Ihr linkes Auge!

Nach dieser Zeit sind die roten Zapfen Ihres rechten Auges genauso überlastet wie das rote Netz auf der Schmetterlingswiese. Deshalb können Sie mit dem rechten Auge für einige Zeit keine intensiven Rottöne mehr wahrnehmen! Sie können das sehr leicht nachprüfen, indem Sie abwechselnd mit je einem Auge umherblicken und das andere zuhalten. Dabei wird deutlich, dass alle rötlichen oder orangefarbenen Gegenstände mit dem frischen linken Auge viel gesättigter und heller erscheinen! Erst nach einiger Zeit baut sich der rote Sehfarbstoff im rechten Auge wieder auf und die Sehleistungen der beiden Augen sind wieder annähernd gleich.

Abb. 5.16: Überprüfen Sie Ihre Farbanpassungsfähigkeit! Betrachten Sie dazu ca. 45 Sekunden mit dem rechten Auge aus geringer Entfernung die rote Farbe und halten Sie dabei das linke Auge geschlossen! Blicken Sie anschließend abwechselnd mit beiden Augen in Ihre Umgebung. Sofort bemerken Sie den Unterschied: Mit dem linken Auge nehmen Sie nun rote Gegenstände viel intensiver und heller wahr als mit dem rechten. Blicken Sie auf eine weiße Wand, so können Sie darauf die Komplementärfarbe erkennen.

Dass diese Anpassungsfähigkeit der Augen für uns von großem Vorteil ist, wird klar, wenn wir uns andere Beleuchtungssituationen vorstellen. Denken wir uns zum Beispiel einen Raum, der durch das gelb schimmernde Licht einer Lampe erleuchtet ist. Nach einiger Zeit erscheint uns dieses Licht ganz automatisch als Weiß. Die Augen haben sich an die neue Umgebung gewöhnt und die Dinge haben wieder ihre bekannten Farben. Ebenso passen sich die Augen an die Färbung einer gelblichen Skibrille oder einer Sonnenbrille an. Sehr bald können wir dann keine Farbunterschiede mehr zum normalen Sehen erkennen. Würde man durch diese Sonnenbrille hindurch eine Farbaufnahme machen, so wäre dagegen ein deutlicher Farbstich erkennbar.

Dieses Phänomen der Farbenanpassung unserer Wahrnehmung nennt man *Farbkonstanz*. Zwar werden objektiv ganz verschiedene Sehreize im Vergleich zu normalem Sonnenlicht von den Zapfen wahrgenommen. Durch die Eigenschaft der Farbkonstanz schafft es aber unser Sehzentrum, sich perfekt an neue Beleuchtungssituationen anzupassen.

Die Farbkonstanz hat natürlich auch ihre Grenzen. Ist die Beleuchtungsquelle in ihrer Farbzusammensetzung beispielsweise zu weit vom Sonnenspektrum entfernt, so treten zwangsweise Fehleinschätzungen auf – auch nach sehr langer Anpassungszeit. Vielleicht haben Sie sich schon einmal über die seltsam veränderten

Farben Ihrer Kleidung unter dem orangefarbenen Licht einer Straßenlampe gewundert. Die Ursache dafür ist, dass hier die Blautöne ganz fehlen. Dadurch werden die blauen Zapfen „arbeitslos" und die Erzeugung der Farbempfindung obliegt nur noch den grünen und roten Zapfen.

5.4.2 Farbsehstörungen

Ähnliche Gegebenheiten liegen bei Personen mit *Farbsehstörungen* vor. Im Normalfall ist dabei eine Zapfensorte entweder ganz oder teilweise funktionsuntüchtig.

Farbsehstörungen sind hauptsächlich genetisch bedingt und treten im Normalfall an beiden Augen gemeinsam auf. Bei Untersuchungen stellte sich heraus, dass sieben bis acht Prozent der Männer das Farbensehen völlig oder teilweise fehlt. Dagegen liegt der Anteil der Farbenfehlsichtigkeit bei Frauen nur bei ca. 0,3 Prozent. Der Grund dafür ist, dass die Anlage des Hauptgrunds zur Farbenfehlsichtigkeit auf dem X-Geschlechtschromosom liegt und sich rezessiv vererbt.

Frauen besitzen bekanntlich zwei X-Chromosomen. Deshalb ist eine Frau nur farbenfehlsichtig, wenn auf beiden X-Chromosomen die Anlage zur Fehlsichtigkeit vorliegt – was recht selten vorkommt. Sobald ein X-Chromosom ohne Anlage zur Fehlsichtigkeit beteiligt ist, dominiert es das andere. Eine Frau, die auf einem X-Chromosom die Anlage zur Fehlsichtigkeit hat, ist dann zwar normalsichtig, kann aber die Fehlsichtigkeit an ihre Kinder oder Enkelkinder weitervererben.

Männer haben dagegen nur ein X-Chromosom, das sie von ihren Müttern vererbt bekommen. Das ausgleichende zweite X-Chromosom fehlt ihnen! Deshalb kommt die von der Mutter eventuell vererbte Anlage zur Farbenfehlsichtigkeit voll durch.

Der größte Anteil der Fehlsichtigkeiten bringt einen Defekt der Funktionsweise der grünen Zapfen mit sich (die Rot-Grün-Blindheit, betroffen davon sind ca. sechs Prozent aller Männer), gefolgt von den roten Zapfen (ca. 1,8 Prozent aller Männer). Dagegen ist ein Defekt der blauen Zapfen, die auf einem anderen Gen liegen, sehr unwahrscheinlich (0,005 Prozent aller Männer).

Es gibt verschieden starke Defekte der Funktionsweisen eines Zapfens. Im harmlosesten Fall ist lediglich das Empfindlichkeitsmaximum eines Zapfens gegenüber dem Normalwert verschoben. Man sieht aber immer noch mit allen drei Zapfensorten.

Die nächstschlimmere Farbenfehlsichtigkeit ist der Totalausfall einer Zapfensorte – es verbleiben dann nur noch zwei Zapfensorten zum Farbensehen. Personen mit einer solchen Sehschwäche – den so genannten *Dichromaten* – ist es unmöglich, alle Farben einem eindeutigen Sinneseindruck zuzuordnen. Deshalb sehen sie zwischen manchen Farben keinen Unterschied – je nachdem, welche Zapfensorte nicht funktionstüchtig ist. Diese Fehlleistung lässt sich sehr gut mit Farbtafeln, den so genannten *pseudoisochromatischen*

Tafeln, feststellen. Darin sind Buchstaben oder Zahlen mit verschiedenen farbigen Flecken dargestellt, die alle die gleiche Helligkeit besitzen.

Überprüfen Sie Ihr Farbensehen am Bild 5.17. Sollten Sie eine „26“ erkennen, so sind Sie ganz normal farbsehtüchtig. Sollten Sie aber nur eine Zahl erkennen, so sind Sie ein Dichromat: Sehen Sie nur eine „6“, so fehlt Ihre rote Zapfenfunktion, bei einer „2“ die grüne.

Viele Menschen wissen gar nicht, dass sie eine Farbsehstörung haben, und sind entsprechend überrascht, wenn sie davon erfahren. Der Grund dafür ist, dass sie seit ihrer Geburt gelernt haben, mit diesem Mangel umzugehen und er ihnen nie bewusst aufgefallen ist. Beispielsweise passen sich farbfehlsichtige Menschen unbewusst der Benennung der Farben durch die normalsichtige Mehrheit an, obwohl diese Farben in Wirklichkeit einen vollkommen anderen Sinneseindruck in ihnen hervorrufen. Zwar gibt es in ihrem Sehen einige „mehrdeutige“ Farben, die sie aber trotzdem durch die Alltagserfahrung eindeutigen Eindrücken zuordnen können. Erst das Betrachten solcher Farbtafeln wie in Bild 5.17, die keinerlei weitere Anhaltspunkte zum Auffinden der Zahlen außer der Farbe besitzen, erlaubt dem Wahrnehmungsapparat kein Schummeln.

Ein verschwindend kleiner Anteil von Menschen (ca. 0,01 Prozent) ist vollständig farbenblind. In diesem Fall sind zwei oder sogar drei Zapfensorten funktionsuntüchtig.

Das Sehen mit nur zwei verschiedenen Zapfensorten bringt also nur einen sehr geringen Nachteil für die betroffenen Menschen mit sich, den sie im Normalfall nicht einmal bemerken. Problematisch ist

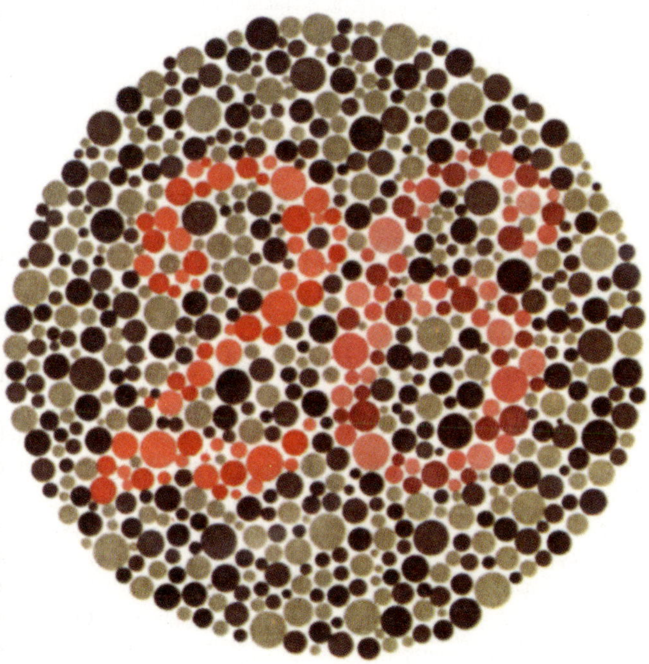

Abb. 5.17: Welche Zahl sehen Sie? Beispiel eines Farbtests mit den pseudoisochromatischen Tafeln nach Ishihara. *Testauflösung*: 26 (normal farbentüchtig), 2 (Ausfall des grünen Zapfensehens), 6 (Ausfall des roten Zapfensehens).

lediglich, dass es bei manchen in Wirklichkeit verschiedenen Farben zu einem identischen Sinneseindruck kommen kann.

Betrachten wir dazu den am weitesten verbreiteten Ausfall der grünen Zapfen: Was wird in einem solchen Fall beim Einfall von violettem Licht auf die Netzhaut wahrgenommen? Sowohl die roten als auch die blauen Rezeptoren schlagen an. Da es sich dabei bereits um alle funktionstüchtigen Sehzellen handelt, ist eine Unterscheidung von einfallendem weißen Licht nicht mehr möglich: Weiß und Violett erzeugen in diesem Fall also denselben Sinneseindruck!

Eine derartige Mehrdeutigkeit ist aber nicht weiter schlimm, denn unser Wahrnehmungsapparat ist mit Reserveerkennungssystemen geradezu gesegnet: Die Gesetze des Sehens sowie das Wissen um Formen und Gestalt heben diese Mehrdeutigkeit mit Leichtigkeit wieder auf. Deshalb ist es kein Wunder, dass solche Sehschwächen den Betroffenen oft nicht bewusst sind. Woher sollen sie auch wissen, dass die violette Blume anders aussieht als die dahinterstehende weiße Wand, wenn sie es doch seit ihrer Geburt gewohnt sind, die Dinge auf diese Art zu sehen?

Auch in der Tierwelt ist die Farbwahrnehmungsfähigkeit nicht immer vollständig ausgeprägt, wie ein Blick auf die nachfolgende Tabelle zeigt. Bei den Wirbeltieren ist der Farbsinn wahrscheinlich nur bei einzelnen Gruppen vorhanden.

Wie unterschiedlich das Farbempfinden von Tieren auch bei sehr gut entwickeltem Farbensehen sein kann, zeigt das Beispiel der Honigbiene.

Tabelle 5.2: Das unterschiedliche Farbensehen der Tiere.

Mäuse, Hunde, Ratten, Kaninchen, Nachtaffen, nachtaktive Tiere, Reptilien, Amphibien	nur schwache oder gar keine Farbwahrnehmung
Katzen	wahrscheinlich Dichromaten
Eichhörnchen, Primaten, Fische, Menschenaffen, Vögel, Bienen, Fliegen	hoch entwickeltes Farbensehen

5.4.3 Die fantastische Farbenwelt der Honigbiene

Bienen besitzen wie die Menschen drei verschiedene Zapfensorten. Allerdings sind ihre höchsten Empfindlichkeiten in ganz anderen Bereichen angesiedelt: in den Farben Ultraviolett, Blau und Grün. Bienen haben also keine Wahrnehmungsmöglichkeit für rotes Licht, dafür aber eine im ultravioletten Bereich.

Die meisten Gegenstände unserer Umgebung sind sowohl im Ultravioletten als auch im roten Bereich aktiv. Entsprechend ihrer biologischen oder chemischen Zusammensetzung absorbieren bzw. reflektieren sie Anteile des Sonnenlichts auf ihre charakteristische Weise. Deshalb können sie für Bienenaugen vollkommen anders aussehen als für Menschenaugen.

Sehr wichtig ist für Bienen das Chlorophyll-"Grün" der Blätter. Das Chlorophyll absorbiert Licht aus dem roten Bereich, alles andere wird reflektiert. Deshalb nimmt der Mensch die Komplementärfarbe Grün wahr. Was sieht aber das Bienenauge? Da das Chlorophyll auch das UV-Licht reflektiert, werden alle für das Bienenauge sichtbaren Wellenlängenbereiche reflektiert. Deshalb erscheint den Bienen das Grün der Blätter mehr oder weniger als Weiß. Die Empfindlichkeiten der Bienenzäpfchen ist also ideal auf ihre natürliche Umgebung abgestimmt. Vor dem natürlichen Hintergrund der „weißen" Wiese kann das Bienenauge davon abweichende Dinge am deutlichsten erkennen!

Besonders wichtig sowohl für die Bienen als auch für die Fortpflanzung der Pflanzen ist die Färbung der Blüten. Um von dem für die Bienen weißen Hintergrund der Wiese unterscheidbar zu sein, haben sie sich in der Koevolution auf das Bienenauge eingestellt – und absorbieren in mindestens einem für die Biene sichtbaren Wellenlängenbereich. Ein Nebeneffekt dieser Bienenlockfärbung sind die auch für das menschliche Auge herrlichen Färbungen. Beispielsweise erscheint den Bienen eine Farbe, die wir Menschen als Rot sehen, als Ultraviolett oder Schwarz; eine für uns blaue Farbe erscheint den Bienen als eine Mischung aus Blau und Ultraviolett.

Bienen gelingt aber nicht nur das Auffinden der verschiedensten Blüten und Pflanzen auf der Wiese quasi im Schlaf. Auch andere Gegenstände können sie wegen ihrer perfekten Farbsehabstimmung auf den Wiesenhintergrund sehr leicht erkennen.

Während es für uns Menschen zum Beispiel schwer bis unmöglich ist, ein verlorenes grünes Schlüsselmäppchen in einer grünen Wiese zu entdecken, gelingt das einer Biene mit Hilfe ihres UV-Sehens sehr leicht. Da das Mäppchen normalerweise kein ultraviolettes Licht reflektiert, hebt es sich für die Biene deutlich gegen das Weiß der Wiese ab.

Bienen sind uns Menschen übrigens um eine Dimension voraus, was die Farbenwelt angeht: Sie sind in der Lage, die Polarisation des Lichts wahrzunehmen. Diese Fähigkeit ist für ihre Orientierung von unschätzbarem Vorteil. Das Tageslicht ist nämlich in Abhängigkeit vom Sonnenstand unterschiedlich polarisiert. Deshalb sind Bienen unabhängig vom Wetter in der Lage, den Stand der Sonne genau festzustellen und sich daran zu orientieren.

Dieser zusätzliche Sinneseindruck ist uns Menschen leider nicht möglich. Könnten wir die Polarisation des Lichts sehen, wäre dies vergleichbar mit dem Wechsel vom Schwarzweiß- zum Farbensehen.

Dieses Beispiel aus der Tierwelt macht deutlich, dass Farben stets relativ sind. Es gibt kein festes Bezugssystem, und jedes Lebewesen hat seine zumindest in Nuancen unterschiedliche individuelle Farbwahrnehmung.

5.4.4 Das negative Nachbild

Betrachten Sie Bild 5.18 etwa eine Minute lang mit starrem Blick. Fixieren Sie dabei das Kreuz in der Bildmitte. Sie werden sicherlich feststellen, dass das gar nicht so leicht ist. Anstatt das Kreuz zu fixieren, hat man das Gefühl, dass die Augen ständig auf dem Bild hin- und herwandern. Dabei handelt es sich um einen besonderen Schutzmechanismus für unsere Netzhaut: Die auftretenden unwillkürlichen ruckartigen Augenbewegungen haben das Ziel, unsere Netzhaut vor den Gefahren genau dieses Effekts zu schützen, den wir in Bild 5.18 sehen wollen. Die so genannten *sakkadischen Augenbewegungen* verhindern nämlich, dass eine Sehzelle durch den immer gleichen Farbreiz überlastet wird. Dieser ständige Wechsel des Sehfeldes ist vergleichbar mit den beliebten Bildschirmschonern für Computer, die ebenfalls eine Überlastung oder ein Einbrennen der Bildschirmpunkte durch den immer gleichen Lichtstrahl verhindern sollen.

Genau dieser Schutzmechanismus der sakkadischen Augenbewegungen macht uns also das längere Fixieren des Kreuzes schwer. Trotzdem werden die farbigen Flächen schon bald deutlich blasser. Nur an den Übergängen zwischen den Flächen bleiben sie intensiv leuchtend. An diesen Kanten wird das Bild sogar geradezu lebendig. Die sakkadischen Augenbewegungen spielen hier eine ganz bedeutende Rolle: Sie sorgen dafür, dass der Sehzellenbereich, der die Kanten wahrnimmt, mit beiden Farben versorgt wird. Deshalb werden diese Sehzellen nicht gesättigt, vielmehr ergibt sich nun ein kontrastreiches ständiges Aufflackern der Kanten in den beteiligten Farbtönen.

Nach einer Minute Beobachtungszeit blicken Sie gegen eine weiße Wand. Sofort können Sie das *negative Nachbild* beobachten. Deutlich erkennen Sie das Bild in den bekannten Komplementärfarben: Weiß statt Schwarz, Blau statt Gelb, Magentarot statt Grün und so weiter.

Abb. 5.18: Negatives Nachbild: Fixieren Sie das Kreuz in der Mitte etwa eine Minute lang! Blicken Sie dann auf eine weiße Wand. Sie sehen nun das Bild in den Ihnen sicher geläufigeren Komplementärfarben.

Genauso wie der Träger des roten Netzes auf der Schmetterlingswiese sind die Zapfen wegen der zuvor eingebrannten Farbe ermüdet. Deshalb sind sie bei dem jetzt einfallenden weißen Licht nicht in der Lage, die gleiche Leistung wie die anderen, unverbrauchten Zapfen zu bringen. Somit entsteht der Eindruck von weißem Licht abzüglich der eingebrannten Farbe – und das ist die Komplementärfarbe!

Dass dieses negative Nachbild kein reales Bild ist, können Sie schon daran erkennen, dass das Bild mit Ihrem Blick mitwandert, wenn Sie einen anderen Wandausschnitt betrachten!

Mit diesem Nachbild können Sie übrigens eine sehr wichtige Eigenschaft unseres Wahrnehmungsapparats beobachten, die sowohl bei den geometrisch-optischen Täuschungen (vgl. die zweite Reise) als auch bei der Größen- und Tiefenwahrnehmung (vgl. die sechste Reise) eine Rolle spielt: die *Größenkonstanz.* Das Nachbild erscheint nämlich verschieden groß, je nachdem, wie weit die weiße Wand entfernt ist. Zwar ist das Nachbild in unserem Sehfeld immer gleich groß, aber durch den Vergleich mit den Umweltgegebenheiten wird diese Größe von unserem Wahrnehmungsapparat ganz verschieden bewertet. Betrachten wir eine nahe Wand, so erscheint das Nachbild sehr klein. Umgekehrt erscheint das Bild groß bei einer weit entfernten Wand.

Derartige Nachbilder vermitteln einen ganz besonderen Reiz – geben sie uns doch die direkte Möglichkeit, die Wirkungsweise unseres Sehsystems zu beobachten. Dieser faszinierenden Mischung aus Wissenschaft und Freude erlag übrigens seinerzeit schon Johann Wolfgang von Goethe (1810):

„Als ich gegen Abend in ein Wirtshaus eintrat und ein wohlgewachsenes Mädchen mit einem blendend weißen Gesicht, schwarzen Haaren und einem scharlachroten Mieder zu mir ins Zimmer trat, blickte ich sie, die in einiger Entfernung vor mir stand, in der Halbdämmerung scharf an. Indem sie sich nun darauf hinwegbewegte, sah ich auf der mir entgegenstehenden weißen Wand ein schwarzes Gesicht, mit einem hellen Schein umgeben, und die übrige Bekleidung der völlig deutlichen Figur erschien von einem deutlichen Meergrün.“

Dieses Zitat lässt den Schluss zu, dass Goethe bei seinen Beobachtungen eine gesunde Mischung aus Forschung und Vergnügen gefunden hat. Kein Wunder, dass er ein ganzes Buch über die Farbenlehre schrieb!

Eine ähnlich bunte Mischung aus Wissenschaft und Freude erzeugen die folgenden Bilder 5.19 und Bild 5.20.

5.4.5 Rotierende Scheiben

Der ganze Trick an den Bildern 5.19 und 5.20 ist, dass Sie die dargestellten Scheiben in Drehung versetzen müssen. Wollen Sie das Buch nicht als Frisbeescheibe verwenden, kopieren Sie am besten die Seite, kleben sie auf eine feste Unterlage (zum Beispiel einen Pappkarton), schneiden die Kreise aus, durchstechen die Mitte mit einem

Zahnstocher – und schon haben Sie einen Experimentierkreisel. Oder Sie legen die Kreise auf einen rotierenden Plattenspieler!

Die so genannte *Bidwell-Scheibe* in Bild 5.19 mit der seitlichen Aussparung nimmt eine gewisse Sonderstellung ein. Schneiden Sie die Aussparung ebenfalls aus und versetzen Sie die Bidwell-Scheibe im Uhrzeigersinn in schnelle Drehung (einige Umdrehungen pro Sekunde!). Wenn die Geschwindigkeit stimmt, sehen Sie die Komplementärfarbe des Gegenstands, über dem die Scheibe kreist.

Dieser Effekt lässt sich mit Hilfe unserer gewonnenen Kenntnisse über die negativen Nachbilder erklären. Durch die Aussparung sehen Sie die Farbe eines Gegenstands, beispielsweise eine rote Tischdecke. Die Folge dann: Die roten Zapfen sättigen sich etwas.

Bei Drehung im Uhrzeigersinn wird das Loch anschließend durch die weiße Scheibenfläche verdeckt, was ein cyanfarbiges Nachbild erzeugt. Stimmt die Drehgeschwindigkeit, so leuchtet das Nachbild länger nach als der rote Ausgangsreiz und die Scheibe erscheint cyanfarben.

Bei umgekehrter Drehung, also im Gegenuhrzeigersinn, ergibt sich keine Möglichkeit zur Ausbildung von Nachbildern, da zunächst die schwarze Fläche den betrachteten Gegenstand verdeckt. Bis die weiße Fläche am selben Ort ist, ist eine halbe Umdrehung vergangen und der rote Sehfarbstoff hat sich wieder aufgefrischt. Deshalb erscheint die Bidwell-Scheibe bei Drehung im Gegenuhrzeigersinn rot!

War bei den letzten Versuchen stets eine wissenschaftliche Erklärung der beobachteten Phänomene möglich, so stoßen wir bei den nächsten Versuchen an die Grenzen der Erklärbarkeit. Bei den Scheiben von Bild 5.20 handelt es sich um die so genannten *Benham-Scheiben*; diese waren im 19. Jahrhundert ein beliebtes Spielzeug. Während die Bidwell-Scheibe eine Farbe von außen benötigt und diese entsprechend umformt, entstehen die Farben bei der Benham-Scheibe ganz wie von selbst – nur aus der Schwarzweiß-Vorlage.

Versetzen Sie nacheinander die in Bild 5.20 abgebildeten Scheiben in Drehung und beobachten Sie das entstehende Farbenspiel!

Diese Farberscheinungen resultieren ausschließlich aus dem zeitlichen Wechsel von Schwarz und Weiß, was also wiederum auf einen Nachbildeffekt schließen lässt. Im Benham-Effekt steckt aber noch mehr als das bisher gewohnte feste Nachbild. Der Schlüssel zum Verständnis der geheimnisvollen Scheibenfarben ist vermutlich die unterschiedliche Reizweiterleitungszeit der verschiedenen Farbemp-

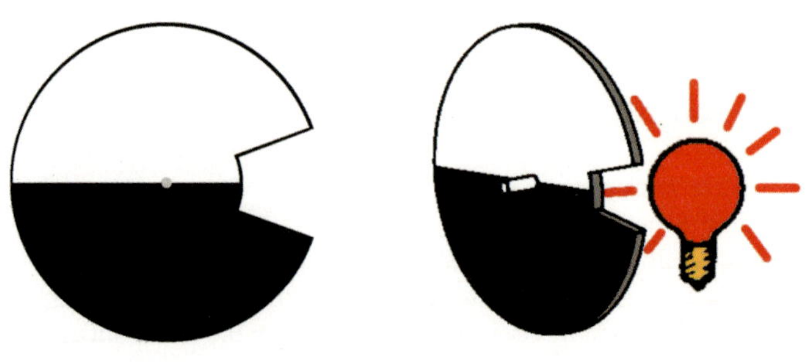

Abb. 5.19: Die Bidwell-Scheibe: Versetzen Sie diese Scheibe in Drehung und betrachten Sie dahinterliegende Gegenstände durch die ausgeschnittene Aussparung. Am besten gelingt der Trick, wenn die Gegenstände heller beleuchtet sind als die Scheibe selbst oder aber selbst leuchten, wie zum Beispiel farbige Glühbirnen. Drehen Sie die Scheibe im Uhrzeigersinn in der richtigen Geschwindigkeit, so erscheint die Scheibe in der Komplementärfarbe des Gegenstandes.

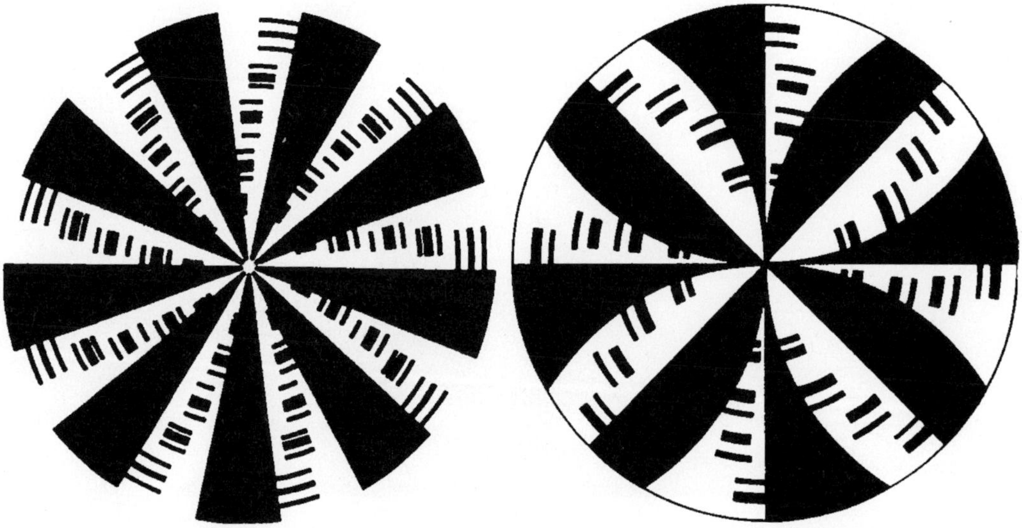

Abb. 5.20: Benham-Scheiben: Versetzen Sie diese Scheiben in Drehung, so entstehen aus den Schwarzweiß-Mustern wie von selbst farbige Sektoren oder farbige konzentrische Ringe. Die Farben hängen dabei von der Drehrichtung und der Drehgeschwindigkeit der Scheibe ab. Für die Entwicklung der Farben sind die Drehgeschwindigkeiten eines Plattenspielers normalerweise ausreichend.

findungen in unserem Wahrnehmungsapparat. Das je nach Netzhautlage unterschiedlich aufblitzende weiße Licht regt alle Zapfen zunächst gleichermaßen an. Die Reaktionszeit und die Reizweiterleitungszeit der verschiedenen Zapfen sind aber unterschiedlich. Das ursprünglich weiße Licht wird je nach Blinkreiz in seine Bestandteile zerlegt. Auffällig bei den unterschiedlichen Scheiben ist übrigens, dass immer wieder die Farbe Rosa auftaucht.

Dass die Dauer der Reizweiterleitung bei verschiedenen Farben in der Tat unterschiedlich ist, können wir anhand des folgenden Phänomens der flackernden Herzen sehr eindrucksvoll überprüfen.

5.4.6 Das Phänomen der flatternden Herzen

Betrachten Sie das bunte Doppelhaus in Bild 5.21. Was mit diesem Haus bei einem Erdbeben passiert, können Sie mit einem einfachen Versuch nachvollziehen: Verdunkeln Sie dazu Ihr Zimmer und bewegen Sie das Doppelhaus in „Erdbebenwellen" von links nach rechts vor Ihrem Sichtfeld hin und her! Wenn Sie alles richtig machen, scheinen die beiden Fenster im rechten Haus gleich herunterzufallen und der Rauch aus dem Kamin beginnt zu wackeln. Dagegen sind das linke Doppelhaus und das Dach ganz fest. Nur wenn Sie genau hinsehen, können Sie zumindest den linken Türgriff ebenfalls wackeln sehen.

Die Entdeckung dieser fantastischen scheinbaren Beweglichkeit verschiedener farbiger Flächen wird dem britischen Physiker und Erfinder Charles Wheatstone zugeschrieben. Er beobachtete 1844 die scheinbare Bewegung eines rotgrün gemusterten Wandteppichs, der von einem flackernden Gaslicht beleuchtet wurde. Helmholtz nannte diesen Effekt die „flatternden Herzen". Zur Erklärung dieses Phänomens berufen wir uns wieder auf die unterschiedlichen An-

Abb. 5.21: Ein ganz normales Doppelhaus – aber nur solange kein Erdbeben aufkommt! Bewegen Sie das Bild in dämmerigem Licht schnell vor sich hin und her, beginnen sich Teile des Hauses zu bewegen. Bei dunklerem Licht wackeln nun die rechten Fenster, der Rauch aus dem Kamin und der linke Türgriff!

passungszeiten und Verarbeitungszeiten der verschiedenen Farbreize.

Unsere Farbwahrnehmung ist bei guten Lichtverhältnissen spielend leicht in der Lage, bei allen Schüttelgeschwindigkeiten des Bildes auf dem Laufenden zu bleiben. Dies ändert sich aber drastisch, wenn wir die gleiche Szene bei dunklerem Licht anschauen. Der Grund hierfür liegt in der nun deutlich langsameren Reizweiterleitungszeit aller beteiligten Zapfen. Die Farbreizleitungen können zeitlich mit der Schüttelbewegung nicht mehr mithalten. Die Folge: Es treten Unterschiede in der Bearbeitungsgeschwindigkeit der einzelnen Farbkanäle hervor. Plötzlich beginnen manche Farben gegeneinander zu schwingen! Sehr deutlich ist dies bei der Kombination Rot/Grün und beim Rauch in der Kombination Magenta/Cyan zu beobachten. Dagegen schwingt die andere Doppelhaushälfte mit der Kombination Blau/Gelb überhaupt nicht!

Es ist bekannt, dass Blau im menschlichen Wahrnehmungsapparat deutlich langsamer verarbeitet wird als beispielsweise Grün und Rot. Es sieht ganz danach aus (Ditzinger et al., 2000), dass nur solche Farben „gegeneinander" schwingen, die eine vergleichbar lange Verarbeitungszeit haben. In Wirklichkeit handelt es sich ja nicht um ein „Gegeneinander-Schwingen", sondern um ein „In-die-gleiche-Richtung-Schwingen". Die Grundfläche, wie beim Haus, wird wegen ihrer Größe von unseren Augen als ruhig stehend angenommen. Dies ist auch die Erklärung für das zu Beginn der Reise in der Abstellkammer betrachtete Schüttelbild des bunten Hundes mit dem violetten Schwanz.

Dass es beim scheinbaren Schwingungsvermögen auf die Kombination der beiden Farben ankommt, zeigt die folgende Abbildung. Schütteln Sie in einem abgedunkelten Raum das Bild 5.22 etwas hin und her, so bewegen sich die schon bekannten Kombinationen Cyan/Magenta und Rot/Grün am besten. Gelb und Blau sind dagegen sehr stabil.

Abb. 5.22: Schütteltest: Welches Quadrat ist fest und welches ist locker?

5.4.7 Blau ist eine ganz besondere Farbe

Das Erkennen der Farbe Blau unterscheidet sich in einigen Punkten ganz wesentlich von der roten und grünen Farbwahrnehmung – der Grund hierfür liegt in der Evolution des Menschen. Bei Genanalysen wurde erst kürzlich festgestellt (Nathans et al., 1986), dass die „Erfindung“ des Blausehens um einiges älter sein muss als das Sehen der anderen Farben.

Die Gene für das Rot- und Grünsehen ähneln sich sehr, unterscheiden sich aber stark von denjenigen Genen, die für das Blausehen zuständig sind. Daraus kann auf eine gemeinsame Abstammung der grünen und roten Zapfen geschlossen werden.

Diese unterschiedliche Entstehungsgeschichte der Zapfen spiegelt sich in einer ganzen Reihe von Phänomenen wieder. Betrachten wir zunächst die Häufigkeit und Verteilung der unterschiedlichen Zapfensorten auf der Netzhaut. Die blauen Zapfen sind zahlenmäßig sehr schwach verbreitet. In der Fovea, dem Bereich des schärfsten Zapfensehens, liegt der Anteil der blauen Zapfen lediglich bei drei bis vier Prozent; im Bereich außerhalb der Fovea liegt er dagegen deutlich höher.

Diese unterschiedliche Verteilung der Zapfen innerhalb und außerhalb der Fovea ist die Begründung für ein weiteres Farbphänomen: Die Farbe eines Gegenstands verändert sich, je nachdem, aus welchem Blickwinkel man ihn anschaut. Ein kleiner Farbpunkt ●, der – aus dem Augenwinkel heraus angeschaut – blaugrün erscheint, wirkt deutlich grün, wenn man ihn eindeutig fixiert. Also: Er verliert seinen Blauton, wenn sein Licht in die wenig „blau gerüstete“ Fovea fällt.

Übrigens sind auch die anderen Sehzellen verschieden weit über die Netzhaut ausgebreitet, wie in Bild 5.23 gut zu sehen ist. Die Stäbchen sind am weitesten verbreitet in den Außenbereichen, dagegen sind sie jedoch in der Fovea selbst so gut wie gar nicht vertreten.

Die blauen Zapfen ähneln, was ihre Verbreitung angeht, sehr den Stäbchen. Ihre Grenzlinie (die Linie, auf der die Farbe Blau gerade noch identifiziert wird) liegt nur etwas enger als die der Stäbchen. Nun zieht sich der Kreis hin zum Zentrum des Sehfeldes immer enger: Die roten Zapfen liegen dabei noch etwas weiter vom Zentrum entfernt als die ausschließlich im Zentrum angesiedelten grünen Zapfen.

Diese unterschiedliche räumliche Zapfenverteilung auf der Netzhaut wird deutlich, wenn man zum Beispiel eine kleine grüne oder rote Fläche langsam von der Seite ins Sichtfeld schiebt. Dabei werden Sie zunächst nur die Bewegung einer farblosen Fläche wahrnehmen. Erst wenn die Fläche weit genug im Zentrum des Sehfelds liegt, erscheint sie farbig!

Ein weiteres verblüffendes Kunststück vollbringt unsere Netzhaut übrigens beim Sehen der Farbe Gelb: Die Wahrnehmung von Gelb ist noch weit außerhalb der Grenzlinien für das Rot- und Grünsehen möglich und übertrifft an manchen Stellen sogar noch die Grenzlinie

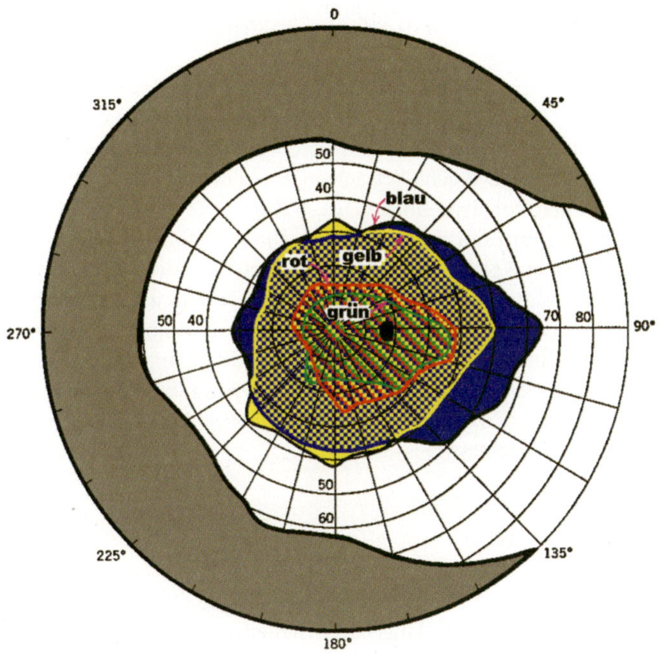

Abb. 5.23: Das Gesichtsfeld des rechten Auges mit den Linien für die Grenzen der Erkennung einer Farbe.

für das Blausehen – und das, obwohl Gelb nur dann wahrgenommen wird, wenn gleichzeitig eine benachbarte rote und eine grüne Sehzelle ansprechen!

Die Erklärung für das bevorzugte Erkennen von Gelb: In den Außenbereichen der Netzhaut arbeiten die Sehzellen in Zusammenschaltungen, das heißt, sie haben sich zu Notverbänden oder „Nachbarschaftshilfen" zusammengeschlossen und arbeiten nur noch gemeinsam. Die Wahrscheinlichkeit eines „gelben" Nachbarschaftsverbunds – bestehend aus der Kombination einer roten und einer grünen Sehzelle – ist dabei viel höher als die Wahrscheinlichkeit der Nachbarschaft von zwei gleichartigen Zapfentypen, die für das Erkennen von Grün oder Rot erforderlich sind.

Neben der unterschiedlichen Verteilung auf der Netzhaut weist das Blausehen einen weiteren deutlichen Merkmalsunterschied zu den anderen Farben auf: So tritt zum Beispiel eine Fehlsichtigkeit, wie wir sie bei der Rot-Grün-Blindheit kennen gelernt haben, bei der Farbe Blau so gut wie gar nicht auf.

Zum Glück schreitet die Natur in ihren Entwicklungsphasen langsamer und schonender voran als die Computerindustrie, sodass selbst ein sehr altes Modell wie die blauen Zapfen nach so langer Zeit durchaus noch Verwendung findet. Dabei nimmt die Natur sogar einen Nachteile in Kauf: Blaue Zapfen sind nämlich in Reizaufnahme und Reizverarbeitung langsamer als ihre roten und grünen Gegenstücke.

Die Langsamkeit der blauen Signalverarbeitung wird deutlich beim Betrachten eines blauen Blinklichts. Schon bei niederen Blinkfrequenzen ist uns ein Auflösen der einzelnen Blinkphasen nicht mehr möglich, während dasselbe bei grünem oder rotem Blinklicht noch leicht gelingt.

Ebenso kann die langsame Verarbeitung von blauer Farbe mit Hilfe eines Pendels nachgewiesen werden: Befestigen Sie dazu einen Radiergummi an einem Seil und lassen ihn vor sich in einer Ebene hin- und herschwingen! Betrachten Sie dieses Pendel mit einem blauen Filter vor dem einen Auge, während Sie mit dem anderen Auge weiter ganz normal nach vorne schauen. Plötzlich nehmen Sie anstatt der Links-rechts-Bewegung eine ellipsenförmige räumliche Bewegung wahr! Die Bewegung des Pendels scheint jetzt also aus der Links-rechts-Ebene heraus auch nach vorne und hinten zu gehen! Ursache dafür ist die zeitliche Verzögerung des „blauen Auges" beim Eingang der Sehreize im Wahrnehmungsapparat. Eine genauere Begründung dieses farbigen *Pulfrich-Phänomens* können Sie in der siebten Reise nachlesen.

5.5 Am Meer

Nach dem überstandenen Erdbeben geht die Busreise weiter in Richtung Meer. Nach Hügellandschaften, Wiesen und Schmetterlingen erscheinen Dünenlandschaften, Deiche und Möwen unter einem wunderbaren blauen Himmel im Fenster.

Blau? Warum ist eigentlich der Himmel blau? Und warum färbt sich die Sonne beim gerade beginnenden Sonnenuntergang ausgerechnet rot und nicht beispielsweise grün oder gelb?

5.5.1 Warum ist der Himmel blau?

„Ich glaube, es ist gar nicht so wichtig, dass man immer alles weiß", meint der Busfahrer gelassen, als ihn einige Reisende darauf ansprechen. „Es kommt vielmehr darauf an, dass man es genießen kann. Vermutlich handelt es sich hierbei um einen physikalischen Effekt, aber genau erklären kann ich ihn auch nicht. Genauso wenig, wie ich erklären kann, warum ich immer noch diesen schlecht bezahlten Job mache."

Da Sie sich als Leser dieses Buches mit dieser lapidaren Antwort wahrscheinlich nicht zufrieden geben wollen, versuchen wir eine etwas ausführlichere Erklärung. Hierzu betrachten wir zunächst den Weg des weißen Sonnenlichts, das aus allen verschiedenen Wellenlängen des Spektrums besteht, beim Eintritt in die Erdatmosphäre etwas genauer. Die Atmosphäre besteht aus verschiedenen Gasen, wie zum Beispiel Sauerstoff oder Stickstoff; diese Gase bestehen wiederum aus einer Vielzahl sehr kleiner Teilchen, den *Molekülen*. Auf eines dieser Moleküle wird unser Lichtstrahl früher oder später treffen. Was geschieht nun bei diesem Zusammenstoß?

Der englische Physiker Lord Rayleigh berechnete bereits 1899 diesen Stoßprozess mathematisch genau. Er fand heraus, dass die Moleküle der Luft das Licht *streuen*. Dabei handelt es sich um die inzwischen nach ihm benannte *Rayleigh-Streuung*. Sobald ein Sonnenstrahl in die Nähe eines Luftmoleküls kommt, regt er dieses zu Schwingungen an. Wie eine Radioantenne sendet das schwingende Molekül einen neuen Lichtstrahl derselben Wellenlänge in eine bestimmte Richtung aus. Danach ist alles wieder wie zuvor, nur dass eben das Licht in eine Richtung gestreut worden ist. Lord Rayleigh konnte zeigen, dass es einen Zusammenhang zwischen der Wellenlänge des Lichts und der Intensität der Streuung gibt: Je kleiner die Wellenlänge, umso stärker ist die Streuung. Blaues Licht wird somit also viel stärker gestreut als das rote Licht! Aus dieser wichtigen Erkenntnis können wir alle relevanten Schlüsse bezüglich der Färbung des Himmels und der Sonne ziehen:

Das gesamte indirekte Sonnenlicht, das unsere Augen erreicht, ist Streulicht. Und da, wie wir bereits wissen, im sichtbaren Spektrum Blau am besten gestreut wird, erscheint uns der Himmel blau! Es handelt sich dabei nicht um ein reines Blau, da auch noch andere Farbkomponenten im Streulicht vorhanden sind – allerdings in geringerem Ausmaß.

Und was ist mit der Sonne selbst? Auf dem Weg durch die Atmosphäre geht dem Sonnenstrahl durch die Rayleigh-Streuung mehr und mehr kurzwellige Strahlung verloren. Die Sonne am Mittagshimmel erscheint uns deshalb in gelbem Licht, da der Blauanteil auf diesem Strahlengang weitestgehend ausgefiltert ist.

Einen bedeutend weiteren Weg durch die Atmosphäre haben die direkten Sonnenstrahlen beim Sonnenaufgang und -untergang hinter sich. Anstatt wie mittags senkrecht, also auf kürzestem Weg, durch die Atmosphäre zu gelangen, treffen sie nun unter einem extrem schrägen Winkel auf die Atmosphäre. Deshalb ist ihr Weg durch die Atmosphäre wesentlich weiter, wie Sie in Bild 5.24 sehen können. Diese Strecke ist so lang, dass neben dem Blau auch noch die Grüntöne teilweise weggestreut werden. Deshalb verbleibt der untergehenden Sonne nur noch das rote Licht, das schließlich in unsere Augen gelangt!

Weitere Faktoren, die die Färbung des direkten und indirekten Sonnenlichts beeinflussen, sind die Streuung an Ozon oder größeren

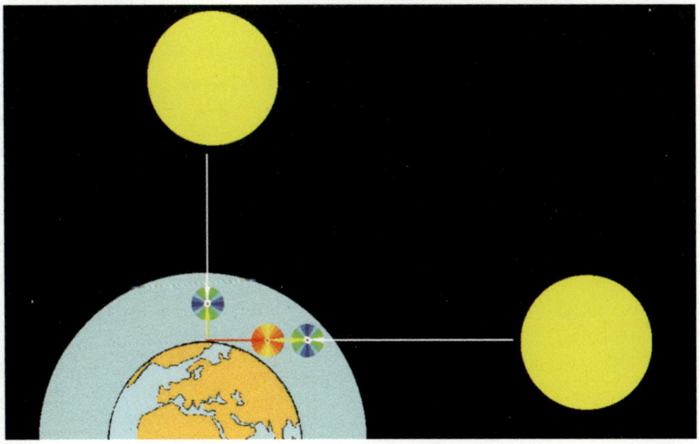

Abb. 5.24: Der Grund für das Blau des Himmels, das Gelb der hoch stehenden und das Rot der untergehenden Sonne ist die Rayleigh-Streuung.

Molekülen der Atmosphäre, Schwebeteilchen oder Wassertropfen. Dabei spielen andere komplizierte Streumechanismen als die Rayleigh-Streuung wie die *Mie-Streuung* eine Rolle, die nicht mehr das blaue Licht bevorzugt streuen lässt. Im Normalfall ist dieser zusätzliche Einfluss auf die Himmelsfarben aber sehr gering. Erst bei einer sehr hohen Konzentration von solchen größeren Teilchen in der Atmosphäre wird deren Einfluss bemerkbar: Befindet sich beispielsweise bei Nebel viel Wasser in der Luft, so ergibt sich aus diesen Streuvorgängen ein trübes Weiß. Ebenso ergeben sich bei der Anwesenheit von noch größeren Teilchen in der Luft Farbänderungen. Schwebeteilchen aus Vulkanausbrüchen sorgen zum Beispiel noch Jahre später für sehr intensive Sonnenuntergänge.

Ein weiteres genauso fantastisches wie seltenes Naturphänomen ist der so genannte grüne Strahl, der unter bestimmten Bedingungen (Sonnenfärbung möglichst wenig rot) an klaren Tagen kurz nach Sonnenuntergang für kurze Zeit sichtbar ist. Ein sehr schönes Beispiel ist in Bild 5.25 abgebildet.

Eine genauso schöne Beschreibung des Ganzen stammt von Jules Vernes aus seinem Buch *Le Rayon vert* (1882).

„Habt ihr jemals die Sonne am Horizont untergehen sehen? – Ja sicher! – Habt ihr sie verfolgt, bis der oberste Rand ihrer Scheibe den Horizont gerade berührte und hinabtauchen wollte? – Sehr wahrscheinlich wohl. – Aber habt ihr die Erscheinung bemerkt, die beim letzten Sonnenstrahl entsteht, wenn der Himmel ohne Nebel und vollkommen klar ist? – Vielleicht nicht. – Nun, das nächste Mal, da sich

Abb. 5.25: Ein grüner Strahl – aufgenommen 2001 kurz nach einem Sonnenuntergang in Madagaskar über dem Kanal von Mosambik. Mit freundlicher Genehmigung von Vic Winter.

wieder Gelegenheit zu dieser Beobachtung bietet (sie ist sehr selten), achtet darauf, dass es kein roter Strahl ist, den ihr sehen werdet, sondern ein grüner Strahl, wunderschön grün, von einem Grün, das kein Maler auf seine Palette bekommen kann, ein Grün, das die Natur nirgendwo sonst mehr hervorgebracht hat, weder in der Farbenvielfalt der Pflanzen noch in der Farbe der klarsten Meere! Gibt es ein Grün im Paradies, dann kann es kein anderes als dieses Grün sein, das wahre Grün der Hoffnung."

In dieser Liebesgeschichte beschreibt Jules Verne die lange Jagd der schönen Helena Campbell auf den grünen Strahl. Sie will nämlich nur heiraten, wenn sie den grünen Strahl gesehen hat. Einer alten Legende zufolge kann sich nämlich jemand, der dieses wunderbare grüne Licht einmal gesehen hat, nie mehr in Liebesdingen irren. Die Erklärung für diesen wunderbaren Effekt nach dem eigentlichen Sonnenuntergang beruht auf der Kombination zweier uns nun schon bekannter Effekte: der Rayleigh-Streuung und der Lichtbrechung an der Atmosphäre.

Für das Licht kurz nach dem eigentlichen Sonnenuntergang ist die Lichtbrechung verantwortlich, die wir schon anhand Newtons Prismas betrachtet haben. Die Atmosphäre hat hier die gleiche Funktion wie das Glas im Prisma. Je nach Wellenlänge wird das Licht der Sonne verschieden stark gebrochen: Die langwelligen Anteile, das heißt vor allem Rot und Gelb, werden am wenigsten abgelenkt und können geometrisch durch den tiefen Sonnenstand vom Betrachter nicht mehr gesehen werden. Der erste Kandidat wäre demzufolge Blau, gefolgt von Grün mit etwas Abstand. Blau kommt aber durch die Rayleigh-Streuung nicht bei uns an – sodass das Grün übrig bleibt!

5.5.2 Die Farbkontrastverstärkung

Mittlerweile ist der Bus am Meer angekommen, und zwar gerade rechtzeitig zur Kaffeezeit.

Unsere Reisegruppe blickt auf das Meer hinaus und betrachtet die Farbunterschiede zwischen Himmel und Meer. Wie in Bild 5.26 ist am Horizont eine deutliche Grenzlinie zwischen Meer und Himmel zu sehen. In Wirklichkeit sind Meer und Himmel gar nicht so verschieden hell gefärbt. Davon können Sie sich einfach überzeugen, indem Sie einen Finger quer über die Horizontlinie in Bild 5.26 legen. Das leicht dunklere Meer scheint kurz vor dem Horizont plötzlich deutlich dunkler zu werden und der insgesamt minimal hellere Himmel erscheint kurz vor dem Übergang Himmel-Meer plötzlich deutlich heller.

Damit haben wir wieder eine neue Entdeckung gemacht: Der Helligkeitskontrast zwischen zwei Flächen verstärkt sich auch, wenn diese farbig sind! Diese Helligkeitskontrastverstärkung der Farben basiert auf den gleichen Mechanismen wie die Schwarzweiß-Kontrastierung, die wir schon aus der Reise zu Figur und Form kennen.

Sehr deutlich wird dieser Effekt der Verstärkung des Randkontrasts, wenn Sie das Streifenmuster aus verschiedenfarbigen Blau-

Abb. 5.26: Der Blick vom Strandcafé: Am Horizont scheint das dunkle Meer noch dunkler zu werden und der etwas hellere Himmel noch heller. Der Helligkeitskontrast der Farben verstärkt sich und man erkennt trotz nur minimaler Unterschiede in ihrer Helligkeit deutlich die Horizontlinie zwischen Meer und Himmel.

tönen/Rottönen wie in Bild 5.27 genauer betrachten. Es entsteht der Eindruck, dass die Streifen, die eine einheitliche Farbe besitzen, an den Rändern eine ganz andere Helligkeit bekommen. Dabei erscheinen sie jeweils unten deutlich bläulicher und oben deutlich rötlicher! Dieses Phänomen ist vergleichbar mit den *Mach-Streifen* beim Schwarzweiß-Sehen, die Sie schon kennen gelernt haben.

Diese beobachtete Farbkontrastverstärkung ist ein sehr wichtiges Hilfsmittel für unser tägliches Sehen. Erst durch diese Technik – auch *simultaner Farbkontrast* genannt – ist es uns letztendlich möglich, farblich ähnlich erscheinende Objekte gegeneinander abzugrenzen. „Simultan" heißt diese Technik deshalb, weil die Farben gleichzeitig betrachtet werden müssen und ihre gemeinsame Wirkung beobachtet wird. Dabei zeigt sich einmal mehr, dass Farben relativ sind: Je nachdem, in welcher Farbumgebung sie sich befinden, ergibt sich eine scheinbar andere Färbung.

Dabei ist die scheinbare Farbgebung in Richtung der Komplementärfarbe der Umgebungsfläche hin verschoben. Deshalb erscheinen in Bild 5.28 die hellblauen Flächen im oberen Abschnitt blauer, im unteren Abschnitt dagegen rötlicher. Im Fall ohne Abtrennung (Bild 5.28 rechts) erzeugt unser Wahrnehmungssystem ein stufenloses Farbgefälle – der Effekt der Randkontrastverstärkung wird dadurch ausgelöscht.

Ein faszinierendes neues Beispiel für die Farbkontrastverstärkung stammt von Akiyoshi Kitaoka. Betrachten Sie bitte dazu Abbildung 5.29. Sicherlich sehen Sie zwei Spiralen in Cyan und Grün. In Wirk-

Abb. 5.27: Randkontrastverstärkung: Die einheitlich gefärbten Querstreifen wirken durch die Kontrastverstärkung unterschiedlich gefärbt, wobei in jedem Streifen die Helligkeit von unten nach oben abnimmt.

lichkeit haben beide aber genau die gleiche türkisgrüne Farbe! Wenn Sie das Bild genauer betrachten, sehen Sie auch warum: die eine Spirale wird von roten Querstreben überlagert – das bewirkt gemäß der Farbkontrastverstärkung eine Verschiebung des Farbeindrucks in Richtung der Komplementärfarbe Grün. Die andere Spirale wird von magentafarbenen Querstreben überlagert – was zu einem Farbeindruck in Richtung Cyan führt.

Abb. 5.28: Der simultane Farbkontrast: Betrachten Sie die unterschiedliche Farbwirkung der beiden identischen bläulichen Flächen oben und unten! Treffen sich die Flächen wie im rechten Bildteil, verschwindet der Effekt.

Diese simultanen Farbkontraste lassen sich auf ganz ähnliche Art und Weise wie der Helligkeitskontrast erklären: Die Erregungsreize der verschiedenen Sehzellen werden im Sehzentrum so miteinander verrechnet, dass die Werte benachbarter Sehzellen sich gegenseitig beeinflussen. Diese räumliche Zusammenfassung der einzelnen Farbreize geschieht in der Schicht der so genannten *farbantagonistischen Zellen.* Diese Datenzusammenfassung in den nachgeschalteten Zellen erfolgt nach einem ganz einfachen Trick, der schon sehr lange bekannt ist.

5.5.3 Die Hering'sche Gegenfarbentheorie

Bereits 1878 entwickelte der Physiologe Ewald Hering eine nach ihm benannte Theorie des Farbensehens: die *Hering'sche Gegenfarbentheorie.* Diese Theorie entstand aus Beobachtungen von Nachbildern, Farbmischungen und farbfehlsichtigen Versuchspersonen.

Er verglich verschiedene Farben miteinander und kam zur intuitiven Überzeugung, dass es vier Grundfarben gibt: Blau, Grün, Gelb und Rot. Hering bemerkte, dass diese vier Farben eine ganz besondere Symmetrie haben. Nehmen Sie zum Beispiel die Farbe Blau: Blau lässt sich sehr gut mit Grün und Rot additiv mischen – heraus kommt Blaugrün und Violett. Dagegen führt eine Mischung zwischen Blau und Gelb zu keiner eigenen Farbe, vielmehr ergibt sich die Farbe Weiß. Daraus schloss Hering, dass Blau und Gelb im Sehzentrum Gegenspieler sein müssen – genauso wie Rot und Grün.

Abb. 5.29: Die beiden scheinbar verschiedenfarbigen Spiralen (grün und cyan) haben in Wirklichkeit identische Farben. Mit freundlicher Erlaubnis von Akiyoshi Kitaoka.

Nach Hering ist es zum Erkennen der Farben ausreichend, über den jeweiligen Stand des „Wettkampfs" zwischen Blau und Gelb und zwischen Rot und Grün Bescheid zu wissen. Hering vermutete, dass diese beiden Duelle unabhängig voneinander ablaufen. Dies schloss er unter anderem aus der Beobachtung, dass Menschen, die kein Grün sehen können, auch kein Rot sehen können. Menschen, die farbenblind in Bezug auf Blau sind, können auch kein Gelb sehen.

In der Tat laufen in der Sehbahn genau diese gegenläufigen Prozesse voneinander unabhängig ab! Neben dem Rotgrün-System und dem Blaugelb-System existiert außerdem noch ein drittes: das Hell-Dunkel-System.

Diese Systeme kann man sich als drei Waagschalen vorstellen, wie sie in Bild 5.30 zu sehen sind. Diese Waagschalen sind jeweils für einen bestimmten Verbund von benachbarten Sehzellen auf der Netzhaut zuständig und durch die aus der ersten Reise bekannten Horizontalzellen und Bipolarzellen realisiert.

Kommt zum Beispiel eine Meldung aus einer blauen Sehzelle, so landet diese ganz links außen auf der Waagschale des Blaugelb-Prozesses und lenkt diese zu Gunsten von Blau aus. Ein einkommendes Grün landet in diesem Fall dagegen genau auf der Mitte der Blaugelb-Waage, es hat also keinen Einfluss auf das „Urteil". Bei der Rotgrün-Waage landet es jedoch am rechten Ende und beeinflusst diesen Wettkampf zu Gunsten von Grün.

Das gesamte Farburteil für einen Netzhautbereich kommt schließlich aus der Lage der drei Waagen zustande, also den Einzelurteilen über die drei Farbenwettkämpfe. Das Urteil wird in Form eines Reizes an die nachfolgenden Zellen weitergeleitet. Je mehr eine Waagschale nach rechts kippt, umso positiver ist dieser Reiz; je mehr

Abb. 5.30: Die Hering'sche Gegenfarbentheorie: Für einen bestimmten Netzhautbereich existieren jeweils drei nachgeschaltete Prozesse, die unabhängig voneinander zu einem „Urteil" kommen. Erst aus der Lage aller drei Waagen ergibt sich der Farbeindruck.

sie nach links kippt, umso negativer ist der Reiz. Bei einem Unentschieden ist der Reiz gleich null.

Jede einkommende Farbe hat einen unterschiedlichen Einfluss auf die drei Prozesse und ihre Ergebnisreize. Gelbgrün verstärkt beispielsweise den Blaugelb-Prozess und hemmt den Rotgrün-Prozess. Man sagt auch, die einkommenden Farben wirken *aktivatorisch* oder *inhibitorisch* auf die einzelnen Prozesse.

Das Phänomen der Farbkontrastverstärkung ergibt sich wie beim Schwarzweiß-Sehen wieder aus der raffinierten räumlichen Zusammenfassung der benachbarten Zellen. Bei der räumlichen Zusammenfassung wird die Lage der jeweiligen Sehzelle im Zellbereich mitberücksichtigt. Liegt sie irgendwo im normalen, zentralen Bereich, so wird ihr Sehreiz von den „Waagschalenzellen" entgegengenommen. Liegt die Sehzelle aber am Rande des Bereichs, so kehrt sich ihr Einfluss auf die jeweilige Waagschale um, das heißt: Eine Farbe, die die Waage normalerweise nach links auslenkt, lenkt sie nun nach recht aus! Mit anderen Worten: Aus inhibitorischen Farben werden bei diesen im Außenbereich liegenden Sehzellen aktivatorische, aus aktivatorischen inhibitorische.

Mit Hilfe dieser Verschaltungstechnik werden der simultane Farbkontrast und die Farbkontrastverstärkung hervorgerufen! Wie funktionstüchtig die Farbkontrastverstärkung tatsächlich ist, kann am besten an einem farbigen Hermann'schen Gitter (Bild 5.31) verdeutlicht werden. Die unterschiedlichen Farben an den weißen Kreuzungspunkten entstehen durch die Kombination der Farbkontraste der beteiligten farbigen Quadrate.

Mit der Hering'schen Gegenfarbentheorie lassen sich übrigens Farben wie Braun oder Olivgrün erklären, die sich weder im Regenbogenspektrum finden, noch aus den Farben des Regenbogens additiv zum Beispiel mit Hilfe von Diaprojektoren zusammenmischen lassen. Diese Farben entstehen erst durch spezielle Farbkontraste: So ergibt sich beispielsweise der Eindruck Braun erst, wenn ein

Abb. 5.31: Ein farbiges Hermann'sches Gitter: Es erscheinen nicht wirklich vorhandene, verschiedenfarbige Punkte an den weißen Kreuzungspunkten. Der Grund dafür ist die Bildung des simultanen Farbkontrasts zu den verschiedenfarbigen angrenzenden Flächen.

gelber oder orangefarbener Lichtfleck von durchschnittlich hellerem Licht umgeben ist.

5.5.4 Der Watercolor-Effekt

Einen wunderbaren Effekt, der mit einfachsten Mitteln die unheimliche Macht der Farben zeigt, können Sie in Bild 5.32 beobachten. Der von Baingio Pinna (1987) entdeckte so genannte *Watercolor-Effekt* zeigt, dass sich eine deutliche Farbausbreitung allein mit Hilfe von Kantenfarben erzielen lässt.

In Bild 5.32 links sehen Sie zum Beispiel eine abstrakte gelbliche Figur, die entfernt an einen Darm erinnert. In Wirklichkeit ist die Farbe der Figur aber ein blütenreines Weiß! Die scheinbare Färbung kommt lediglich durch die gelbliche Färbung der Kanten zustande. Noch verblüffender wird die Auswirkung dieses Effekts, wenn Sie den rechten Teil von Abbildung 5.32 betrachten, in der lediglich die Anordnung der gelben und blauen Kanten vertauscht ist. Nun erscheint die darmartige Figur nur noch sehr undeutlich im Hintergrund und leicht bläulich eingefärbt, während der äußere Teil des Bildes gelblich gefärbt und im Vordergrund liegend erscheint. Die bloße Färbung der Kanten hat also zum einen den Farbeindruck der ganzen angrenzenden Fläche bestimmt und das sehr starke Gestaltgesetz der guten Form beeinflusst. Mit der Konsequenz, dass wir nun den Darm deutlich als das Mittelmeer erkennen!

Bemerkenswerterweise verwenden einige historische Weltkarten genau den Watercolor-Effekt. Dabei haben die Kartenzeichner vermutlich aus Kostengründen auf eine vollständige Einfärbung einzelner Länder verzichtet und sich darauf beschränkt, die Grenzen mit auf beiden Seiten unterschiedlich farbigen Linien zu zeichnen.

Ein weiteres Beispiel dieses phänomenalen Effekts können Sie in Bild 5.33 sehen. Links und rechts sind wieder genau die identischen Grundmuster mit unterschiedlicher Kantenfarbgebung aufgemalt. Trotzdem wird durch den Watercolor-Effekt eine vollkommen andere Färbung und Figur wahrgenommen: Links scheinen gelbe Kreuze und rechts gelbe Sterne als Figuren im Vordergrund zu liegen. Wie stark und weit reichend der Farbeffekt ist, können Sie daran erkennen, dass auch die gesamte Mittelfläche zwischen den beiden Bildern scheinbar gelb gefärbt ist.

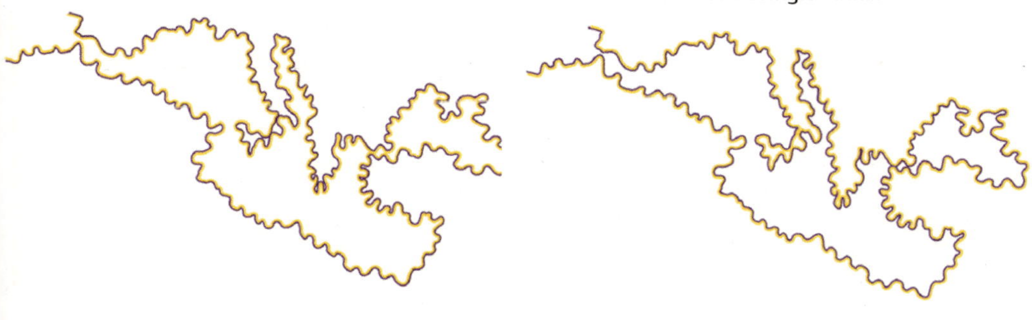

Abb. 5.32: Gelber Darm oder blaues Mittelmeer? Mit freundlicher Genehmigung von Baingio Pinna.

Der Watercolor-Effekt kommt in dieser Deutlichkeit nur für ganz bestimmte Kombinationen von Farbe, Helligkeit und Hintergrund zustande. Es sieht so aus, als ob ein Effekt nur eintritt, wenn eine Kante sich in ihrer Helligkeit und Farbe nicht stark vom Hintergrund unterscheidet. Nur in diesem Fall (wie das Gelb in Bild 5.32 und 5.33 auf weißem Hintergrund) scheint eine deutliche Einfärbung der beteiligten Fläche sichtbar zu sein. Die andere Kante sollte dagegen in ihrer Helligkeit und Farbe deutlich verschieden sein.

Der Einfluss verschiedener Hintergrundhelligkeiten auf Bild 5.33 lässt sich anhand von Bild 5.34 erkennen. Darin ist das identische Muster von Bild 5.34 vor einem Hintergrund mit von unten nach oben abnehmender Helligkeit zu sehen. Dabei ist im unteren Bildbereich genau der Eindruck von Bild 5.33 zu beobachten: Links sind gelbe Kreuze und rechts gelbe Sterne zu erkennen. Umso weiter wir aber nach oben blicken, desto mehr verschwindet die Gelbfärbung und der Effekt dreht sich schließlich sogar komplett um: Links oben können blaue Sterne und rechts blaue Kreuze beobachtet werden!

Damit sind wir am Ende der Reise in die fantastische Welt der Farbwahrnehmung angekommen. Nach einem faszinierenden Sonnenuntergang ist es inzwischen dunkel geworden. Die meisten Mitreisenden sind so müde von den Erlebnissen des Tages, dass sie sofort in einen tiefen Schlaf fallen. Sie träumen von Wiesen mit

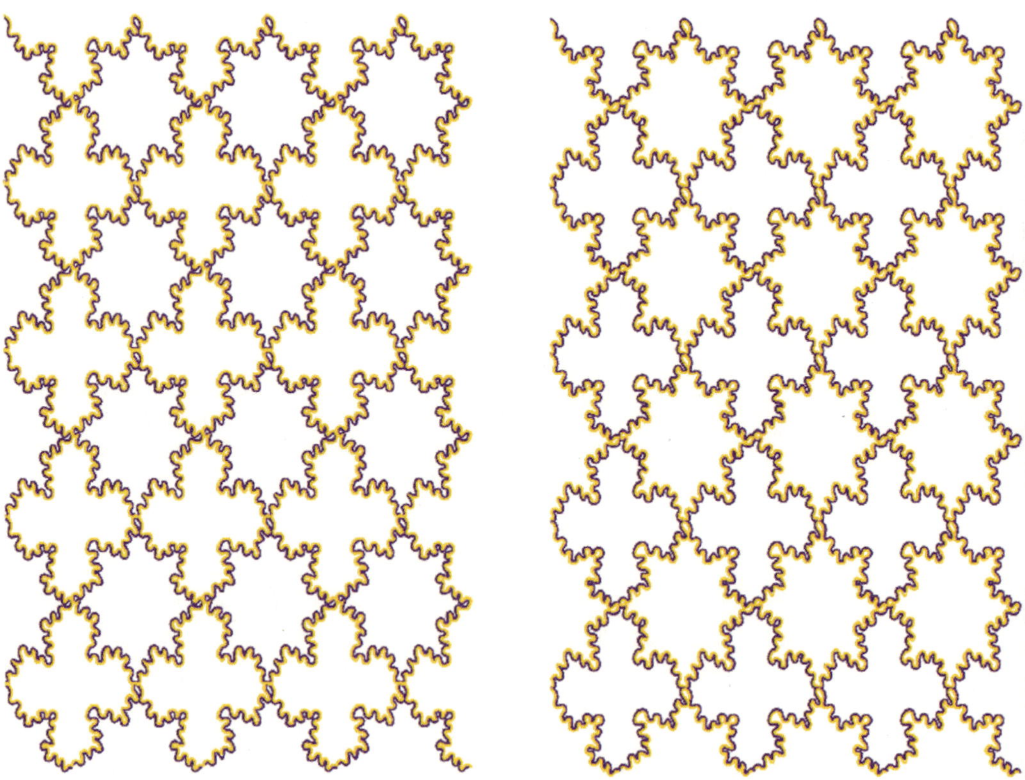

Abb. 5.33: Kreuze oder Sterne? Mit freundlicher Genehmigung von Baingio Pinna.

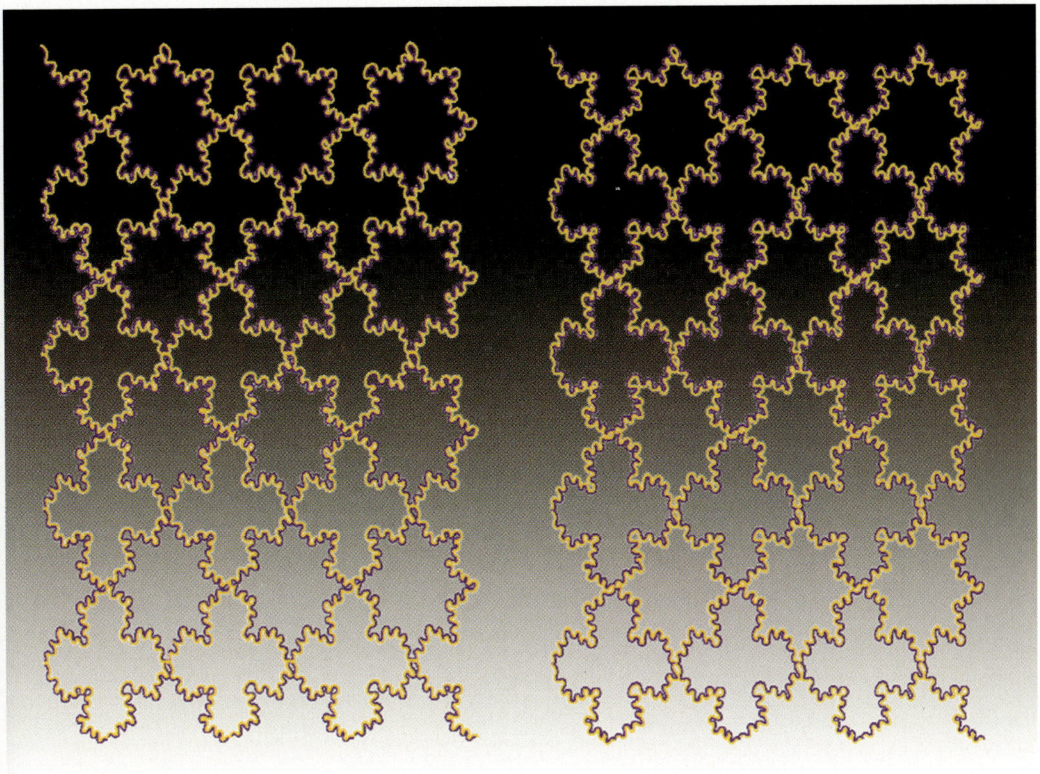

Abb. 5.34: Kreuze und Sterne abhängig vom Hintergrund. Mit freundlicher Genehmigung von Baingio Pinna.

Schmetterlingen, einem Hund, der mit seinem violetten Schwanz wackelt, von Erdbeben, Sonnenuntergängen und grauen Katzen. Sie wissen jetzt, dass Katzen nachts nicht nur grau erscheinen, sondern auch unscharf und langsam. Und dass Farben eine zauberhafte Macht besitzen, die die Gesetze des Sehens ganz einfach „weglachen" können.

Sechste Reise: das räumliche Sehen 6

Diese Reise durch die 3D-Welt führt uns in ein Land von fast grenzenloser Freiheit. Durch die Kombination der Seheindrücke beider Augen lassen sich viele neue Effekte des Sehens erzielen und altbekannte in neuer Form wieder entdecken.

Dabei begegnen uns visionäre Stereobilder mit geheimnisvollen Tiefenschichten und Umwelteindrücke dreidimensionalen Ausmaßes. Die 120 Millionen Stäbchen und die sechs Millionen Zäpfchen unserer Netzhaut dürfen sich in jeder Hinsicht auf volle Auslastung einstellen. Tauchen wir ein in die Wunderwelt des dreidimensionalen Sehens und Staunens und lassen wir uns verzaubern!

6.1 Vor der Abfahrt

Für die Natur wäre es sicherlich keine allzu große Schwierigkeit gewesen, eine einmal gemachte Erfindung wie das menschliche Auge beliebig oft zu wiederholen. Dies machen erschreckende Forschungsergebnisse aus der jüngsten Zeit deutlich, in denen durch Genmanipulationen Fruchtfliegen mit einer Vielzahl von Augen an den verschiedensten Körperstellen gezüchtet wurden.

6.1.1 Warum haben Menschen zwei Augen?

Es ist die natürlichste Sache der Welt: Menschen haben zwei Augen. Aber warum haben wir genau zwei Augen und nicht nur eines oder drei oder noch mehr Augen? Vermutlich wären auch Sie schon einmal froh über ein drittes Auge gewesen, beispielsweise am Hinterkopf. Oder über ein Auge an jedem Finger, damit Sie um jede Ecke schauen können. Oder über ein Auge, das nachts aktiv ist, wenn die anderen beiden Augen sich ausruhen.

Sie können sich freuen auf eine Spritztour in die Wunderwelt des dreidimensionalen Sehens mit vielen Abzweigungen, Sackgassen und Seitenstrecken. Aber gerade die Sackgassen und Nebenstrecken machen ja bekanntlich den Reiz von Spritztouren aus.

6.1.2 Die Augen

Nachts ruhen sich unsere Augen von ihrer Tagesarbeit aus. Dies geschieht allerdings auf eine sehr merkwürdige Art und Weise: nämlich indem sie wie wild arbeiten! Ja, Sie haben richtig gelesen: In den berühmten *REM* (*Rapid Eye Movement*)*-Phasen* bewegen sich die Augen völlig unkontrolliert und schnell hin und her. Diese REM-Phasen haben eine Länge von 15 bis 30 Minuten und laufen während einer Nacht in immer kürzer werdenden Abständen von anfangs ca. 90 Minuten ab. Weckt man Menschen während dieser Phasen mit schnellen Augenbewegungen, so können diese ihre Träume sehr genau rekonstruieren. Dies gilt als Indiz dafür, dass die REM-Phasen mit einer sehr intensiven Traumtätigkeit verbunden sind. In den REM-Phasen finden also sowohl starke Tätigkeiten des Geistes als auch des Sehsystems statt. Die Vermutung liegt nahe, dass diese Aktivitäten von Auge und Gehirn im Traumzustand einen Zusammenhang aufweisen.

Warum braucht der Mensch zur Erholung von der „Tagesarbeit“ diese „Nachtarbeit“, und worin liegt überhaupt der Unterschied dieser beiden Arbeitsformen?

Tagsüber haben unser Gehirn und unser Sehsystem fast nur sinnvolle Aufgaben zu erfüllen. Diese sind dauernd durch äußere Reize vorgegeben oder aber durch unser Bewusstsein bestimmt. Die „Nachtarbeit“ sieht dagegen ganz anders aus. Sobald der „Chef“ (das Bewusstsein) außer Haus ist oder vielmehr eingeschlafen ist, tanzen die Mäuse auf dem Tisch! Das ist nicht anders als im Arbeitsleben. So wird mancher gestresste Angestellte plötzlich ein „neuer“ Mensch, sobald er nach Dienstschluss selbstbestimmt agieren kann. Abends werden freiwillig Waldläufe gemacht oder sonstige ungewöhnliche körperliche oder geistige Leistungen erbracht. Die „Nachtarbeit“ ist völlig entkoppelt von Zwängen und Fremdbestimmtheit. Genauso ist es auch in der Traumphase: Die durch unser Bewusstsein zu Assoziationsketten verbundene Gedankentätigkeit ist jetzt völlig entkoppelt und frei. Ebenso sind die Augenbewegungen der beiden einzelnen Augen völlig voneinander entkoppelt.

6.1.3 Gekoppelte und entkoppelte Augen

Davon, dass dies tagsüber keinesfalls so ist, können Sie sich leicht mit folgendem Experiment überzeugen:
Schließen Sie ein Auge und legen Sie einen Finger an das Augenlid. Schauen Sie nun mit dem geöffneten Auge in eine bestimmte Richtung, so bemerken Sie an dem angelegten Finger, dass das andere Auge automatisch mitgeführt wird. Es liegt also eine Kopplung der Sehachsen der beiden Augen vor. Das können Sie sogar bei zwei geschlossenen Augen überprüfen: Halten Sie dazu beide Augen geschlossen und registrieren Sie dann die Bewegung der Augen mit zwei Fingern an den beiden Augenlidern! Lenken Sie dann Ihre Aufmerksamkeit auf ein paar Dinge, von denen Sie wissen, dass sie sich in einer bestimmten Richtung befinden. Schon spüren Sie durch die Finger, dass die beiden Augen sich simultan diesen Dingen zuwenden. Auch hier ist also die Bewegung der Sehachsen miteinander gekoppelt. Diese Fähigkeit zur Kopplung der Blickrichtungen der Augen ist die Grundvoraussetzung für das *Stereosehen.*

Wie wichtig die Abstimmung der beiden Augen aufeinander ist, zeigen Versuche, bei denen die Wahrnehmungseindrücke künstlich verändert werden. Dabei setzt man den Versuchspersonen verschiedene Spezialbrillen auf; diese bestehen aus Spiegeln, Farbgläsern und Prismen und können je nach Bauart den Eindruck von oben und unten, links und rechts sowie von Farben vertauschen, ja sie können sogar gerade Strecken gekrümmt erscheinen lassen. Dadurch entsteht natürlich ein heilloses Durcheinander der Sinne. Interessanterweise stellte sich in Langzeitversuchen heraus, dass unser Wahrnehmungsapparat sehr anpassungsfähig ist und wir nach ca. einer Woche in der Lage sind, uns in dieser neuen Umwelt gut zurechtzufinden.

Alle Menschen, die auf einem Auge blind sind, können naturbedingt keine Kopplung der beiden Augen erzielen und verfehlen damit die Grundvoraussetzung des Stereosehens. Dazu kommen noch ca. vier bis sechs Prozent der normalsichtigen Bevölkerung, die nicht in der Lage sind, ihre beiden Augen auf denselben Beobachtungspunkt einzustellen und sich dieses Defektes nicht einmal bewusst sind. Der Anteil der Menschen, die nicht dreidimensional sehen können, wird auf bis zu 15 Prozent geschätzt.

Die häufigste Ursache für das Fehlen einer solchen Tiefenwahrnehmung ist der *Strabismus*, das Schielen. Der Strabismus kann die verschiedensten Auslöser haben und sowohl als Einwärts- als auch als Auswärtsschielen auftreten. Diese Unfähigkeit, die Augen parallel stellen zu können, kann schon in frühester Kindheit zum Beispiel durch Augenmuskelanomalien, durch Defekte im Hirnstamm, der die Augenbewegungen steuert, oder durch äußere Verletzungen auftreten.

Im Kindesalter entwickelt unser Sehsystem verschiedene Strategien, um diesen Defekt auszugleichen. Eine davon ist der *alternierende Strabismus*. Dabei wechseln sich die beiden Augen im Abstand von ca. einer Sekunde beim Scharfsehen ab. In dieser Zeit ist das Sehen durch das andere Auge unterdrückt. Eine zweite Strategie des Sehsystems, den Schieldefekt auszugleichen, ist das andauernde *Unterdrücken eines Auges*. Dadurch verschlechtert sich dessen Sicht jedoch, im Extremfall kann das Auge erblinden. Sehr oft jedoch schielen Menschen nur in abgeschwächter Form und sind sich deshalb ihrer Unfähigkeit, räumlich zu sehen, gar nicht bewusst.

Tritt das Schielen erst nach dem Kindesalter auf, so ist unser Sehsystem nicht mehr in der Lage, diesen Defekt auszugleichen. Kann zum Beispiel ein Boxer nach einer Kampfverletzung seine Augen nicht mehr parallel stellen, so sieht er zwangsläufig Doppelbilder. Jedes Auge liefert nun seine eigene Sehinformation getrennt ab und das Gehirn ist nicht mehr in der Lage, diese beiden Informationen zu einem dreidimensionalen Bild zu vereinigen.

Wie es jemandem ergeht, der durch eine Verletzung plötzlich schielt, können Sie ganz einfach selbst ausprobieren:
Fixieren Sie zunächst mit beiden Augen einen Gegenstand in Ihrem Sichtfeld. Drücken Sie nun vorsichtig von der Seite oder von unten auf eines Ihrer Augen! Sofort wird die Sicht etwas verschwommen und glasig, bis Sie schließlich Doppelbilder sehen, die natürlich nicht mehr dreidimensional sind!

Haben Sie etwas mehr Zeit für einen Selbstversuch, so können Sie diesen Zustand auch durch starken Alkoholeinfluss erreichen. Dessen Wirkung auf die Augenstellung können Sie im Bild 6.1 betrachten. Für eventuelle andere unerwünschte Nebenwirkungen übernehmen wir jedoch keinerlei Garantie.

Neben dem Schielen gibt es noch eine weitere Ursache dafür, dass manche Menschen nicht in der Lage sind, die beiden Einzelbilder der Augen zu einem Tiefeneindruck zu verschmelzen – nämlich eine unterschiedliche Sehstärke der Augen. Unterscheiden sich die zum Ausgleich dieser Sehschwäche verwendeten Brillengläser um mehr als drei Dioptrien, so fällt es dem Betreffenden sehr schwer, Tiefe wahrzunehmen. Die beiden stark verschiedenen Brillengläser er-

Abb. 6.1: Normalsehen und Schielen.

zeugen nämlich Netzhautbilder, die in ihrer Größe sehr unterschiedlich sind und somit von unserem Sehsystem nicht mehr zur Deckung gebracht werden können.

Eine Möglichkeit für das entkoppelte Sehen der beiden Augeneinzelbilder ist auch der „erste Blick" nach dem morgendlichen Aufwachen, der sich gleichzeitig gut als Vorwand zum Länger-Liegenbleiben verwenden lässt:

Lassen Sie sich mit dem Aufstehen etwas Zeit! Öffnen Sie zunächst ganz behutsam und vorsichtig Ihre Augenlider. Starren Sie, ohne die Blickrichtung der beiden Augen zu verändern, in die Luft. Deutlich erkennen Sie jetzt zwei Bilder, die sie beliebig lange unbewegt „halten" können, solange Sie nur auch die Blickrichtung stabil halten. Stehen die Augen aber einmal parallel, wird Ihnen dieser Trick für heute nicht mehr gelingen – höchstens wenn Sie den Versuch ausdehnen und sich zuerst noch einmal schlafen legen.

6.1.4 Dreidimensionale Umwelteindrücke

Mit dem Erkennen der beiden ungekoppelten Einzelbilder der Augen sind wir ganz nahe an der Tür zum Verständnis des Stereosehens angelangt. Wir leben in einer dreidimensionalen Welt, sind selber dreidimensional gebaut und müssen, um uns in der Umwelt zurechtzufinden, diese dreidimensionalen Umwelteindrücke entsprechend aufnehmen. Das ist physikalisch mit einem einzelnen Auge nur sehr schwer möglich. Denn jedes Auge bildet auf seiner Retina wie auf einer Art Leinwand die einkommende Information in zwei Dimensionen ab.

Der Physiker Hermann von Helmholtz (1821–1894), der uns schon bei der fünften Reise begegnete, sagte einst: „Ich würde einen Optiker hinauswerfen, der mir ein Instrument wie das menschliche Auge brächte!"

Trotzdem konnte er nie eine Kamera mit denselben Qualitäten nachbauen. In der Tat sind die Formgebung des Auges und die Zentrierung der abbildenden Flächen (Hornhaut und Linse) sogar schlechter als bei einer billigen Kamera – von den Abbildungsfehlern ganz zu schweigen. Außerdem ist eine scharfe Abbildung auf der Retina stark beeinträchtigt, da aus ernährungsphysiologischen und schalttechnischen Gründen vor den lichtempfindlichen Zellen der Netzhaut wie schon in der ersten Reise gesehen noch andere Zellschichten liegen.

Alle diese Schwierigkeiten werden jedoch durch raffinierte Regelmechanismen im Sehzentrum weitgehend korrigiert. Darüber hinaus übertrifft das menschliche Auge im Bereich der Lichtstärkewahrnehmung jede Kamera bei weitem: So kann das Auge im Helligkeitsbereich zwischen nächtlichem Dunkelsehen bis zur größten Tageshelligkeit Lichtstärkeunterschiede von sage und schreibe ca. 15 Zehnerpotenzen (!) wahrnehmen.

Das Ergebnis auf der Retina eines einzelnen Auges kann man sich vereinfacht wie eine Fotografie vorstellen: farbig, gestochen scharf und hoch aufgelöst, aber eben flach! Es ist keinerlei Tiefeninformation in der Netzhautabbildung vorhanden – dies können Sie sehr leicht überprüfen, wenn Sie ein Auge geschlossen halten. Auf dieselbe Art erzeugt natürlich auch das andere Auge eine zweidimensionale Abbildung seines Sehfeldes auf seiner Retina. Diese ist allerdings um ca. sechseinhalb Zentimeter vom ersten Auge verschoben!

Diese Verschiebung ist der entscheidende Trick der Natur, durch den es uns Menschen möglich ist, räumlich zu sehen. Die Sehachsen der Augen und damit ihre beiden inneren Leinwände sind zwangsläufig gegeneinander gekippt! Deshalb ist die innere Gesamtleinwand, die man sich aus den beiden Retinen zusammengesetzt vorstellen kann, nicht mehr nur zwei-, sondern dreidimensional! Es werden nicht nur zwei unabhängige Einzelbilder auf die beiden zweidimensionalen Leinwände abgebildet. Vielmehr ist unser Gehirn in der Lage, aus diesen beiden Bildern einen dreidimensionalen Wahrnehmungseindruck zu berechnen!

Dazu hat das Sehzentrum sogar verschiedene Möglichkeiten: Zum einen kann die Bestimmung der Tiefe durch die Beobachtung der Winkelstellung der Sehachsen der beiden Augen erfolgen, wenn beide einen bestimmten Gegenstand fixieren: die so genannte *Konvergenz.*

Die zweite Möglichkeit ist die Beobachtung des Vergleichs der Unterschiede der beiden Bilder in ihrer Breitenabweichung: die so genannte *Querdisparation* der beiden Bilder.

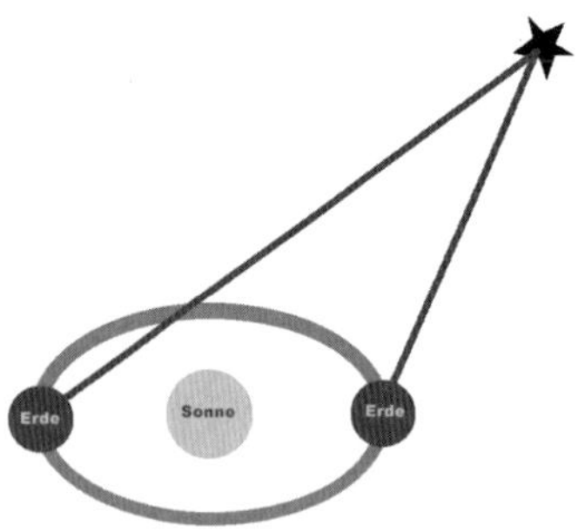

Abb. 6.2: Entfernungsmessung in der Astronomie: Die Lage eines astronomischen Objekts wird mit zwei Fernrohren an verschiedenen Orten angepeilt. Dabei stehen die Fernrohrachsen in einem unterschiedlichen Winkel zueinander. Aus diesem Parallaxenwinkel kann man die Entfernung des beobachteten Objekts bestimmen. Nutzt man die Erdumdrehung um die Sonne aus und vergleicht man die Fernrohrparallaxe des Sternes an den entferntesten Punkten im Abstand eines halben Jahres, so lassen sich Entfernungen bis zu ca. 100 Lichtjahren zuverlässig bestimmen.

6.1.5 Tiefenbestimmung durch Konvergenz

Die Tiefenbestimmung eines Objekts aus der Konvergenz ist sehr einfach.

Deshalb bedienen sich die Menschen dieser Idee der Natur schon lange, beispielsweise in der Astronomie zur Messung kosmischer Entfernungen. Optische Entfernungsmessmethoden wie die Messung der Linsenkrümmung bei der Scharfstellung versagen bei astronomischen Entfernungen verständlicherweise völlig.

Die Entfernung eines astronomischen Objekts wie zum Beispiel des Jupiters kann man dagegen sehr einfach messen, wenn man ihn mit zwei Fernrohren anvisiert. Es muss lediglich der Beobachtungswinkel der beiden Fernrohre miteinander verglichen werden. Aus dem Unterschied, der so genannten *Parallaxe*, lässt sich mit Hilfe der Gesetze der Strahlenoptik die Entfernung des Jupiters bestimmen. Der Messfehler wird dabei umso kleiner, je weiter der Beobachtungsabstand der beiden Fernrohre ist.

Deshalb bietet es sich geradezu an, die Bewegung der Erde um die Sonne auszunutzen. Beobachtet man dasselbe Objekt wie im Bild 6.2 im Abstand eines halben Jahres noch einmal, so lässt sich die Entfernung auch weiter entfernter Objekte (wie „nahe“ Fixsterne in einer Entfernung bis zu 100 Lichtjahren) relativ genau bestimmen.

So ähnlich könnte auch die Entfernungsmessung mittels der Konvergenz der Augen funktionieren: Die beiden Augen fixieren ein beliebiges Objekt in ihrem Umkreis – man sagt auch, ihre Sehachsen konvergieren auf das Objekt. Aus dem Parallaxenwinkel kann dann auf die Entfernung des Objekts geschlossen werden. Die Natur bräuchte daher zur Entfernungsmessung mittels Konvergenz lediglich die Augenstellung „erfühlen" oder die zur Erzielung der Konvergenz nötigen Muskeltätigkeiten entsprechend überwachen.

Verblüffenderweise leistet sich aber die Natur den großen Luxus, diese Entfernungsmessmethode nicht weiter auszunützen! Zumindest wurden bisher keinerlei Sensoren im Auge entdeckt, die die Eigenschaft der beidäugigen Konvergenz ausnützen. Diese Freigebigkeit mit ihren Ressourcen kann allein damit erklärt werden, dass der Natur eine bei weitem genialere, allerdings auch kompliziertere Erfindung gelang, die die Konvergenzmessung als Spezialfall mit einschließt: die Querdisparation!

6.1.6 Tiefenbestimmung durch Querdisparation

Im Unterschied zur astronomischen Entfernungsabschätzung muss der Mensch eine grundlegend andere Umgebung auf ihre Tiefe hin einschätzen. Die menschliche Umgebung besteht nicht „nur" aus einzelnen Lichtpunkten, die auf ihre unterschiedliche Tiefe untersucht werden sollen. Der menschliche Sehapparat muss vielmehr eine weitaus komplexere Aufgabe lösen: Unsere Umwelt besteht aus ganzen zusammengesetzten Körpern, die in die unterschiedlichsten Tiefenschichten ragen können. Die Augen sollten also im Idealfall in der Lage sein, nicht nur einen einzelnen Lichtpunkt auf seine Tiefe hin zu untersuchen, sondern ihrem gesamten Gesichtsfeld auf einen Schlag die richtige Tiefe zuzuordnen.

Dieses Wunder ist ganz allein – und sogar unglaublich exakt – mit Hilfe des Vergleichs der beiden Abbilder auf den Retinen der beiden Augen möglich. Das heißt: Das Gesamtergebnis des dreidimensionalen Sehens ist bei weitem mehr als nur die Summe der zweidimensionalen Einzelbildteile! Vielmehr ist es ein völlig neues, eigenes Seherlebnis. Wie die Kombination der Einzelbilder genau stattfindet, wollen wir im Folgenden näher untersuchen. Dazu führt uns die Reiseroute durch das 3D-Land auf den „Zeigefingerweg".

6.2 Der Zeigefingerweg

6.2.1 Ein senkrechter Zeigefinger

Halten Sie wie in Bild 6.3 einen Zeigefinger in ca. 20 cm Abstand senkrecht vor Ihre Nasenspitze. Schließen Sie nun das linke Auge und beobachten Sie mit dem rechten Auge Ihren Zeigefinger. Merken Sie sich genau, was hinter Ihrem Zeigefinger zu sehen ist. Beobachten Sie anschließend nur mit dem linken Auge die gleiche Szene. Der

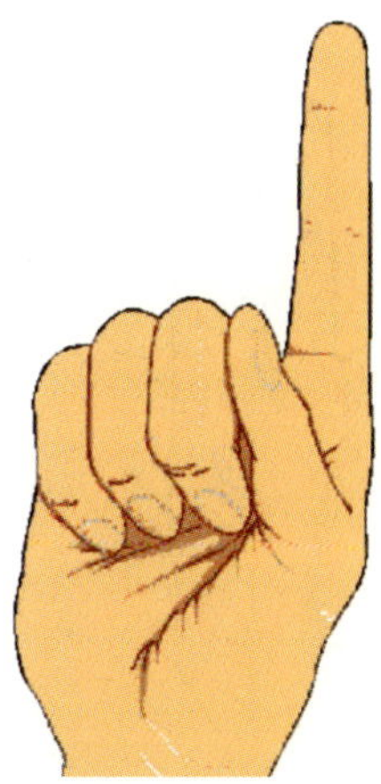

Abb. 6.3: Zeigefinger vor der Nase.

Zeigefinger ist dabei, verglichen mit dem Hintergrund, deutlich nach rechts gewandert! Unsere beiden Augen liefern also einen stark unterschiedlichen Abdruck derselben Szene. Je näher die betrachteten Gegenstände bei uns liegen, umso stärker ist der horizontale Unterschied ihrer Einbettung in den Hintergrund.

Ziehen Sie zur Verdeutlichung Ihren Zeigefinger etwas näher zu sich heran und wiederholen das Experiment! – Der horizontale Abstand ist nun deutlich größer. Diese unterschiedliche Breitenabweichung in der Gesamtszenerie wird *Querdisparation* genannt und ist die Grundlage unseres räumlichen Tiefensehens.

Der menschliche Sehapparat kann die beiden unterschiedlichen Doppelbilder auf der Grundlage ihrer Querdisparitäten so miteinander kombinieren, dass wir einen ganz neuen, dreidimensionalen Sinneseindruck erhalten. Unser Gehirn hat es gelernt, die einfallenden Informationsmengen der beiden Augen so geschickt miteinander zu verbinden, dass eine brillante Tiefenauflösung möglich wird. In jedem Auge befinden sich dabei bekanntlich ca. 126 Millionen Fotorezeptoren, deren Information nach einer Art Vorverarbeitung durch die nachfolgenden Ganglienzellen auf ca. 800 000 Sinneseindrücke komprimiert wird. Diese durch die Augen gelieferten Informationen werden nun nach zumeist sehr einfachen Gesetzen simultan miteinander verglichen.

6.2.2 Zwei senkrechte Zeigefinger

Halten Sie einen Zeigefinger wie vorhin senkrecht in ca. 20 cm Entfernung vor die Nasenspitze. Der andere Zeigefinger soll mit ausgestreckter Hand wiederum in senkrechter Haltung hinter dem ersten Zeigefinger platziert werden. Blicken Sie nun mit beiden Augen auf die Zeigefinger. Sie werden es sicherlich nicht schaffen, beide Zeigefinger gleichzeitig scharf zu stellen. Unser Wahrnehmungssystem ist hiermit an eine Grenze gekommen, denn für solche „unnatürlichen" Extremfälle ist es nicht geschaffen. Stellen Sie Ihren Blick nun auf den näheren Finger scharf und beobachten Sie aus den Augenwinkeln den hinteren Finger – oder vielmehr *die* hinteren Finger! Denn es sind ganz deutlich zwei Zeigefinger in der Tiefe zu erkennen: einer links und einer rechts – vom vorderen Finger aus gesehen. Falls Sie nicht sofort zwei Finger sehen, so liegt es daran, dass wir darauf getrimmt sind, diese Doppelbilder zu ignorieren. Wenn es nach einiger Zeit noch nicht geklappt hat, hilft es meistens, den hinteren Zeigefinger eine Handbreit auf- und abzubewegen.

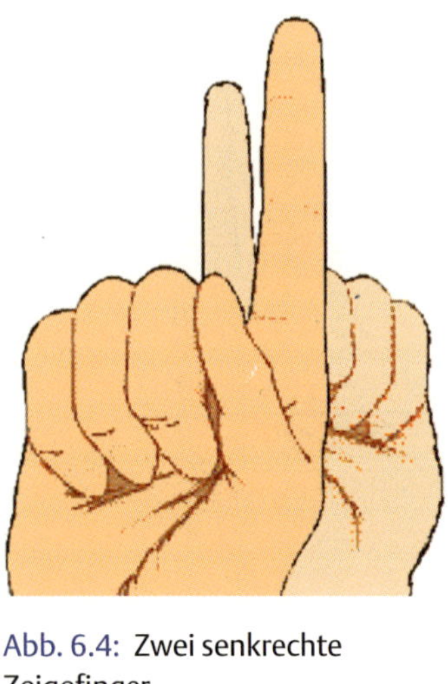

Abb. 6.4: Zwei senkrechte Zeigefinger.

Ebenso verhält sich unser Wahrnehmungssystem im umgekehrten Fall: Stellen Sie dazu Ihre Augen auf den hinteren Finger scharf. Sofort erscheinen plötzlich vorne zwei Finger: einer links und einer rechts. Die Erklärung dafür ist denkbar einfach: Unser Tiefenwahrnehmungssystem ist nicht mehr in der Lage, solche extrem weit auseinander liegenden Objekte zu einem dreidimensionalen Eindruck zu verschmelzen – ihre Querdisparation ist einfach zu groß. Deshalb kann man bei dem Zeigefinger, der gerade außerhalb der Aufmerksamkeit liegt, lediglich die zweidimensionalen Doppelbilder sehen.

6.2.3 Zwei waagrechte Zeigefinger

Probieren Sie noch ein weiteres beeindruckendes Zeigefingerspiel mit Doppelbildern, wie es in Bild 6.5 dargestellt ist.

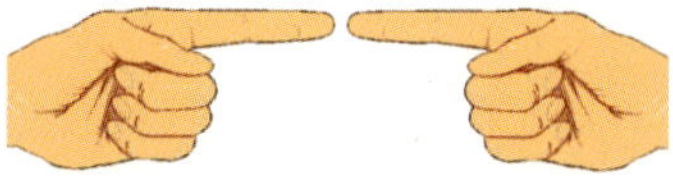

Abb. 6.5: Zwei waagrechte Zeigefinger.

Halten Sie dazu Ihre beiden Zeigefinger waagrecht vor sich und lassen Sie die beiden Fingerspitzen einander berühren. Stellen Sie sich nun vor, der ausgestreckte Zeigefinger vom vorigen Experiment wäre noch da. Nun stellen Sie Ihren Blick auf diese Entfernung scharf – oder Sie fixieren einfach den Hintergrund. Plötzlich sehen sie zwischen den beiden Fingern ein fleischiges, wurstähnliches Gebilde. Nun ziehen Sie ganz langsam die Finger auseinander und beobachten dabei, was mit der Wurst passiert: Die Wurst scheint schwerelos zu werden und frei im Raum zwischen den beiden Fingern zu schweben. Ziehen Sie die Fingerspitzen auseinander, wird sie immer kleiner, bis der ganze Spuk plötzlich wieder verschwindet. Hokuspokus fidibus!

Hinter diesem Trick steckt eine ganz neue Art der Wahrnehmungstäuschung. Ziel unseres Sehapparats ist es stets, eine dreidimensionale Wahrnehmung zu erzielen. Das heißt, die beiden Netzhautbilder werden so gut wie möglich miteinander verbunden. Dabei schafft es unser Sehsystem aber nicht immer, die richtigen Objekte miteinander zu verschmelzen. In diesem Versuch werden wir so fehlgeleitet, dass das Netzhautbild des linken Fingers mit dem des rechten Fingers fusioniert wird. Das wird durch die Konvergenz der Augenstellung auf die Ferne erreicht. Auf der linken Netzhaut erscheint dadurch der linke Finger im Zentrum und auf der rechten Netzhaut der rechte Finger.

Wenn Ihnen dieser „Trick“ gelungen ist, so können Sie ziemlich sicher sein, dass Sie auch mit den weiteren in diesem Buch befindlichen Testbildern zur dreidimensionalen Wahrnehmung keine Schwierigkeiten bekommen werden. Andernfalls gehören Sie möglicherweise zu den vier bis sechs Prozent der Menschen, die nicht in der Lage sind, räumlich zu sehen.

6.2.4 Tiefenauflösung durch die Querdisparation

Durch die Fähigkeit, Querdisparationen zu einem dreidimensionalen Gesamteindruck umzurechnen, besitzt der Mensch ein fantastisches Werkzeug, um Tiefen richtig einzuschätzen und aufzulösen. Das Auflosungsvermögen ist dabei umso besser, je größer die Sehschärfe und der Abstand der Augen ist. So wurden beispielsweise bei erfolgreichen Tennisspielern vielfach größere Augenabstände als normal festgestellt: sieben Zentimeter und größer.

Außerdem verbessert sich das Tiefenauflösungsvermögen, je *höher* der Abstand von der Linse zur Retina (durchschnittlich 1,67 cm) und je *geringer* der Abstand der einzelnen Sehzellen untereinander ist (im zentralen Netzhautbereich, der Fovea, beträgt der Abstand zwischen den Sehzellen etwa zwei Mikrometer). Von der Fovea zur Netzhautperipherie nimmt der Abstand der Sehzellen mehr und mehr zu. Man kann annehmen, dass ein Durchschnittsauge minimal unterschiedliche Sehstrahlen bis zu einem Winkel von 3,6 Bogensekunden – das sind 0,001 Grad – auflösen kann. Das ist ein geradezu sensationeller Wert und hinkt gar nicht so viel hinter dem Auflösungsvermögen der Parallaxenmessung in der Astronomie mit 0,0016 Bogensekunden hinterher, deren „Augenabstand" (Durchmesser der Erdumlaufbahn um die Sonne) mit ca. 150 Millionen km so viel größer ist. Somit wird nur zu verständlich, dass die Natur von der relativ „groben" Methode der Konvergenzmessung keinerlei Gebrauch macht.

Weitere Beispiele für die Leistungsfähigkeit unseres Tiefenauflösungsvermögens mit Hilfe der Querdisparation sind in der nachfolgenden Tabelle aufgeführt:

Tabelle 6.1: Tiefenauflösungsvermögen durch Querdisparation.

Sehentfernung	auflösbare Tiefenunterschiede
Leseentfernung (35 cm)	0,13 mm (Brotkrümel)
Zimmerwandentfernung (3 m)	0,5 cm (Bilderrahmen)
nähere Umgebung im Freien (20 m)	22 cm (Handlänge)
Fußballstadion (100 m)	5,7 m (halbes Fußballtor)
500 m	180 m

Ab einer Blickentfernung von ca. einem Kilometer ist eine Tiefenauflösung auf diesem Weg nicht mehr möglich.

Vermutlich werden Sie jetzt den Eindruck haben, dass Ihr Tiefenauflösungsvermögen besser ist als in der Tabelle angegeben. Vor allem die Auflösungswerte bei Entfernungen ab 500 m erscheinen deutlich schlechter, als wir aus unserer Erfahrung zu wissen glauben. Den Grund für unsere vermeintlich bessere Tiefenauflösungsfähigkeit wollen wir im weiteren Verlauf der Reise noch versuchen herauszufinden.

6.3 Die Zufallspunktbilder

Betrachten Sie Bild 6.6 mit den wahllos verteilten schwarzen und weißen Punkten – lassen Sie Ihrer Wahrnehmung dazu ausreichend Zeit. Plötzlich werden Sie etwas Neues in dem Bild erkennen. Dieser ganz von selbst auftretende fantastische räumliche Phasenübergang Ihrer Wahrnehmung gehört zweifellos zu den beeindruckendsten Erfahrungen des Sehens, besonders wenn Sie ihn zuvor noch nie erlebt hatten.

Abb. 6.6: Ein einfaches Zufallspunktstereogramm: Was können Sie erkennen, wenn Sie in die Tiefe blicken?

6.3.1 Der Trick mit dem Stereoblick

Bildpaare wie in Bild 6.6 wurden zum ersten Mal im Jahre 1960 von Bela Julesz entwickelt und waren der Ausgangspunkt der experimentellen Erforschung des Stereosehens (vgl. Julesz 1971). Die beiden nichts sagenden Bilder werden von unserer Tiefenwahrnehmung auf wunderbare Weise zu einem dreidimensionalen räumlichen Eindruck verschmolzen. Dadurch taucht plötzlich in der Tiefe ein Dreieck auf, das über dem Hintergrund schwebt. Das Prinzip dieses Tricks ist ganz ähnlich wie bei dem Versuch mit den beiden waagrechten Zeigefingern und der entdeckten schwebenden fleischigen Wurst in Bild 6.5.

Halten Sie das Buch in Leseentfernung vor sich. Blicken Sie jetzt am besten durch das Buch hindurch – gerade so, als ob es eine Glasscheibe wäre. Dies geht sehr einfach, wenn Sie Ihre Augen auf einen viel tiefer liegenden Punkt scharf stellen, zum Beispiel auf einen Zeigefinger an der ausgestreckten Hand. Entspannen Sie nun Ihre Augen und lassen Sie ihnen Zeit, die wahrgenommenen Doppelbilder zu fusionieren. Das linke Auge soll dabei durch das linke Zufallsbild hindurchblicken und das rechte Auge durch das rechte Bild. Diese spezielle Ausrichtung der Augen ist in Bild 6.7 dargestellt.

Sicherheitshalber können Sie einen Karton zwischen die Bilder stellen. Mit einem Schlag überlappen sich die Bilder – und Sie wissen, wie der Trick funktioniert.

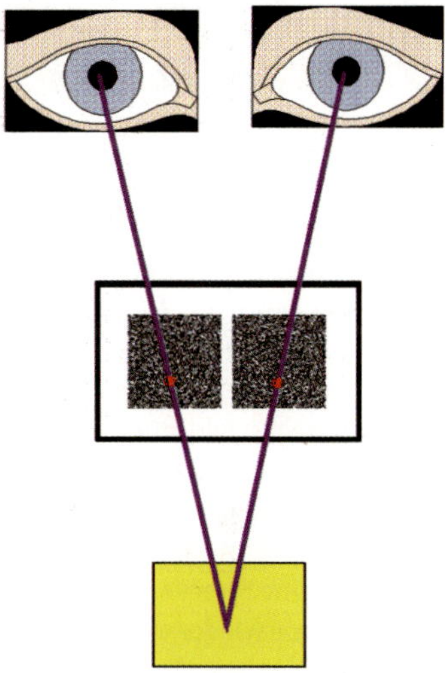

Abb. 6.7: Der Stereoblick: Mit dieser Ausrichtung Ihres Blicks erkennen Sie die Tiefeninformation der Zufallspunktstereogramme.

6.3.2 Die Herstellung von Zufallspunktbildern

Das Verblüffende an Zufallspunktstereogrammen ist, dass auf den Bildern keinerlei Struktur zu erkennen ist. Was steckt hinter diesen Bildern und wie werden sie hergestellt? Betrachten Sie dazu Bild 6.8. Hier sind die einzelnen Schritte bei der Herstellung eines Zufallspunktstereogramms dargestellt:

1. Zunächst wird ein beliebiges Zufallsbild gemalt oder mit dem Computer gedruckt.
2. Nun wird dieses Zufallsbild kopiert und neben das erste geklebt.

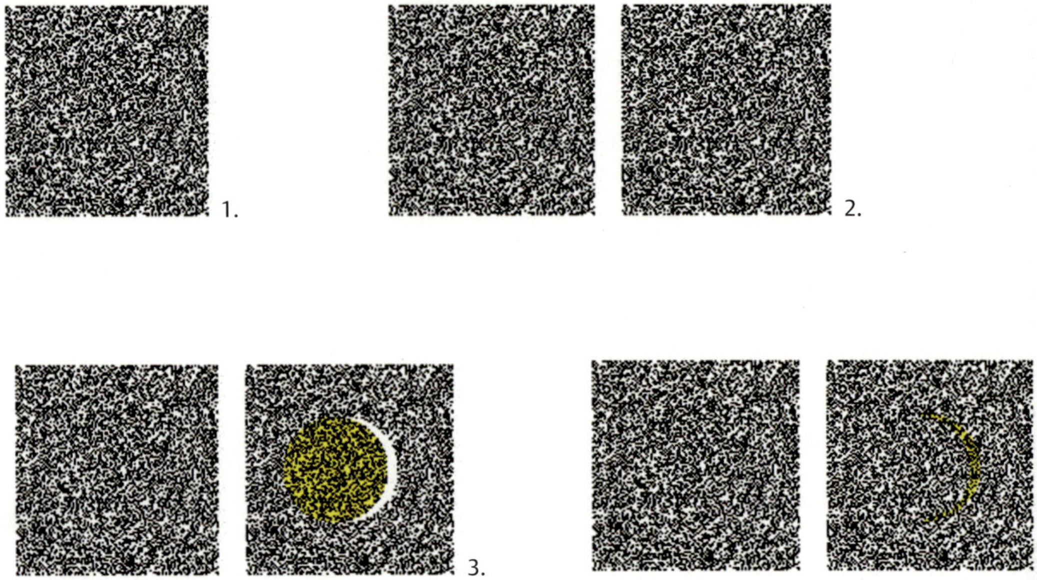

Abb. 6.8: Die Herstellung eines Zufallspunktstereogramms:
1. Zunächst wird ein beliebiges Zufallsbild gemalt oder mit dem Computer gedruckt. 2. Nun wird dieses Zufallsbild kopiert und neben das erste geklebt. 3. Aus diesem zweiten Bild wird nun mit der Schere oder einem Computerprogramm eine Figur, zum Beispiel ein Dreieck, herausgeschnitten und – um eine Strecke horizontal verschoben – wieder aufgeklebt.
4. Die entstandene Lücke wird mit Zufallspunkten aufgefüllt.

3. Aus diesem zweiten Bild wird nun mittels Schere oder Computer eine Figur, zum Beispiel ein Dreieck, herausgeschnitten und um eine Strecke horizontal verschoben wieder aufgeklebt.
4. Die entstandene Lücke wird mit Zufallspunkten aufgefüllt.

Die beiden Bilder sind in sehr großen Teilen identisch, obwohl dies auf den ersten Blick nicht auffällt. Bringt man die beiden Netzhautbilder in der richtigen Tiefe zur Deckung, so kommen die ganzen winzigen Zufallsstrukturen in einer bestimmten Tiefe zur Deckung. Die präparierte Figur besitzt notwendigerweise eine andere Tiefe als der Hintergrund, da sie eine andere Breitenabweichung aufweist. Wurde die Figur beispielsweise nach links verschoben, so erscheint sie im Vordergrund. Je mehr sie verschoben wurde, umso mehr wird sie im Vordergrund wahrgenommen. Umgekehrt erscheint die Figur hinter der Grundfläche, wenn sie nach dem Ausschneiden nach rechts verschoben wurde.

Anhand der Zufallspunktstereogramme können wir eine bedeutende Erkenntnis über unser Wahrnehmungssystem gewinnen: Zunächst erkennen wir räumliche Tiefe und dann erst als Nächstes Gestalten und Formen. Es ist also für das stereoskopische Sehen nicht nötig, in den Netzhautbildern der einzelnen Augen irgendwelche Strukturen oder Formen zu erkennen.

6.3.3 Fantastische Versuche zur räumlichen Wahrnehmung

Der Tiefeneindruck der Zufallspunktstereogramme resultiert also einzig und allein aus dem Effekt der Querdisparation. Diese Bilder sind somit eine ideale Möglichkeit, um seine Fähigkeit zur stereoskopischen Tiefenwahrnehmung zu überprüfen. Diese Figuren kann man nämlich tatsächlich nur erkennen, wenn man räumlich sehen kann – Schummeln ist ausgeschlossen!

Ferner sind die Zufallspunktstereogramme das ideale Messinstrument, um die Stärke der Tiefenwahrnehmungsfähigkeit objektiv und ohne andere störende Einflüsse zu überprüfen. Das können Sie anhand von Bild 6.9 nachvollziehen. Dabei handelt es sich um drei Testbilder zur Überprüfung Ihrer Tiefenwahrnehmungsstärke: Welche Figur können Sie in naher Leseentfernung noch erkennen: Kreis, Quadrat, Kreuz? Das Kreuz erfordert die geringste Tiefenwahrnehmungsfähigkeit, der Kreis die stärkste.

Außerdem bringen uns die Julesz-Zufallspunktbilder ein ganzes Feuerwerk verblüffender neuer weiterer Erkenntnisse über die Grundprinzipien unseres Sehsystems. Die nächsten Bilder werden aufzeigen, dass unser Gehirn auch in der dreidimensionalen Wahrnehmung nach dem einfachsten Zustand strebt und darüber hinaus sehr erfinderisch ist. Machen Sie dazu folgende Augenversuche:

Abb. 6.9: Testbilder zur Überprüfung Ihrer Tiefenwahrnehmungsstärke: Welche Figur können Sie in naher Leseentfernung noch erkennen: Kreis, Quadrat, Kreuz?

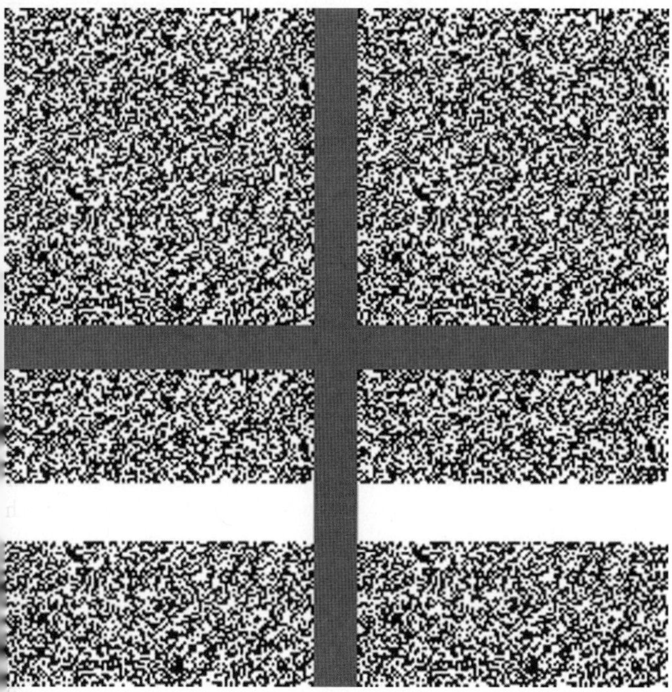

Abb. 6.10: Zwei Balken oder geschlossene Fläche?

Erster Augenversuch: Betrachten Sie die beiden Stereobildpaare in Bild 6.10. Oben können Sie zwei im Vordergrund liegende waagrechte Balken sehen. Im unteren Bildpaar ist der Zwischenraum zwischen den beiden waagrechten Balken Weiß gelassen, ansonsten ist alles gleich wie oben. Deshalb besitzt unsere Wahrnehmung hier zwei Wahlmöglichkeiten. Entweder liegen weiterhin die zwei einzelnen Balken im Vordergrund oder eine geschlossene große Fläche. Beobachten Sie selbst, was Ihr Tiefensehen macht. Die Ent-

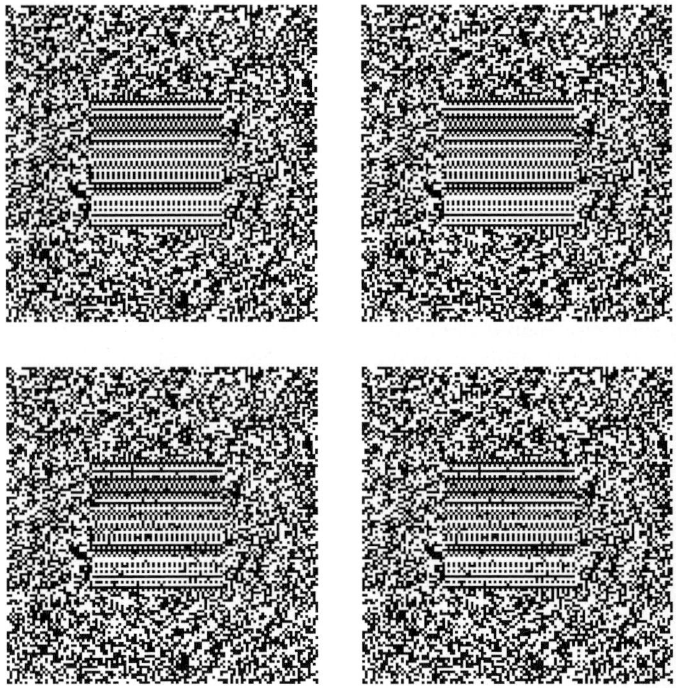

Abb. 6.11: Zweiter Augenversuch: der Pulling-Effekt.

scheidung fällt ganz eindeutig zu Gunsten der einfacheren Wahrnehmung, also der geschlossenen großen Fläche im Vordergrund.

Zweiter Augenversuch: In beiden (in Bild 6.11) dargestellten Bildpaaren kann ein im Vordergrund schwebendes Quadrat wahrgenommen werden. Das Quadrat wurde vom linken zum rechten Bildteil nur minimal um einen Bildpunkt nach links verschoben (Querdisparität minus 1). Das Muster des Zufallsbilds ist hier so geschickt präpariert, dass das Quadrat in den verschiedensten Höhenstufen liegen kann. Das wird dadurch erreicht, dass sich die Textur der Quadratfläche in jedem zweiten Bildpunkt wiederholt.

Die niedrigste mögliche Stufe (Disparität minus 1) ist durch die Höhe des waagrechten Balkens oberhalb des Quadrats dargestellt, die nächste Stufe (Disparität minus 3) durch den Balken unterhalb des Quadrats.

Unser Sehapparat hat im oberen Bildteil eine Wahlfreiheit in Bezug auf die wahrgenommene Höhenstufe des Quadrats. Wie Sie sich selbst überzeugen können, fällt die Entscheidung wieder einmal für die einfachste Lösung: Das Quadrat wird in der niedrigsten Höhe wahrgenommen. Es schwebt also in der gleichen Stufe wie der obere Querbalken. Unser Sehapparat verhält sich so ähnlich, wie wenn es ein fauler Gewichtheber und das Quadrat aus Blei wäre. Von einem „Über-dem-Hintergrund-Schweben" kann also kaum die Rede sein!

Im unteren Bildteil ist in das mehrdeutige Quadrat aus der oberen Reihe ein sehr kleiner Anteil (etwa sechs Prozent) von Bildpunkten eingefügt, die eindeutig auf eine Disparität von minus 3, also die

Abb. 6.12: Dritter Augenversuch: Schwebendes oder liegendes Dreieck?

zweite Höhenstufe, hindeuten. Wieder geht unsere Wahrnehmung den einfachsten Weg. Sie schließt einen Kompromiss des geringsten Widerstands und hebt das Quadrat auf die Höhe des unteren Querbalkens in die zweite Stufe an. Da die sechsprozentigen Bildpunkte *gegen* die niedrigste Stufe sprechen und *für* die nächsteinfache Möglichkeit, wird eindeutig diese Tiefe erkannt!

Dritter Augenversuch: Die Textur (in Bild 6.12) des Dreiecks ist so gestaltet, dass die Hälfte der Bildpunkte für eine Disparität von minus 3 spricht und die andere Hälfte gar keine Disparität besitzt. Sehen wir nun ein schwebendes Dreieck oder liegt es genau im Hintergrund? Die Lösung ist wieder eine Überraschung der Natur: Transparenz!

Mit fantastischem Einfallsreichtum spürt unser Wahrnehmungssystem auch hier wieder die beste Lösung auf. Da die beiden möglichen einfachsten Lösungen nicht eindeutig sind, ergibt sich ein ganz neuer, genialer Kompromiss: Das Dreieck schwebt zwar im Vordergrund, wirkt aber durchsichtig!

Unser Wahrnehmungssystem erweist sich wieder einmal als genialer Erfinder und gleichzeitig als „abschätzender Patentanwalt". Wie die Bilder 6.10 bis 6.12 zeigen, ist das Erfolgsrezept auch bei der Verbindung der beiden Augen immer das gleiche: Zunächst wird die einfachste Möglichkeit in Betracht gezogen. Ist diese Hypothese widerspruchsfrei, so wird diese „wahrgenommen", ansonsten als falsch angesehen und verworfen. Dann wird die nächstmögliche einfache Hypothese in Betracht gezogen und so weiter. Das geht so lange, bis ein brauchbarer Kompromiss gefunden wird.

Unsere Reise durch die 3D-Welt bringt uns in ein Land von fast grenzenloser Freiheit. Durch die Kombination der Seheindrücke der beiden Augen lassen sich viele neue Phänomene des Sehens erzielen und altbekannte in neuer Form wieder entdecken.

6.3.4 Verrauschte Bilder

Was passiert, wenn unseren Augen Bilder vorgegeben werden, die in ihrer Textur nur eingeschränkt deckungsgleich sind? Bis zu welchem Ausmaß an Unterschiedlichkeit können unsere Augen diese Bilder trotzdem noch zur Deckung bringen?

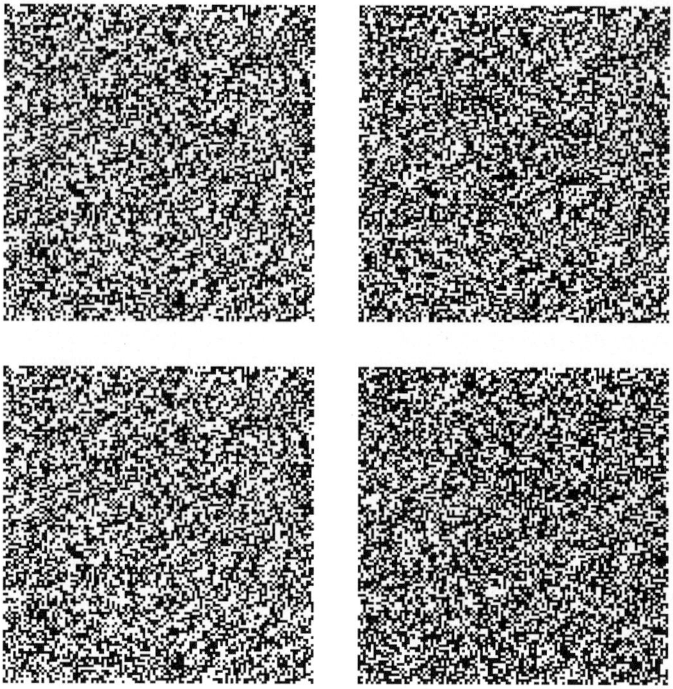

Abb. 6.13: Erkennen von verrauschter Stereoinformation: Sowohl oben als auch unten ist ein schwebendes Dreieck zu erkennen, allerdings mit zunehmendem Schwierigkeitsgrad.

Bleiben wir zur Untersuchung dieser Frage noch für einen Blick bei den Zufallsbildpaaren. Betrachten Sie dazu Bild 6.13:

Wenn Sie das obere Dreieck in Bild 6.13 erkennen, so hat Ihr Wahrnehmungsapparat bereits wieder eine ganz erstaunliche Leistung vollbracht: Das rechte Bild ist dasselbe wie das rechte aus Bild 6.6, allerdings zusätzlich überdeckt mit 50 Prozent „Rauschen“: Jeder zweite Bildpunkt besteht also aus einer für die Tiefenwahrnehmung vollkommen unnützen Information.

Das untere Bild ist sogar mit 90 Prozent Rauschen überzogen. Obwohl jetzt nur noch jeder zehnte Bildpunkt für eine sinnvolle 3D-Information sorgt, ist unsere Wahrnehmung in der Lage, auch diese Bildpaare zu einem dreidimensionalen Eindruck zusammenzufügen.

Der Drang unseres Sehapparates zur Verbindung der beiden verschiedenen Netzhautbilder ist also ganz enorm. Dabei wird bei wenig strukturierten Bildern wie den Zufallspunktbildern durchaus in Kauf genommen, dass nur eine kleine Anzahl von Bildinformationen in den beiden Einzelbildern übereinstimmt.

6.3.5 Wo steckt der Fehler?

Die Fähigkeit zur Verbindung von Einzelbildern kann zu ganz verblüffenden Effekten ausgenützt werden. Beispielsweise können zwei völlig gleich aussehende Bilder auf Fehler untersucht werden oder ein Geldschein kann als Fälschung entlarvt werden. Legen Sie dazu wie in Bild 6.14 einen echten Geldschein neben den fraglichen Geld-

Abb. 6.14: Links ist das Original, rechts die Fälschung: Wo befinden sich die drei Fehler? –Die Lösung ist mit dem Stereoblick ganz einfach.

schein. Die Suche nach dem Fehler gestaltet sich sehr mühsam, wenn man nicht den einfachen Trick des Stereoblicks anwendet: Bringen Sie die beiden Doppelbilder wie bei den Zufallspunktstereogrammen zur Deckung. Deutlich tritt nun der Fehler als instabile Uneindeutigkeitsstelle in der Tiefe hervor und die Fälschung ist entlarvt. Insgesamt lassen sich in Bild 6.14 damit sogar drei Fehler entdecken.

Versteht man den Stereoblick richtig anzuwenden, so ist diese Fähigkeit durchaus ausreichend, seine Mitmenschen in Begeisterung zu versetzen. Das kann sogar bis hin zu großen Fernsehauftritten (zum Beispiel „Wetten, dass ...?") gehen, in denen mit dieser „magischen" Begabung beispielsweise Schaltpläne auf Fehler untersucht wurden.

6.3.6 Die Rivalität von Strukturen

Das zielgerichtete Streben unserer Wahrnehmung zur Vereinigung der Doppelbilder ist aber nur die eine Seite der Medaille. Dehnen wir nämlich unsere Betrachtungen auf stärker strukturierte Bilder aus, so erkennen wir sehr bald ein zweites, gegenläufiges und genauso starkes Prinzip der Natur. Betrachten Sie dazu das nächste Stereobildpaar in Bild 6.15.

Das Ergebnis des Versuches mit Bild 6.15 ist eine kleine Überraschung: Es kommt hier nämlich nicht zu einer Mischung der beiden Balken. Die beiden Balken stehen in starker Rivalität zueinander. Es wird deshalb kein stabiler Kompromiss gefunden. Unsere Wahrnehmung greift somit auf einen Trick zurück, den wir schon in einer vorigen Reise untersucht haben: den zeitlichen Wechsel der alternativen Strukturen! Abwechselnd unterbricht und

Abb. 6.15: Die Rivalität von Strukturen: Sehen Sie einen senkrechten oder einen waagrechten Balken, beide zusammen oder immer einen abwechselnd?

verdeckt der waagrechte Balken den senkrechten, und umgekehrt. Es handelt sich dabei vor allem um einen Wettstreit der beteiligten Grenzen.

Dieser Wettstreit der Strukturen wird dabei natürlich wieder von den Gestaltgesetzen beeinflusst. Es zeigte sich, dass ein Netzhautbild mit einer gut gegliederten Struktur eines mit einer weniger gut gegliederten dominiert. Mit anderen Worten: Das gleichmäßigere Bild wird durch das kompliziertere unterdrückt. Dabei kann neben anderen Gestaltgesetzen die Länge der Grenzlinie der Struktur als Maßstab für die Stärke der Gliederung genommen werden – das ist aus dem nächsten Bild 6.16 ganz klar ersichtlich.

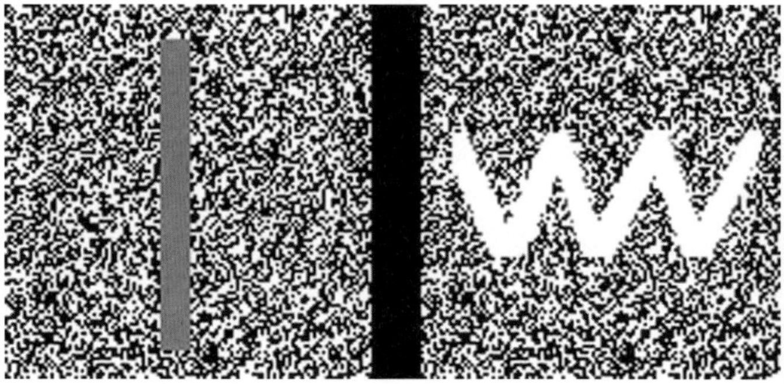

Abb. 6.16: Beeinflussung des Wettstreits der Strukturen durch Gestaltgesetze: Das rechte Auge dominiert durch die starke Gliederung der weißen Struktur über das linke Auge.

6.3.7 Die Rivalität von Farben

Ein weiterer wichtiger Einflussfaktor auf den Ausgang des Wettstreits der rivalisierenden Strukturen ist die Farbe. Sie kann neue Rivalitäten entfachen, aber auch neue Kompromisse erst ermöglichen. Ihre Rolle ist dabei sehr stark mit ihrer tragenden Struktur verbunden. Verschiedenfarbige, rivalisierende und unstrukturierte Flächen vereinigen sich nicht und die beiden Farben vermischen sich nicht – vielmehr liegt eine Rivalität der beiden beteiligten Farben vor. Dies äußert sich in einem scheinbaren Schillern des Tiefenbildes. Kommt es nicht zu diesem Effekt, so dominiert eines Ihrer Augen in seiner Sehkraft stark das andere.

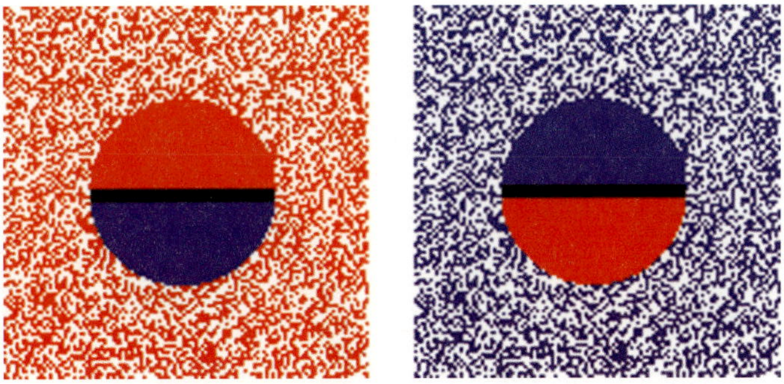

Abb. 6.17: Der Wettkampf von Farben.

Sind die Farben allerdings durch eine stark gegliederte Struktur gestützt, so tritt der Wettkampf der Farben in den Hintergrund. Das Doppelbild vereinigt sich und die Farben vermischen sich. Diese beiden strukturabhängigen Farbwettkämpfe können Sie in Bild 6.17 selbst überprüfen:

In diesem Stereobild können Sie selbst überprüfen, dass der Wettkampf zwischen Rot und Blau ganz unterschiedliche Ergebnisse mit sich bringen kann. Der Hintergrund, der stark strukturiert ist, erscheint nach der stereoskopischen Vereinigung in der Mischfarbe Violett.

Die wenig strukturierten Halbkreise scheinen dagegen zu „schillern“: Es findet ein Wettstreit der beiden Farben statt. In unregelmäßigem Wechsel treten die beiden Farben abwechselnd hervor. Tritt dieses Schillern nicht auf, so dominiert ein Auge stark das andere. Erscheint Ihnen der obere Halbkreis über eine längere Zeitdauer eher Rot als der untere, so dominiert Ihr linkes Auge, umgekehrt das rechte.

6.4 Auf der Hauptstraße

Unser Reisebus durch die fantastische Wunderwelt der Wahrnehmung ist jetzt im Begriff, in eine Hauptstraße einzubiegen. Nach den fremdartigen und ungewohnten Formen der Zufallspunktbilder sind wir bereits bei bekannten Mustern wie Geldscheinen angekommen und sehen in Farbe. Wir sind also auf dem besten Weg, um in unsere vertraute Umgebung zurückzukehren.

6.4.1 Stereofotografie

Dazu betrachten wir im Folgenden Stereobilder unserer bekannten Umwelt. Diese Bilder werden normalerweise mit einer (teuren) Stereokamera aufgenommen. Diese Spezialkamera besteht aus zwei kombinierten Kameras mit einem Abstand von sechseinhalb Zentimetern – das entspricht dem durchschnittlichen Augenabstand des Menschen. Der Verschluss der beiden Kameras ist miteinander gekoppelt, sodass eine simultane Aufnahme von bewegten Objekten,

Abb. 6.18: Eine Stereoaufnahme: Genießen Sie den Tiefeneindruck dieses natürlichen Stereogramms mit dem Stereoblick. Werfen Sie auch einen Blick durch das Hüttenfenster.

wie zum Beispiel Wellen, Flammen oder bewegten Tieren, möglich ist.

Um das Prinzip der Stereofotografie zu verstehen, ist es aber durchaus ausreichend, mit einer ganz gewöhnlichen „Mono"-Kamera zwei Bilder von ein und demselben Motiv zu machen. Die Positionen der beiden Aufnahmen sollten dabei mindestens um den Augenabstand verschoben sein. Allerdings sollten Sie darauf achten, nur unbewegte Motive aufzunehmen. Durch die mit den Zufallsbildern gewonnene Erfahrung mit dem Stereoblick ist es nicht schwer, die Einzelbilder zu einem Tiefeneindruck zu fusionieren.

Betrachten Sie dazu das Bildpaar 6.18 mit dem Stereoblick. Nachdem es in Ihrer Wahrnehmung „Klick" gemacht hat, sehen Sie die Berghütte in einem ganz neuen „Licht": Die ganze Szenerie bekommt Tiefe. Eine Menge kleiner Details fallen jetzt erst so richtig auf. Sie können geradezu in der Tiefe des Bildes spazieren gehen. Blicken Sie auch durch das Fenster auf das weit entfernte Bergpanorama.

Wenn man ein solches Bild zum ersten Mal sieht, wundert man sich, warum die Stereofotografie in unserer Zeit ein derartiges Mauerblümchendasein fristet.

Neben den Schwierigkeiten beim Erlernen des Stereoblicks gibt es noch einen zweiten wichtigen Grund, der eine weitere Verbreitung der Stereobilder verhindert: Das Stereosehen ist nämlich viel anspruchsvoller als das Stereohören. Bisher haben wir nämlich nur einen kleinen Ausschnitt des Spektrums der Möglichkeiten unserer Wahrnehmung zur Erlangung von Tiefeninformation kennen gelernt. Das soll sich in den folgenden Abschnitten ändern.

6.4.2 Die Hohlmaske

Wie kompliziert und mit wie vielen Sonderregeln versehen das Stereosehen sein kann, verdeutlicht ein Blick auf Bild 6.19.

Blicken Sie auf die beiden Stereobilder des Kopfes. Die Einzelbilder der oberen Reihe verbinden sich mit dem Stereoblick sehr leicht zu einem Tiefeneindruck. Das Gesicht blickt uns an, deutlich ist die nach vorne gewölbte Nase zu erkennen.

Auch wenn Sie das untere Bildpaar betrachten, stellt sich der Eindruck eines nach vorne gewölbten Gesichts ein. Allerdings verbleibt ein komisches Gefühl, als ob etwas mit dem Bild nicht stimmen würde. In der Tat handelt es sich bei dem Bildpaar um eine Hohlmaske. Das Gesicht ist in Wirklichkeit räumlich nach innen gewölbt. Dies wurde in diesem Bild dadurch erreicht, dass die beiden Einzelbilder miteinander vertauscht wurden. So wird jetzt dem linken Auge das Bild zugeführt, das eigentlich für das rechte bestimmt war, und umgekehrt.

Nach den einfachen Gesetzen der Tiefenwahrnehmung, die wir bislang kennen gelernt haben, müssten wir aus der Querdisparation der Einzelbilder eindeutig eine Hohlmaske erkennen. Warum ist das nicht der Fall?

Die Antwort lautet: Unser Gehirn fährt bei der Tiefenwahrnehmung mehrgleisig. Im Laufe von Jahrmillionen hat es eine ganze Reihe von „Erfolgsstrategien“ entwickelt, um Tiefe zu erkennen und diese zu beurteilen. Die *Erfahrung* besitzt dabei einen sehr hohen Stellenwert. Wir haben gelernt, dass ein Gesicht niemals nach innen gewölbt sein kann. Deshalb fungiert die Erfahrung in diesem Bild als eine Art „Türsteher“ für die ankommende Tiefeninformation. Die Information „nach innen gewölbt“ wird einfach nicht an unser Gehirn weitergegeben, die erlernte Erfahrung „nach außen gewölbt“ überstimmt den physikalisch gewonnenen Tiefeneindruck. „Wahrgenommen“ wird dann schließlich die von der Erfahrung aufdiktierte Entscheidung.

Eine Möglichkeit, diese Zensur zu umgehen, ist, den bekannten Wahrnehmungseindruck „Gesicht“ zu verfremden. Dies können Sie leicht dadurch bewerkstelligen, dass Sie das Gesicht auf den Kopf stellen: Drehen Sie dazu einfach das Buch auf den Kopf und schauen Sie die Hohlmaske noch einmal an. Lassen Sie sich genügend Zeit, so können Sie vielleicht Ihrem Gehirn einen Streich spielen und die Hohlmaske erkennen.

Falls Ihnen dies nicht gelingt, so sollten Sie nicht an Ihrer Wahrnehmungsfähigkeit zweifeln. Vielmehr handelt es sich hierbei ja um einen „Sicherheitsfilter“ Ihres Gehirnes, das Sie vor unrealistischen Wahrnehmungen wie zum Beispiel Halluzinationen schützen soll.

Dieser Filter muss auf irgendeine Art und Weise eng mit Bereichen des Bewusstseins verbunden sein. Dies zeigen Untersuchungen an Personen, die an akuter Schizophrenie leiden oder unter Einfluss von Drogen wie Marihuana oder LSD stehen. In diesen Fällen können Menschen die tiefenverkehrte Hohlwelt problemlos erkennen.

Den beeindruckenden Versuch mit der Hohlmaske können Sie auch in natura nachvollziehen. Betrachten Sie dazu eine Faschingsmaske von innen. Schließen Sie ein Auge, so blickt Sie ziemlich schnell eine ganz normale, nach außen gewölbte Maske an. Besonders beeindruckend ist das Ganze, wenn Sie jetzt um die Maske herumlaufen. Dabei entsteht der Eindruck, dass sich die Maske mitbewegt und Ihnen nachschaut.

Der Einfluss der Erfahrung auf die Wahrnehmung der Tiefe beschränkt sich natürlich nicht auf Gesichter. Landschaften, Pflanzen, Tiere, Mitmenschen und andere bekannte Dinge unserer Alltagserfahrung sind genauso durch unsere Erfahrung „tiefengeschützt".

Was hat es mit dieser Erfahrung bei der Tiefenempfindung genau auf sich? Unser Gehirn weiß aus seiner Erfahrung genau, wie manche Dinge auszusehen haben, es hat sozusagen „Vorurteile" gespeichert. Dabei bedient es sich neben Sinnesmethoden wie Abtasten und Hören auch der bekannten Gesetze des Sehens – mit anderen Worten: Das Gehirn stellt beispielsweise Größenvergleiche mit bekannten Objekten an, es beurteilt Lichtverhältnisse wie Helligkeitsverteilungen oder Schattenwürfe und es beobachtet Überdeckungen des weiter hinten befindlichen Körpers durch den weiter vorne liegenden.

6.4.3 Das Erkennen von Tiefe mit einem Auge

Menschen können überraschenderweise sehr gut ohne das dreidimensionale Sehen auskommen. Versuchen Sie beispielsweise, mit nur einem Auge Ihren Tag zu beginnen! Führen Sie diesen Test am besten gleich im Anschluss an den Doppelbildversuch beim Aufwachen durch – so wundert sich Ihre Umwelt wenigstens nur einmal über Ihre neuerdings ein wenig wunderlichen Aufstehmethoden! Selbst wenn Sie ein Auge geschlossen halten, wird Ihnen das Aufstehen, Anziehen, Zeitungholen und Zeitunglesen ziemlich einfach gelingen. Lediglich bei wenigen Kleinigkeiten wie dem Einschenken des Kaffees in eine etwas weiter weg stehende Kaffeetasse werden Sie etwas größere Schwierigkeiten als im Normalfall haben.

Beispiele dafür, dass Einäugige sich sehr gut in ihrer Umwelt zurechtfinden, gibt es überall, sogar im Bereich der Höchstleistungen. Bekannt wurden der nur auf einem Auge sehende Fußballspieler Wilfried Hannes (58 Tore und 261 Bundesligaeinsätze für Borussia Mönchengladbach) oder Wiley Post, der den ersten Alleinflug um die Welt unternahm.

Wie sind solche herausragenden Leistungen möglich? Der Grund dafür ist der, dass die Zweiäugigkeit zwar die sauberste, aber nicht die einzige Möglichkeit unseres Wahrnehmungsapparates ist, dreidi-

Abb. 6.19 (s. linke Seite): Ein ganz normales Stereobildpaar eines Kopfes (oben) und einer Hohlmaske (unten): Trotz der umgekehrten Anordnung im Raum erkennen wir auch unten einen „nach vorne gewölbten" Kopf.

mensionale Muster zu erkennen. Vielmehr hat sich eine Vielzahl von weiteren Strategien herausgebildet, mit denen der Mensch seine Lage im Raum erkennen kann. Der Grund für die Vielfalt dieser vorhandenen Methoden ist sicherlich in den Jahrmillionen der Evolution des Sehsystems zu suchen. Das komplizierte Verfahren der Tiefenmessung mittels der Querdisparation benötigte eine sehr lange Entwicklungszeit. Parallel dazu verlief die Entwicklung einiger weit einfacherer Strategien.

Die Verwendung zusätzlicher Sehstrategien bringt mehrere Vorteile mit sich: Zunächst springen sie ein, wenn das zweite Auge zum Beispiel durch Verletzungen ausfällt. Außerdem werden sie benötigt, wenn das durch den niedrigen Augenabstand begrenzte Tiefenauflösungsvermögen des Stereosehens von ca. einem Kilometer erreicht ist. Ab diesen Entfernungen werden ausnahmslos diese anderen Strategien des Tiefenerkennens verwendet.

Zusätzlich dienen sie natürlich dem Stereosehen, um Sinneseindrücke zu überprüfen – dies konnten wir schon bei der Betrachtung des Hohlkopfs sehen. Erst wenn wir mit allen Sehmethoden zum selben Ergebnis kommen, ist ein eindeutiges Seherlebnis möglich, ohne dass wir das unbewusste Gefühl haben: „Hier stimmt etwas nicht!"

Im Folgenden stellen wir Ihnen eine kleine Auswahl der wichtigsten Konzepte des Stereosehens für ein einzelnes Auge vor. Dabei handelt es sich um das Bewegungssehen, das Erkennen von Überdeckungen und von Durchsichtigkeit, das Einschätzen der Größe von bekannten Objekten, die Erkennung des Schattenwurfs und die Helligkeitswahrnehmung.

6.5 Andere Methoden zur Tiefenwahrnehmung

6.5.1 Die Wahrnehmung von Tiefe durch Bewegung

Bewegen Sie einmal Ihren Kopf hin und her und registrieren Sie, wie die Gegenstände vor Ihnen sich scheinbar bewegen. Der Tisch im Vordergrund bewegt sich beispielsweise viel schneller als die Wand dahinter. Und der Vordergrund verschiebt sich mehr als der Hintergrund. Man kann es auch anders sagen: Unterschiedlich entfernte Objekte bewegen sich mit unterschiedlichen Parallaxen.

Diese scheinbare Bewegung räumlicher Gegenstände war es auch hauptsächlich, die Ihre einäugige Orientierung beim morgendlichen Aufstehen bewerkstelligt hat.

Natürlich funktioniert dieses Prinzip auch bei schnelleren Bewegungen: So haben Sie sicherlich schon einmal das Ziehen der Wolken aus dem Fenster eines schnell fahrenden Zugs bewundert. Die tiefer liegenden Wolkenschichten scheinen unter den weiter oben liegenden förmlich hindurchzurasen.

Umgekehrt können wir natürlich auch Entfernungen von bewegten Objekten abschätzen, wenn wir und unsere Augen stillstehen. Aus der Fahrgeschwindigkeit von quer an uns vorbeifahrenden Autos beispielsweise können wir sehr leicht auf ihre Entfernung schließen. Je näher sie sich bei uns befinden, umso schneller bewegen sie sich in unserem Sichtfeld. So kann ein Fahrradfahrer ein Auto scheinbar mit Leichtigkeit überholen, fährt er nur auf einer Straße, die einiges näher zu uns liegt als die des Autos.

6.5.2 Tiefenwahrnehmung durch das Erkennen von Überdeckungen

Dieses einfache Prinzip ist von der Logik vorgegeben: Im Vordergrund liegende Objekte überdecken solche, die im Hintergrund angesiedelt sind. Unser Sehapparat überprüft also lediglich, welches Objekt welches andere überdeckt und erhält daraus die jeweilige Tiefeninformation. Die überdeckten Objekte werden dann entsprechend der Erfahrung und der Gestaltgesetze im Geiste vervollständigt. Ein Beispiel dafür ist in Bild 6.20 zu sehen: In der linken Bildhälfte werden Sie vermutlich zunächst eine willkürlich erscheinende Anordnung von violetten Flecken erkennen. Erst mit der Zusatzinformation aus der rechten Bildhälfte über die überdeckenden Objekte werden die Flecken zu eindeutigen Strukturen vervollständigt.

6.5.3 Tiefenwahrnehmung durch das Erkennen von Durchsichtigkeit

Die Eigenschaft zur Erkennung von Durchsichtigkeit haben wir schon bei der dritten Reise kennen gelernt. Deshalb wollen wir hier nur noch auf die Auswirkung hinsichtlich der Tiefenempfindung eingehen. Das durchsichtig erscheinende Objekt muss logischerweise immer vor dem Vergleichsobjekt liegend erscheinen, das durch das durchsichtige Objekt schimmert. Nach diesem Prinzip können wir zum Beispiel Windschutzscheiben von Autos oder Fensterscheiben

Abb. 6.20: Tiefenzuordnung auf der Grundlage von Überdeckungen: In der linken Bildhälfte sind lediglich die nicht überdeckten Bildteile dargestellt und erscheinen als regellos angeordnete Flächen. Mit Hilfe der räumlichen Zusatzinformation werden die überdeckten Objekte im Geiste zu Kühen vervollständigt.

Abb. 6.21: Das Tiefenwahrnehmungskriterium der Durchsichtigkeit: Das Fenster, das „durchsichtig" erscheint, liegt weiter im Vordergrund.

verschiedene Tiefen zuordnen. Ein Beispiel dafür ist in Bild 6.21, das in Boston aufgenommen ist, zu sehen.

6.5.4 Tiefenwahrnehmung durch Größenvergleich

Ein weiteres einfaches Hilfsmittel zur Abschätzung von Tiefen ist der Größenvergleich. Dazu benutzen wir die Alltagserfahrung über die Größe von bekannten Objekten: Je kleiner das Objekt im Vergleich zu anderen bekannten Objekten im Sehfeld erscheint, umso weiter hinten liegend erscheint es auch, und umgekehrt. Dieses Phänomen der Größenkonstanz haben wir schon in der zweiten Reise näher kennen gelernt.

Verlassen wir uns nur auf unsere Tiefenempfindung mittels des Größenvergleichs der Dinge, so kommen wir in Schwierigkeiten,

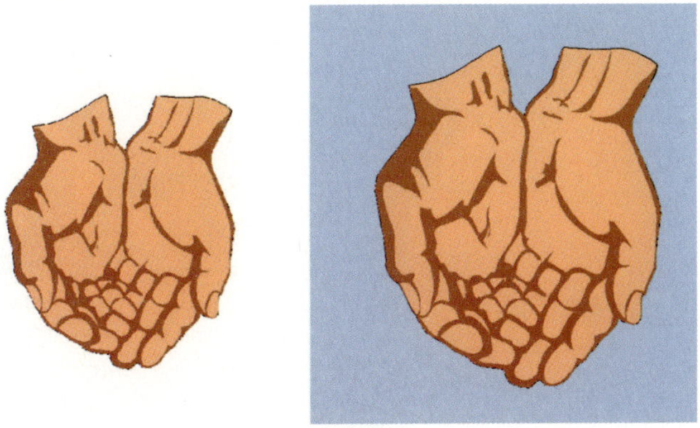

Abb. 6.22: Durch die unterschiedliche Brechkraft des Wassers im Vergleich zur Luft erscheint unsere Hand im Wasser größer als in der Luft. Deshalb scheint sie unter Wasser näher liegend, als sie in Wirklichkeit ist.

wenn die Verhältnisse nicht mehr stimmen oder Gegenstände auftauchen, deren Größe uns nicht bekannt ist.

So kann man beispielsweise unter Wasser die Entfernungen gehörig falsch einschätzen – Wasser besitzt nämlich eine andere Brechkraft als Luft. Deshalb stimmen unsere Erfahrungswerte nicht mehr; die Tiefenempfindung aufgrund der Größe bekannter Objekte ist stark verändert. Machen Sie zum Beweis einmal folgenden Versuch: Tauchen Sie Ihre Hand in einem Aquarium oder in einem Handbecken unter. Sie wirkt nun um einiges größer als zuvor. Wegen der Brechkraft des Wassers erscheint die Hand näher liegend, als sie in Wirklichkeit ist – wie in Bild 6.22 zu sehen. Der umgekehrte Effekt tritt auf, wenn Sie Ihre Augen vollständig unter Wasser tauchen – zum Beispiel im Schwimmbad. Ihre Hand wirkt nun einiges kleiner als zuvor – und das sogar dann, wenn keine Piranhas im Becken waren!

Aus dem gleichen Grund werden Sie zu einem scheinbaren Riesen, wenn Sie sich selbst unter Wasser bis hinunter zu Ihren Füßen betrachten. Deshalb erscheinen auch andere Badende oder der Beckenrand im Schwimmbad unter Wasser weiter entfernt als sie in Wirklichkeit sind.

Aber auch ganz einfache Abweichungen von der Alltagserfahrung bringen unsere Tiefenempfindung mit Hilfe des Größenvergleichs gehörig ins Wanken: Bei der Betrachtung eines Kasperle- oder eines Marionettentheaters beispielsweise kann man einen richtigen Schrecken bekommen, sobald eine Hand des Puppenspielers auf der Bühne zu sehen ist. Dies hängt damit zusammen, dass unsere Tiefenwahrnehmung mit Hilfe des Größenvergleichs dadurch schlagartig zusammenbricht.

Weitere Beispiele für solche Aha-Erlebnisse sind Bilder von miniaturisierten Städten in Erlebnisparks oder Kulissen von Trickfilmstudios, in denen im Hintergrund ein Mensch in richtiger Größe zu sehen ist. Eine Hauptursache für die große Aufmerksamkeit, die zwergwüchsige oder sehr großwüchsige Menschen erregen, ist genau dieses mit ihrem Auftreten verbundene Zusammenbrechen unseres Tiefensehens durch den Größenvergleich.

Abb. 6.23: Große Gesteinsformation oder Sandkasten? Urlaubsfoto ohne Größenvergleich. Deshalb fällt uns die Zuordnung der richtigen Tiefe und Größe zum Bild schwer. Unten: Urlaubsfoto mit Größenvergleich!

Das völlige Versagen der Tiefenbestimmung bei manchen Urlaubsbildern hat seine Ursache im Fehlen von bekannten Alltagserfahrungen über die Größe. Ohne bekannte Größen im Sehfeld kann man natürlich keine Größen vergleichen. Ein Beispiel dafür ist im Bild 6.23 zu sehen.

Diese Problematik, unbekannten Motiven die richtige Tiefe zuzuordnen, wird bei Europäern oft durch Personenaufnahmen auf Urlaubsbildern gelöst:

„Stelle dich bitte mal mit hinzu an den Rand zum Größenvergleich!"

Damit ist allerdings noch lange nicht die hauptsächlich bei asiatischen Touristen weit verbreitete Aufnahmetechnik erklärbar, die jeweilige Hauptsehenswürdigkeit durch Personen fast vollständig zu verdecken.

Eine ebenso komplizierte wie effektive Strategie zur Tiefenerkennung mit einem Auge ist die Beobachtung des unterschiedlichen Einflusses von Licht auf die Objekte. Das Licht kann Helligkeitsunterschiede und Schatten erzeugen, deren Bedeutung wir im Folgenden näher untersuchen wollen.

6.5.5 Tiefenwahrnehmung durch die Deutung des Schattenwurfs

Alle räumlichen Gebilde werfen im Normalfall einen Schatten – ausgenommen die (bei uns eher seltenen) Augenblicke, in denen die Sonne genau von oben kommt. Es ist eine bekannte Beobachtungstatsache, dass die Tiefenwirkung bei starker Schattierung am intensivsten ist. Dies ist natürlich bei einer senkrechten Sonneneinstrahlung kaum der Fall. Das beste Licht zur Erkennung räumlicher Tiefe ist deshalb in den frühen Morgenstunden und spät abends. Dann sind die Schattierungen ausgeprägt und die Wahrnehmungen werden plastisch. Betrachten Sie dazu die beiden grundverschiedenen Aufnahmen der Strandszene in Bild 6.24. Beide wurden von der fast gleichen Position aus gemacht. Allerdings wurde das linke Bild mittags und das rechte abends aufgenommen. Die Unterschiede sind enorm: Das linke Bild besitzt nur sehr wenig Tiefe und wirkt langweilig, ja leblos. Das rechte, abends aufgenommene Bild besitzt viel mehr Atmosphäre. Durch das Wechselspiel zwischen Schatten und Licht sind die Uferformationen viel plastischer zu erkennen.

Das streifende Abendlicht in Verbindung mit dem Schattenwurf eignet sich also sowohl zur Tiefenwahrnehmung als auch zum Fotografieren im Normalfall viel besser als das Mittagslicht. Neben dem besseren Schattenwurf wirkt das Abendlicht „weicher". Der Grund dafür ist der, dass es nicht mehr so intensiv ist und von viel weniger störendem Streulicht als tagsüber begleitet ist.

Die unterschiedlichen Auswirkungen des Mittags- und Abendlichts sind auf Mondaufnahmen wie in Bild 6.25 sehr gut – und in einem einzigen Bild zusammengefasst – zu beobachten. Das Sonnen-

Abb. 6.24: Eine Strandszene, tagsüber und abends.

Abb. 6.25: Die Auswirkungen des unterschiedlichen Sonnenstandes auf die Tiefenerkennung: Bei senkrechtem Sonneneinfall in den hellsten Mondzonen sind kaum Konturen und Krater erkennbar. Dagegen treten diese bei streifendem Lichteinfall am Rand des erleuchteten Mondteils sehr stark hervor. Die Mondoberfläche erscheint in diesen Bereichen plastisch.

licht fällt hier von rechts kommend auf die Mondoberfläche. In der Zone am rechten Bildrand fällt das Licht senkrecht ein. Deutlich sieht man, dass dieses Gebiet kaum Konturen besitzt und fast gleichmäßig hell erleuchtet ist. Die Konturen der vorhandenen Krater sind so gut wie unsichtbar. Dies ist die genaue Entsprechung der Lichtverhältnisse auf der Erde am Mittag.

Betrachten Sie nun die Lichtverhältnisse am linken Rand des erleuchteten Mondes: Durch den streifenden Lichteinfall auf die Mondoberfläche sind die Krater in diesem Bereich nun sehr deutlich zu erkennen. Die Oberfläche bekommt eine räumliche Tiefe und erscheint sehr abwechslungsreich und interessant. Dies entspricht wiederum genau den Erdverhältnissen am Abend.

Der Schattenwurf in Kombination mit der wichtigen Erfahrungstatsache, dass das Sonnenlicht von oben kommt, hilft uns beim Erkennen räumlicher Tiefe – wie in Bild 6.26 oben deutlich zu sehen ist.

Abb. 6.26: Sicherlich erscheint Ihnen in der oberen Reihe im oberen Bild ein durchgehendes nach vorne stehendes Steinmuster. Dagegen wirkt das Muster darunter immer wieder unterbrochen. In Wirklichkeit handelt es sich um identische, lediglich auf den Kopf gedrehte Bilder. Ein ähnliches Phänomen können Sie bei Betrachtung der beiden unteren Bilder erkennen. Im Originalbild links aus einer U-Bahn-Station in Prag erscheinen die meisten Halbkreise nach außen gewölbt. Dieser Eindruck verändert sich bei Drehung des Bildes um 180 Grad (siehe Bild rechts) komplett! Drehen Sie zur Überprüfung das Buch auf den Kopf.

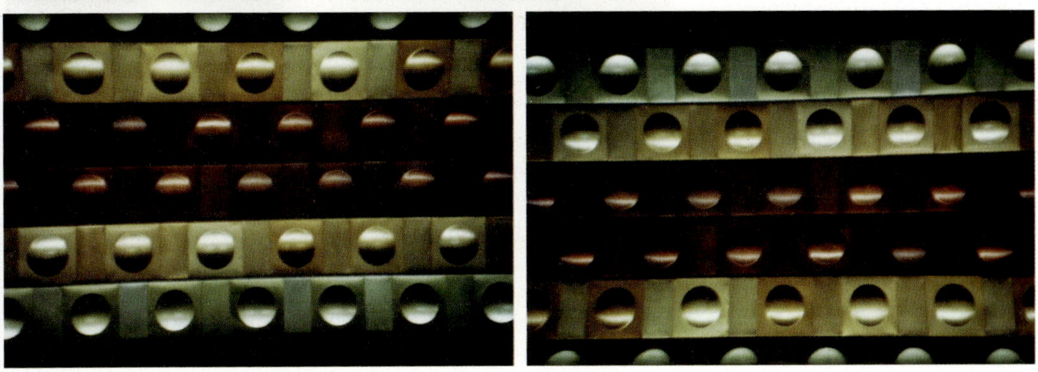

Sowohl in der oberen als auch in der unteren Fotografie erkennen Sie sicher ein aus der Mauer hervorstehendes gewundenes Steinmuster. Zwischen den beiden Mustern gibt es aber einen großen Unterschied: Oben erscheint das Muster als durchgehendes Band, unten dagegen ist es immer wieder unterbrochen. In Wirklichkeit sind die beiden Bilder vollkommen identisch, nur auf den Kopf gestellt. Drehen Sie zur Überprüfung das Buch auf den Kopf.

Erklärung: Die Erfahrung sagt uns, dass das Licht der Sonne immer von oben kommt. Bei den beiden Bildern entstehen durch die unterschiedliche Richtung des Schattenwurfs zunächst unterschiedliche räumliche Einschätzungen. Unser Wahrnehmungssystem weiß aber, dass nur hervorstehende Steinpartien für einen Schattenwurf sorgen. Dieser Schatten muss nach der Annahme des Wahrnehmungssystems, dass eine senkrechte Sonneneinstrahlung vorliegt, auf der sonnenabgewandten Seite liegen, also unterhalb des hervorstehenden Musters. Daraus ergibt sich für die beiden Bilder die jeweilige Einschätzung der Bildtiefe.

Die gleiche Erklärung ist der Grund für die Tiefentäuschung in Bild 6.26 unten, das an einem Bahnsteig der Prager U-Bahn aufgenommen ist. Sicherlich sehen Sie links eine Anreihung von runden nach außen gewölbten Halbkreisen. Mit einem Unterschied: In der unteren Reihe sind die Halbkreise nach innen gewölbt. Diese räumlichen Verhältnisse ändern sich drastisch, sobald das Bild wie in Bild 6.26 unten rechts dargestellt auf den Kopf gedreht wird: Was bisher nach innen gewölbt war, erscheint nun nach außen gewölbt und umgekehrt. Wieder wird – auch innerhalb eines sonnenlichtfreien U-Bahn-Schachtes – die virtuelle Sonne/Beleuchtung als von oben kommend angenommen, den Rest erledigt unsere Wahrnehmung.

Der Grund für die unterschiedliche Tiefenwahrnehmung liegt in einer grundlegenden Alltagserfahrung über den Stand der Sonne: Unsere Wahrnehmung geht ganz automatisch davon aus, dass das Sonnenlicht von oben und nicht von unten einfällt.

6.5.6 Tiefenwahrnehmung durch die Erkennung des Helligkeitskontrasts

Der *Helligkeitskontrast* spielt ebenfalls eine entscheidende Rolle beim Zuordnen von Tiefe. So scheinen kontrastreiche Objekte näher beim Betrachter zu liegen als Objekte mit weniger Kontrast. Diese Erscheinung entspringt wiederum unserer Alltagserfahrung: Durch Streulicht und Lufttrübung erscheinen weiter entfernte Objekte zunehmend verschwommen und unscharf. Diesen Effekt können Sie in Bild 6.27 anhand von Kühen nachvollziehen: die abgebildeten Kühe scheinen in verschiedenen Tiefen zu liegen. Sicherlich erscheint auch bei Ihnen die kontrastreiche linke Kuh im Vordergrund und die verschwommene rechte Kuh am weitesten im Hintergrund. Durch das schon bekannte Prinzip der Größenkonstanz erscheint die rechte Kuh außerdem perspektivisch am größten. In Wirklichkeit sind alle Kühe genau gleich groß.

Die erfahrungsbedingte Umsetzung des Helligkeitskontrasts in die Tiefenwahrnehmung ist auch die Ursache für Fehleinschätzungen der Entfernungen von weit entfernten Landschaften. Beispielsweise erscheinen die Alpen – vom Voralpenland aus betrachtet – an manchen Tagen zum Greifen nah und an manchen sehr weit entfernt, obwohl ihre Entfernung natürlich immer konstant ist.

Die simple Erklärung: Bei klarer Sicht erscheinen die Berge nur wenig verschwommen und sehr kontrastreich. Deshalb schätzen wir deren Entfernung als sehr nahe ein. Im Gegensatz dazu sind die Berge bei trübem, nebligem Wetter mit schlechter Sicht nur verschwom-

Abb. 6.27: Tiefenempfindung durch Vergleich des Helligkeitskontrasts: Welche der drei gleich großen Kühe erscheint am weitesten vorne? – Die kontrastreiche linke Kuh erscheint im Vordergrund, die verschwommene rechte Kuh im Hintergrund. Durch das Prinzip der Größenkonstanz erscheint die rechte Kuh dadurch perspektivisch am größten.

men zu erkennen; sie werden deshalb weiter entfernt wahrgenommen, als sie wirklich sind.

6.5.7 Eine nicht realisierte Methode zur Tiefenwahrnehmung

Warum geschieht das Erkennen von räumlicher Tiefe eigentlich nicht über eine Messung der Linsenkrümmung? Immerhin bewirkt die Linse unseres Auges doch die Scharfeinstellung – die *Akkommodation* – auf ein beliebig entferntes Objekt auf dieselbe Art und Weise wie eine Kameralinse. In der Ferneinstellung ist die Linse flach und wenig gekrümmt – dies wird durch das Anspannen der außen anliegenden Ciliarmuskeln erreicht; in der Naheinstellung dagegen wird dieser Muskel entsprechend entspannt und die Linsenoberfläche dadurch stark gekrümmt.

Es wäre daher nahe liegend, dass in den Ciliarmuskeln Sensoren existieren, die die Straffung der Muskeln zum Zwecke der Tiefenmessung prüfen würden. Die Natur hat aber fast vollständig darauf verzichtet; lediglich in zwei Extremfällen bekommen wir eine Sinnesmeldung über den Zustand der Akkommodation der Augen: Bei sehr starker Ferneinstellung kommt ein Gefühl der Entspanntheit auf, bei sehr starker Naheinstellung dagegen fühlt man sich bald angestrengt.

Für den ganzen Zwischenbereich erhalten wir keinerlei Sinnesmeldungen über den Zustand der Linsenkrümmung. Die Natur verzichtet ganz bewusst auf die Gewinnung von Tiefeninformation aus der Akkommodation der Augen. Der Grund hierfür ist wohl der, dass beim Auge bereits ab fünf Metern die extreme Ferneinstellung der

Linse realisiert ist. Schon ab zwei Metern sind nur noch minimale Einflüsse unterschiedlicher Linsenkrümmungen auf die Abbildungsschärfe erkennbar – von daher wäre eine Messung der Akkommodation sowieso nur in einem Bereich bis zu zwei Metern sinnvoll.

Mit unserem auf den letzten Seiten gewonnenen Wissen über die zusätzlichen Methoden der Tiefenwahrnehmung wird auch klar, warum wir die in der Tabelle 6.1 angegebenen Tiefenauflösungswerte als zu niedrig empfanden. Diese Werte beziehen sich nämlich ausschließlich auf das Auflösungsvermögen aufgrund der Querdisparation. Unser Tiefenauflösungsvermögen im Alltag besteht dagegen aus der Summe aller vorgestellten Tiefenwahrnehmungsmethoden, was vor allem für große Entfernungen zu deutlich besseren Werten als den in der Tabelle angegebenen führt.

6.6 Warum haben Menschen zwei Augen?

Unsere Reisegruppe ist nach vielen Sinnesirrungen und -wirrungen nun tatsächlich wieder an ihrem Ausgangspunkt angekommen. Genauso wie unsere Reiseroute ist auch die Funktionsweise unserer Tiefenwahrnehmung: nämlich ziemlich verwirrend. Sie sehen schon: Wie bei einer Reise führen auch hier viele Wege zum gewünschten Ziel. Doch erst die Summe aller dieser Wege bzw. Sehstrategien bringt uns in den Genuss des perfekten Tiefensehens.

Wie es scheint, sind wir der Beantwortung unserer Eingangsfrage nach der benötigten Augenzahl in der Tat nicht viel näher gekommen. Es gab zwar eine Unmenge von Antworten, aber auch eine Unmenge neuer Fragen. Wir haben gesehen, dass das Wunder der Tiefenwahrnehmung aus einem ganzen Netzwerk miteinander verwobener Strategien und Wechselkreise besteht, die sich manchmal widersprechen oder in Sackgassen enden können, meistens aber dennoch ganz eindeutige Lösungen hervorbringen.

Die Vermutung lieht nahe, dass es gerade dieses Wirrwarr an Methoden ist, das die hervorragenden Eigenschaften unserer Tiefenwahrnehmung hervorbringt. Denn welches System wäre mehr geeignet, unsere oft verwirrende und widersprüchliche dreidimensionale Umgebung besser abzubilden, als dieses fast ebenso verwirrende, selbst organisierte Regelsystem unserer Wahrnehmung?

Das zweite Auge ist nur auf den ersten Blick eine Art „Luxus" der Natur. Genauso wie der zweite Blick lohnt sich nämlich auch das zweite Auge durchaus. Dies haben wir im Verlauf unserer Reise mehrfach deutlich gemerkt: zum einen natürlich als Ersatz für den Ausfall eines Auges; zum anderen, um die wunderbaren Sehleistungen mit Hilfe der Querdisparation der räumlichen Objekte zu gewährleisten.

Ein drittes Auge wäre zwar schön, aber in Anbetracht der Notwendigkeit einer angemessenen Verdrahtung innerhalb des Sehsystems – denken Sie nur an die 126 Millionen Sehrezeptoren – ein sehr großer Aufwand für die Evolution, der keine angemessene neue Qualität bringt.

Nehmen wir also lieber weiterhin in Kauf, dass sich jemand von hinten anschleichen kann, ohne dass wir ihn bemerken, und dass wir nicht um die Ecke sehen können. Denn daraus ergeben sich ja gerade die kleinen Überraschungen des Lebens. Wie es aussieht, hat die Natur mit der Zahl Zwei ein Optimum zwischen Funktionalität und Ressourcenverbrauch gefunden.

Vielleicht ist der wirkliche Grund, warum wir zwei Augen haben, aber auch ganz einfach der, dass wir ab und zu ein Auge zukneifen können!?

6.7 In Venice Beach

Ganze Trauben von Leuten drängeln sich wie wild vor farbigen Bildern. Freudenschreie und Abenteuerlust beherrschen die etwas seltsam anmutende Szenerie. Es ist eine „Zum-ersten-Mal-Stimmung" unter den Menschen – wie vor dem ersten Schwimmversuch ohne Schwimmreifen, vor dem ersten Versuch, ohne Stützrädchen Fahrrad zu fahren, oder vor dem ersten Fallschirmsprung. Man weiß nicht genau, was auf einen zukommt bzw. wann etwas passiert.

Da! Ganz vorne wird ein Platz frei und plötzlich stehen Sie vor einem Bild, auf dem in großen Lettern geschrieben steht: „Entspannen Sie!"

„Keine Panik", wäre angesichts der mittlerweile wild gestikulierenden und diskutierenden Menschenmenge allerdings passender. Neben Ihnen und um Sie herum geht es darum, wie man das Gefühl beschreiben kann, das sich „beim ersten Mal" einstellt – ein Gefühl, das Sie jetzt auch gerne hätten.

Bei mir hat es ganz laut „Plopp" gemacht, meint der dicke, schwitzende Herr hinter Ihnen.

Sie blicken erneut auf das Bild und fragen sich verwundert, was hier „Plopp" machen soll. Sie sehen immer nur diese farbigen Kringel ohne Sinn, nichts weiter. Soll das etwa alles sein? Und was ist daran so besonders? Ihnen fällt die Geschichte mit dem Kaiser und seinen neuen Kleidern ein, die es gar nicht gab, aber es kann doch nicht lauter Kaiser um Sie herum geben? Von wem ist diese Geschichte eigentlich noch einmal? Und wie ging sie genau? Plötzlich taucht im Unterbewusstsein das Wort „Delfin" auf. Was hat das zu bedeuten, steht das in irgendeinem Zusammenhang mit dem Kaiser von eben? Eben? Irgendwie steht die Zeit still!

Und plötzlich baut sich vor Ihnen eine Wand aus Glas auf, die näher kommt, dahinter gähnt ein tiefer Abgrund. Sie fühlen sich wie in einem Traum, nur mit dem Unterschied, dass Sie sich hier selber zuschauen können. Jetzt nur nicht denken! Die Glasscheibe kommt bedenklich schnell näher, und da passiert es: Die Scheibe zerspringt in tausend Teile, nie mehr werden Sie den ersten Augenblick danach vergessen! Irgendwie fühlen Sie sich schwerelos. Ansonsten sind Sie ganz der alte – allerdings läuft plötzlich alles in Ihnen ab wie unter Wasser oder in Zeitlupe. In aller Seelenruhe können Sie jetzt in der Tiefe spazieren gehen, bis zum Grund sogar.

Da taucht plötzlich ein Delfin vor Ihnen auf. Keine Ahnung, warum gerade Delfine so oft in diesen 3D-Bildern sitzen – vielleicht weil sie so intelligent sind?! Immerhin wissen Sie jetzt: Sie sind in einem 3D-Bild und nicht in irgendeinem Traum.

Wie spät es wohl jetzt gerade ist? Egal! Um das herauszufinden, müssten Sie aus Ihrer neuen Welt wieder heraus – aber wieso eigentlich? Just in diesem Moment spüren Sie einen Rempler und ein Mann neben Ihnen fragt Sie: „Delfin? Warum rufen Sie immer *Delfin*?"

Urplötzlich ist der Spuk vorbei – da sind sie wieder, die ganzen Menschen um Sie herum, die Sonne scheint inzwischen. Kaum zu glauben: Eine geschlagene halbe Stunde stehen Sie jetzt schon hier. „Wenn Du auf die Scheibe zustürzt, dann macht es ganz laut 'Zack'", hören Sie sich selbst zu dem etwas ratlos wirkenden Mann neben Ihnen sagen.

Diese Geschichte spielt im Jahre 1993 in Venice Beach bei Los Angeles und handelt von dem inzwischen bekanntesten Flaggschiff der Wahrnehmungspsychologie: den *Autostereogrammen.* Sie erlebten in den vergangenen Jahren einen ungeheuren Boom. Noch nie zuvor war es harmlosen, in ihrem Ursprung wissenschaftlichen Bildchen gelungen, eine derartige Begeisterung rund um den Erdball auszulösen.

6.8 Eine Zeitreise durch die Technik des Stereosehens

Vor unserer Reisegruppe steht ein quadratisches, metallenes Ding ohne Räder, das auf den ersten Blick nicht viel mit den in diesem Buch versprochenen fantastischen Abenteuern gemein hat. Immerhin hat es eine Gangway, über die wir in das Innere der Maschine gelangen. Wie in einem Kino sind hier einige Sessel in der Mitte des Raumes aufgestellt. Der Busfahrer setzt sich neben uns und wirkt irgendwie mürrisch. Er wäre lieber selbst am Steuer, aber die Reiseroute sieht nun etwas anderes vor. Über uns erscheint ein Schriftzug: „Herzlich willkommen zur fantastischen Zeitreise durch die Technik des Stereosehens." Aha, wir befinden uns in einer Zeitmaschine!

Und schon beginnt der ganze Raum zu surren und ein Digitalzähler zeigt uns die Jahreszahlen an: 2005, 1995, 1950 ...

„Und jetzt sind wir im Jahre 1838 angelangt", sagt der Busfahrer gelangweilt. Immerhin macht er diese Tour schon zum neunzehnten Mal mit.

6.8.1 Das Spiegelstereoskop

Das ist das Jahr, in dem unsere Zeitreise in die Geschichte des Stereosehens beginnen soll. Zwar haben sich auch schon Euklid, Leonardo da Vinci oder René Descartes mit dem Problem der Darstellung der dritten Dimension befasst, aber die eigentliche Zeitrechnung des Verständnisses der 3D-Wahrnehmung beginnt in eben diesem Jahr

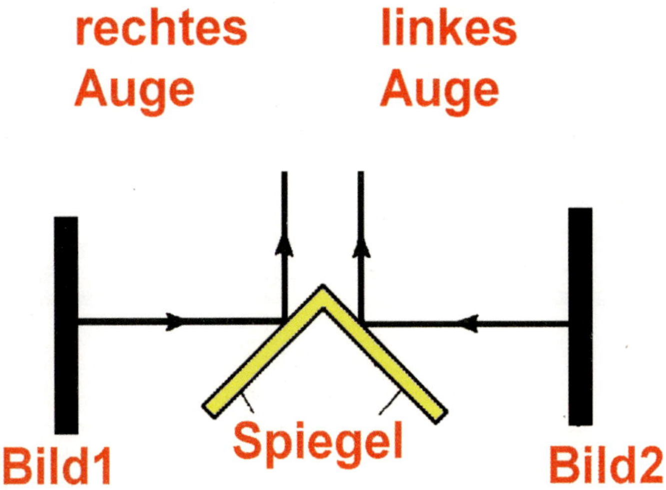

Abb. 6.28: Wheatstone'sches Spiegelstereoskop aus dem Jahr 1838.

1838. Vor unseren Sitzen taucht gerade die optische Werkstatt des britischen Erfinders Charles Wheatstone auf. Er war es, der als Erster eine Möglichkeit fand, Bilder stereoskopisch zu betrachten. Das gelang ihm mit Hilfe des von ihm entwickelten *Spiegelstereoskops*, dessen Aufbau in Bild 6.28 dargestellt ist.

Wie der Name schon verrät, besteht dieses Betrachtungsgerät aus einer Spiegelapparatur. Mit Hilfe dieser Spiegel ist es möglich, den Augen des Betrachters zwei leicht unterschiedliche Bilder auf getrenntem Strahlengang zuzuführen. Damit ist es sehr einfach, die beiden Bilder zu einem dreidimensionalen Eindruck zu verbinden. Voraussetzung ist nur, dass die Spiegel genau eingestellt sind und die Bilder im richtigen Winkel und Abstand zueinander angeordnet sind. Bei den betrachteten Bildern handelte es sich um künstlich erzeugte Zeichnungen (wie in Bild 6.29), die sich nur durch ihre horizontale Abweichung – die Querdisparation – voneinander unterschieden.

Ohne stereoskopische Betrachtung kann das Bild 6.29 in mindestens vier verschiedenen Wahrnehmungsalternativen gesehen werden: Man kann eine senkrecht stehende Garnrolle, eine Fliege für den Theaterabend und zwei perspektivische Ansichten sehen – ein nach hinten offener Tunnel und ein nach oben ragender Pyramidenstumpf mit viereckiger Grundfläche. Bei stereoskopischer Betrachtung mit dem Spiegelstereoskop von Wheatstone löst sich die Ambivalenz aber schlagartig auf und der Pyramidenstumpf ragt weit aus dem Blatt heraus.

Das Spiegelstereoskop erleichtert das Stereosehen durch folgenden Trick. Die beiden Bilder sind räumlich weit getrennt, liegen aber in derselben Tiefe. Durch das Spiegelsystem werden die Strahlengänge zwischen dem Bild und den Augen umgelenkt. Die Länge des Strahlengangs ist durch eine geschickte Einstellung der Spiegel genau auf die durch die Querdisparation vorgegebene

Abb. 6.29: Beispiel für ein künstlich erzeugtes Bildpaar, das mit dem Spiegelstereoskop räumlich betrachtet werden kann: Ohne Stereoskop kann das Bild in mindestens vier verschiedenen Wahrnehmungsalternativen gesehen werden: So kann man eine senkrecht stehende Garnrolle, eine Fliege für den Theaterabend und zwei räumliche Perspektiven beobachten – nämlich einen nach hinten offenen Tunnel und einen nach oben ragenden Pyramidenstumpf mit viereckiger Grundfläche. Bei stereoskopischer Betrachtung löst sich die Ambivalenz aber schlagartig auf und der Pyramidenstumpf ragt weit aus dem Papier heraus.

räumliche Entfernung eingestellt. Somit erscheinen die beiden Bilder am richtigen Ort in der richtigen Tiefe liegend.

6.8.2 Das Linsenstereoskop

Kurz nach der Erfindung des Spiegelstereoskops gelang David Brewster eine große Verbesserung. Er ersetzte die Spiegel durch ein spezielles Linsensystem und entwickelte daraus das *Linsenstereoskop*. Dadurch wurde das Gerät bedeutend handlicher und für die kommerzielle Nutzung zugänglich gemacht.

Die Stereoskope manipulieren den Sehstrahl so geschickt, dass wir keinerlei neue Sehtechnik erlernen müssen, um Stereobilder zu erkennen. Dabei wird entweder der Strahlengang oder die Scharfeinstellung entsprechend angepasst. Das führt dazu, dass ein ganz normales Seherlebnis entsteht.

Im Linsenstereoskop sind vor die beiden Augen zwei Linsen mit genau der Brechkraft eingebaut, dass die Sehstrahlen um den richtigen Winkel aufgeweitet werden und sich erst weit hinter der Bildebene kreuzen. Der Aufbau eines solchen Linsenstereoskops ist in Bild 6.30 zu sehen. Die Stereobilder sind dabei wie in unserem Buch nebeneinander in einer Bildebene angeordnet. Neben der leichteren Handhabbarkeit besitzt das Linsenstereoskop somit den zusätzlichen Vorteil, dass seine Stereobilder in Büchern wie diesem abgedruckt werden können. Hat man erst einmal diese Entkopplungstechnik von Scharfstellung und Sehwinkel gelernt, so können diese Bilder auch mit bloßem Auge gesehen werden.

6.8.3 Die Sehtechniken mit und ohne Stereoskop

Die Stereoskope unterstützen unsere Augen in dem Bemühen, die Stereowirkung zu erzielen. Die Schwierigkeit des Stereosehens mit bloßem Auge besteht darin, einen von Kindheit an gelernten Mechanismus des Sehens zu umgehen. Dieser Mechanismus ist beim Erkennen aller „normalen“ Objekte sinnvoll: Die Sehschärfe der einzelnen Augen ist mit der Einstellung der beiden Sehachsen

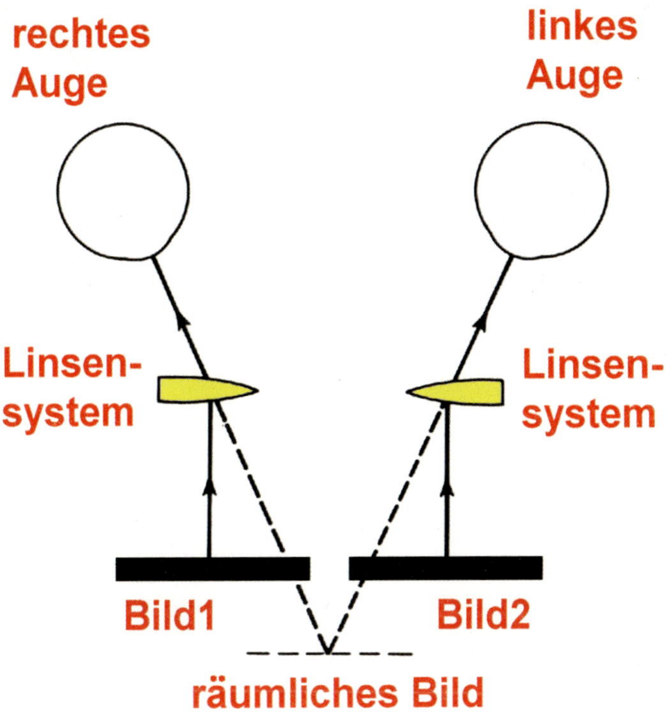

Abb. 6.30: Das Prinzip des Linsenstereoskops.

gekoppelt. Einen beliebigen Punkt im Raum fixieren wir zunächst, indem wir die Sehrichtungen der beiden Augen so einstellen, dass sich die Sehachsen in diesem Punkt schneiden – das ist die schon bekannte Konvergenz der Sehachsen. Auf diesen Schnittpunkt stellen sich nun die Linsen unserer beiden Augen ganz automatisch scharf, was als *Akkommodation* bezeichnet wird. Für das normale räumliche Sehen gilt also: Die Akkommodation und die Konvergenz sind gekoppelt.

Die Sehstrategie beim *Stereoblick* ist dagegen eine vollkommen andere: Zwar sollen die einzelnen Augen sich weiterhin auf die Bildebene scharfstellen. Der Blick soll aber keineswegs auf das Blatt gerichtet sein. Vielmehr sollen sich die Sehachsen außerhalb der Blattebene treffen, wobei die Entfernung zur Blattebene die empfundene Tiefe festlegt. Dieser Schnittpunkt der Sehachsen kann sich sowohl vor als auch hinter der Blattebene befinden. Daraus ergeben sich zwei unterschiedliche Möglichkeiten des Stereoblicks: das *Starren* und das *Schielen.*

Genaueres dazu können Sie Bild 6.31 entnehmen. Beim Starren ist der Blick hinter die Bildebene gerichtet. Diese Möglichkeit (linkes Teilbild) hat ihre Grenzen im Augenabstand: Es können lediglich Bildpunkte in einem Abstand von weniger als 6,5 cm miteinander stereoskopisch vereinigt werden – was aber bei den meisten Bildern möglich ist. Die Blickweise ist sehr angenehm, vermittelt ein entspanntes Gefühl und kann über sehr lange Zeit aufrechterhalten werden.

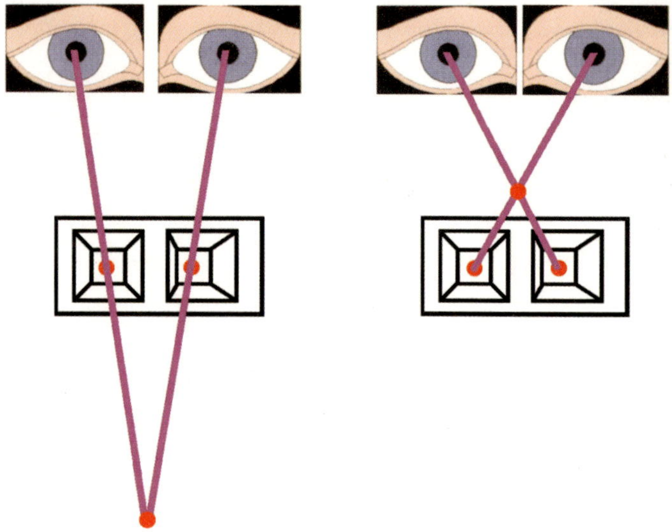

Abb. 6.31: Die zwei Möglichkeiten, Stereobilder zu sehen: das „Starren“ und das „Schielen“. Beim Starren ist der Blick hinter die Bildebene gerichtet, beim Schielen treffen sich die Sehstrahlen vor der Bildebene.

Das Schielen erfordert dagegen einige Anstrengung und sollte nicht zu lange ausgeübt werden. Dabei wird die Tiefeninformation genau umgekehrt, denn die Sehstrahlen treffen sich vor der Bildebene. Der Vorteil des Schielens ist der, dass auch Bildpaare mit einem beliebig großen Abstand von mehr als dem Augenabstand zur Deckung gebracht werden können.

Während dieser langen Erklärung ist der Jahreszahlanzeiger unserer Zeitmaschine auf „1839“ umgesprungen. In diesem Jahr gelang dem französischen Maler Louis Daguerre die bedeutende Erfindung der *Fotografie.* Dies hatte weit reichende Auswirkungen auf die Fortentwicklung der Stereobilder. Es war jetzt möglich, neben den künstlich erzeugten Bildern auch natürliche Stereofotografien aufzunehmen und zu sehen. Schon bald gab es spezielle Stereokameras, die aus zwei miteinander verbundenen Kameras im Augenabstand bestanden. Diese neue Technik ermöglichte eine noch rasantere Verbreitung der Stereobilder.

Die Weltausstellung 1851 in London verstärkte das Interesse der Menschen am Stereosehen und 1856 waren Stereobilder und Stereobetrachter zum ersten Mal auf dem Markt zu kaufen. Schließlich wurde 1893 die Londoner Stereoskopische Gesellschaft gegründet; sie besteht heute noch.

6.8.4 Der Tapeteneffekt

Bei unserer Zeitreise sind wir inzwischen im Jahr 1844 angelangt. Auf diese Jahreszahl wird die Entdeckung eines weiteren für das Stereosehen und die Entwicklung der Autostereogramme wichtigen Effekts datiert. Wiederum war es David Brewster, dem sie gelang. Eines Tages fiel ihm in einer viktorianischen Tapete, die mit einem sich ständig wiederholenden Motiv bedruckt war, etwas Verblüffendes auf: Die

Tapete schlug in eine andere Tiefe um, sobald er sie schielend betrachtete! Deshalb wird dieser Effekt als *Tapeteneffekt* bezeichnet; er ist ein direkter Vorläufer der heutigen Autostereogramme.

Diese Tiefenverwandlung können Sie außer an Tapeten noch an vielen anderen Dingen des Alltags verfolgen. Die einzige Voraussetzung ist lediglich, dass Sie ein periodisches Muster betrachten müssen. Sobald Sie die Schieltechnik oder die Starrtechnik beherrschen, können Sie Dachziegel, Brückengeländer, Autohimmel, Schachbretter, Hochhausfenster, Badezimmerkacheln oder Zäune in den verschiedensten Tiefen wahrnehmen.

Kurze Zeit nach seiner Entdeckung geriet der Tapeteneffekt in Vergessenheit – genauso wie die Stereobilder. Erst um die Jahrhundertwende wurden sie zunächst in adligen Kreisen als Gesellschaftsunterhaltung und zum Zeitvertreib wieder entdeckt. Dabei spielten sie eine ähnliche Rolle wie Vexierbilder oder Comics. Bedingt durch den Nachteil der zur Betrachtung nötigen Sehhilfe dienten sie aber nur zum Amüsement kleiner wohlhabender Gesellschaftskreise. Größere Verbreitung fanden Stereoaufnahmen schließlich durch die Entwicklung neuer Betrachtungstechniken. Das sind vor allem die Rotgrün- oder die Blaugrün-*Anaglyphentechnik* und die Bildbetrachtung mit Hilfe eines *Polarisationsfilters.*

Beide Methoden haben einiges gemeinsam. Die entscheidende Neuerung war, dass die beiden Einzelbilder nicht mehr räumlich getrennt abgebildet waren, sondern übereinander auf demselben Ort. Zum Stereosehen müssen die Bilder aber bekanntlich von den Augen getrennt betrachtet werden. Wie werden die beiden Einzelbilder auseinander gehalten? Beide Techniken verwenden dazu verschiedene Filter. Führt man diese vor die Augen, so wird nur das richtige Bild zum richtigen Auge durchgelassen und die jeweils andere Komponente dagegen ausgeblendet. In der Art dieses verwendeten Filters liegt der wesentliche Unterschied der beiden Techniken.

6.8.5 Die Rotgrün-Anaglyphentechnik

Bei der Anaglyphentechnik wird die Wellenlänge des Lichts, also die Farbe, als Hilfsmittel verwendet, um die beiden Einzelbilder auseinander zu halten. Die Erzeugung eines Rotgrün-Bildes geschieht folgendermaßen: Die aufgenommenen Stereobilder werden in verschiedenen Farben eingefärbt – das eine Bild in Grün und das andere in Rot. Diese beiden einfarbigen Bilder werden mit der richtigen Querdisparation übereinander geblendet. Mit bloßem Auge ist jetzt nur ein uninteressantes Doppelbild zu erkennen, das nach Fehldruck aussieht. Betrachtet man das Bild dagegen mit einer Rotgrün-Brille, so entsteht der Stereoeindruck auf sehr einfache Weise. Dem einen Auge wird dabei ein roter Filter und dem anderen ein grüner Filter vorgehalten. Sollten Sie keine Rotgrün-Brille in Ihrem Haushalt besitzen, so können Sie sich aus farbigem Seidenpapier leicht selbst eine basteln. Betrachten Sie damit die Rotgrün-Bilder in Bild 6.32. Diese fantastischen Bilder wurden von Franz-Josef Heimes mit einer auf

Olpe, 02.09.2004

seinem Flugzeug montierten Spezialkamera aufgenommen, die er in Abhängigkeit der Flughöhe und Fluggeschwindigkeit, der Brennweite und dem Bildformat wiederholt auslöst. Dadurch gewinnen die Häuser von Olpe und vor allem der Steinbruch im Bild 6.32 unten eine ganz neue räumliche Tiefe.

Bekannt wurden die Rotgrün-Bilder vor allem durch das Kino. Diese neue Erfindung der bewegten Bilder wurde ziemlich bald auch mit dem Stereosehen verbunden. Es entstand eine ganze Reihe von Stereofilmen, die durch ihre sehr gute Tiefenwirkung beeindruckten. Leider beeindruckten diese zumeist auch durch unsäglich schlechte Drehbücher – was wohl auch der Grund war, warum diese Welle des Interesses am Stereosehen wieder nachließ. Ein entscheidender Nachteil der Rotgrün-Technik ist außerdem, dass die Tiefenbilder nicht farbig sind.

6.8.6 Die Polarisationsfiltertechnik

Dieser Nachteil fällt bei der Betrachtungstechnik mit Polarisationsfiltern weg. Zur Trennung der beiden Einzelbilder bedient man sich hier einer schon in der fünften Reise betrachteten besonderen Eigenschaft des Lichts: Es kann polarisiert werden. Dies ist eine Art Geheimcode des Lichts, den wir mit unseren Augen im Gegensatz zu den Bienen nicht dechiffrieren können. Erst mit Hilfe einer Polarisationsbrille können wir erkennen, wie und ob das Licht codiert war. Von der Brille wird dabei jeweils nur einer der beiden Codes durchgelassen.

Die Physik des polarisierten Lichts haben wir bereits in der fünften Reise kennen gelernt. Das geschah anhand des Vergleichs mit einem schwingenden Seil. Einen Polarisationsfilter kann man sich in diesem Modell nun als schmalen Spalt vorstellen, der nur solche Anteile der Seilwellen passieren lässt, die genau in der Richtung des Spalts schwingen. Der Polarisationsfilter für das zweite Glas der Polarisationsbrille besteht aus einem Spalt in senkrechter Orientierung.

Diese Technik eignet sich besonders gut für den Einsatz mit Projektoren, zum Beispiel bei Diavorführungen oder Filmen. Die Stereoprojektoren bestehen dabei aus zwei einzelnen Projektoren, mit denen die beiden Stereobilder auf die Leinwand gebracht werden. Vor die beiden Linsen des Stereoprojektors wird jeweils ein unterschiedlich orientierter Polarisationsfilter gehalten. Diese verschieden polarisierten Einzelbilder können mit Hilfe einer Polarisationsbrille unseren Augen wieder getrennt zugeführt werden. Dieses Verfahren führt zu Stereoeffekten, mit denen nun auch die Farbwahrnehmung uneingeschränkt möglich ist. Noch vor kurzem konnten solche Filme nur von einem kleineren Publikum in Erlebnisparks wie Disneyworld (zum Beispiel in „Captain EO“ mit Michael Jackson oder im herausragenden „Honey I shrunk the audience“) bewundert werden. In kürzester Zeit hat sich aber nun (endlich!) das 3D-Sehen in unseren Alltag verankert – explosions-

Abb. 6.32 (s. linke Seite): Zwei fantastische Rot-Grün Bilder. Oben: Luftansicht von Olpe, unten: Steinbruch Stentenberg. Mit freundlicher Genehmigung von Franz-Josef Heimes.

artig und vermutlich und hoffentlich unumkehrbar. Getrieben durch neue Animationsfilme der großen Hollywoodstudios kamen ab 2009 die ersten 3D-Blockbuster wie „Ice Age 3", „Oben" und vor allem „Avatar" in die Kinos. Der Erfolg dieser Filme und die einfache und preisgünstige Polarisationsfiltertechnik haben die Kinobetreiber zum Aufrüsten auf 3D-Technik bewogen. Das führte dazu, dass 3D inzwischen fast schon zu den Standards für jeden neuen Film gehört und sich gerade über die 3D-Fernseher anschickt, auch den Einzug in unsere Wohnzimmer zu halten.

Für Druckerzeugnisse ist diese Technik allerdings völlig ungeeignet, da es hier im Gegensatz zur polarisierten Lichtprojektion der beiden Einzelbilder keine Möglichkeit gibt, die Einzelbilder entsprechend zu codieren.

6.8.7 Der Pulfrich-Effekt

Es gibt noch zwei weitere Methoden, um in Filmen einen Stereoeffekt zu erzielen: Die bekanntere und weniger aufwendige der beiden beruht auf dem Pulfrich-Effekt, den Sie bereits bei der fünften Reise kennen gelernt haben. Dessen Entdecker Carl Pulfrich konnte seine Täuschung übrigens nicht selbst räumlich wahrnehmen, da er zu der Gruppe von Menschen gehörte, die auf einem Auge blind war (vgl. Abschnitt 6.4.3)! Wie bereits erwähnt, entdeckte Pulfrich, dass unser Gehirn verschiedene Helligkeiten verschieden schnell wahrnimmt: Je heller das Licht, umso schneller wird der Sehreiz von den Augen ins Sehzentrum weitergeleitet. Dunkle Sehreize werden dagegen vergleichsweise langsam transportiert. Diese unterschiedlichen Reizweiterleitungszeiten haben, wie fast alles in der Natur, einen praktischen Nutzen. So stellt sehr helles Licht, wie die direkte Sonneneinstrahlung, eine größere Bedrohung für die Netzhaut dar als dunkles. Deshalb ist eine schnelle Schutzreaktion in Form eines Zusammenziehens der Pupille erforderlich.

Solche unterschiedlich schnellen Nervenleitungen sind im Wahrnehmungssystem aus den unterschiedlichsten Gründen gar nicht so selten. So haben wir schon in Reise 5 gesehen, dass die Farbinformation „Blau" langsamer übermittelt wird als die Farbinformation „Rot" oder „Grün". Ein weiteres Beispiel findet sich im menschlichen Tastsinn: Es hat sich gezeigt, dass eine sanfte Berührung langsamer als ein harter Schlag ins Wahrnehmungszentrum weitergeleitet wird!

Sie können den Pulfrich-Effekt direkt beobachten, indem Sie die Wahrnehmung eines Auges etwas abdunkeln. Halten Sie dazu vor dieses Auge zum Beispiel einfach ein Sonnenbrillenglas. Damit kommen alle Sehreize dieses Auges etwas später im Gehirn an als die des „hellen" Auges. Das können Sie überprüfen, wenn Sie vor sich ein Gewicht, zum Beispiel einen Radiergummi, an einer Schnur in einer Ebene von links nach rechts hin- und zurückpendeln lassen. Durch die Sehverzögerung entsteht daraus der deutliche Eindruck einer dreidimensionalen ellipsenförmigen Bewegung. Dies geht anschaulich aus Bild 6.33 hervor, bei dem vor das rechte Auge eine Sonnenbrille gehalten wird. Dabei wurde die Bahnbewegung in zwei Teile unterteilt.

1. Pendelbewegung von links nach rechts:
   Der Schnittpunkt der beiden zeitlich verschobenen Sehstrahlen liegt vor der Bahnebene des Pendels! Deshalb bewegt sich das Pendel scheinbar etwas auf den Beobachter zu!
2. Pendelbewegung von rechts nach links:
   Der Schnittpunkt der beiden zeitlich verschobenen Sehstrahlen liegt hinter der Bahnebene des Pendels! Deshalb bewegt sich das Pendel scheinbar vom Beobachter weg!

Der Pulfrich-Effekt lässt sich für eine Stereoempfindung im Kino ausnützen. Dazu ist natürlich eine bewegte Kameraführung erforderlich! Die Kamera wird genau in der Geschwindigkeit bewegt, die die zeitliche Verzögerung durch den Pulfrich-Effekt kompensiert. Die Sehinformationen über ein Objekt kommen somit aus zwei verschiedenen Positionen (im Idealfall aus dem normalen Augenabstand) zeitgleich in unseren Augen an. Dadurch wird ein perfektes Stereoerlebnis möglich.

Machen Sie zum Beispiel einmal folgendes Experiment: Nehmen Sie während einer langsamen Autofahrt vom Beifahrersitz aus die Sicht aus dem Fenster mit einer Videokamera auf. Wenn Sie den Film mit einer einäugig etwas abgedunkelten Brille betrachten, wird der Pulfrich-Stereoeffekt einsetzen – natürlich müssen Sie je nach Fahrtrichtung das abgedunkelte Brillenglas an das richtige Auge anlegen. Wenn Sie eine Fahrt von links nach rechts gefilmt haben, sollten Sie das Dunkelglas am rechten Auge haben, und umgekehrt. Variieren Sie außerdem die Filmabspiel- oder Fahrtgeschwindigkeit, um den optimalen Stereoeffekt zu erzielen!

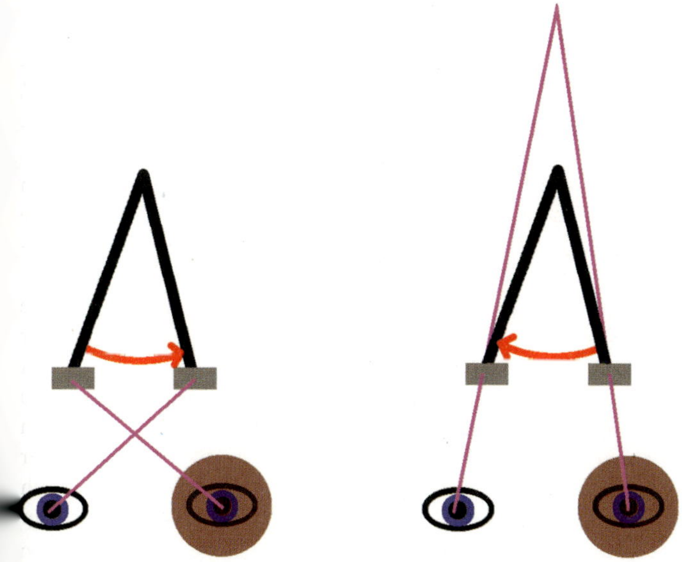

Abb. 6.33: Der Pulfrich-Effekt: Befestigen Sie einen Radiergummi an einer Schnur und lassen Sie diese vor sich hin- und herpendeln. Halten Sie vor Ihr rechtes Auge eine dunkle Sonnenbrille und beobachten Sie die Bahnbewegung des Pendels. Es entsteht der Eindruck, dass das Pendel nicht mehr in einer Ebene schwingt, sondern eine Ellipse beschreibt.

Auf dem Pulfrich-Effekt basierende Stereofilme wurden in jüngster Zeit einige Male im Fernsehen ausgestrahlt. Allerdings konnte sich auch diese Technik nicht endgültig durchsetzen, da sie mit einigen großen Nachteilen verbunden ist: Zum einen muss die Kamera dauernd in Bewegung sein. Zum anderen ist die Stärke des Stereoeffekts von der Bewegungsgeschwindigkeit und der Bewegungsrichtung abhängig. Somit ist diese Technik nur bedingt „stereotauglich" und eher schon als Spielerei anzusehen. Im Verlauf unserer fantastischen Reise haben wir aber schon öfters auf Abenteuerspielplätzen Station gemacht. Dabei haben wir die große Bedeutung von Spielereien zu schätzen gelernt. Und bekanntlich lernt man durch Spielen am meisten.

Neben dem Pulfrich-Effekt gibt es noch eine weitere, technisch allerdings etwas aufwendigere Methode zum Stereosehen von Filmen: Es handelt sich dabei um die so genannte *Shutter-Brille.*

6.8.8 Die Shutter-Brille

Diese Spezialbrille funktioniert folgendermaßen: Mit Hilfe einer speziellen Elektronik wird in zeitlichem Wechsel eines der beiden entgegengesetzt polarisierten Fenster dieser Brillen geöffnet und das andere geschlossen. So kann die Kinoleinwand – abwechselnd mit einer bestimmten Frequenz – einmal mit dem rechten und dann mit dem linken Auge betrachtet werden. Als Verschlussmechanismus werden dabei Flüssigkristalle verwendet, die elektronisch lichtundurchlässig gemacht werden können. Auf der Leinwand läuft ein Spezialfilm, in dem mit derselben Frequenz abwechselnd ein Kamerabild aus dem Blickwinkel des linken Auges und des rechten Auges erscheint. Zwar ist diese Betrachtungsmethode technisch sehr aufwendig, andererseits stellt sie die mit Abstand sauberste Lösung dar. Der Vorteil gegenüber der reinen Polarisationsbrille besteht darin, dass nie die Ansichten beider Augen gleichzeitig auf der Leinwand zu sehen sind und so keinerlei störende Überlagerungen durch die Projektion stattfinden. In jüngster Zeit erleben die Shutter-Brillen einen starken Boom durch die Verwendung in den meisten neuen 3D-Fernsehern.

6.8.9 Die Zufallspunktstereogramme

Schon am Anfang dieser Reise haben wir die Zufallspunktstereogramme kennen gelernt (siehe Abschnitt 6.3). Diese neue Stereobildform hat der Wahrnehmungspsychologie eine sehr wichtige neue Erkenntnis gebracht: Das Tiefensehen ist ohne jede Gestaltwahrnehmung allein mittels der Querdisparation möglich!

Unsere Zeitmaschine fährt gerade in das Jahr 1959. Auf dieses Jahr wird nämlich offiziell die Entdeckung der computerunterstützten Zufallspunkstereogramme datiert. Bela Julesz gelang im Bell-Laboratorium diese bahnbrechende Entdeckung, die er mit den

Jahren weiter vervollkommnete. Er und seine Mitarbeiter, zu denen zeitweise auch ein gewisser Christopher Tyler gehörte, ersannen immer wieder neue Bilder.

6.8.10 Die Autostereogramme

Dieser Christopher Tyler vollzog den vorerst letzten entscheidenden Schritt in der Entwicklung der Stereobilder. Zusammen mit der Programmiererin Maureen Clarke produzierte er im Jahre 1979 am Smith-Kettlewell-Institut in San Fransisco ein paar Schwarzweiß-Bildchen, die er *Autostereogramme* nannte. Hierbei handelte es sich nicht mehr um Stereobildpaare, die aus zwei Einzelbildpaaren bestanden, sondern nur noch um ein einziges Bild! Diese Autostereogramme entwickelten schon bald eine ungeahnte Eigendynamik. Sie wurden weitergereicht, bestaunt und kopiert. Sie wurden verbessert, bekamen farbige Strukturen und vermehrten sich rasant über die Computernetze und Kopiermaschinen der ganzen Welt.

Im Nachhinein betrachtet, war die Erfindung der Autostereogramme eine zwangsläufige Sache. Die Zufallspunktbildpaare hatten den großen Nachteil, dass sie mit bloßem Auge nur schwer stereoskopisch wahrgenommen werden konnten. Außerdem war es ein ästhetischer Nachteil, dass es sich um zwei Einzelbilder handelte. Diese beiden Nachteile stehen glücklicherweise in einem besonderen Zusammenhang miteinander. Dieser wird uns schließlich „ganz von selbst" zu den Autostereogrammen führen. Diesen Prozess können Sie in Bild 6.34 nachvollziehen.

Um die Zufallspunktbilder wie in Bild 6.34a mit bloßem Auge zu erkennen, ist es vonnöten, die Sehrichtung und die Scharfstellung der Augen zu entkoppeln. Das Ausmaß dieser Entkopplung ist entscheidend, um räumlich sehen zu können. Je tiefer man hinter die Bildebene blicken muss, desto schwieriger ist es, die Augen zu entkoppeln. Um das räumliche Sehen zu erleichtern, hilft uns eine einfache Strategie: den Abstand der beiden Bilder klein zu machen, wie in Bild 6.34b. Am besten wird der Abstand zwischen den beiden Bildern gleich ganz weggelassen (wie in Bild 6.34c). Den Abstand zwischen den beiden Bildern kann man sehr einfach noch weiter verringern, indem die Bilder an sich verschmälert werden (Bild 6.34d). Damit das Bild wieder seine ursprüngliche Breite bekommt, erinnern wir uns an den Tapeteneffekt: Anstatt eines Bildes mit nur zwei sich wiederholenden Mustern vervollständigen wir die Seite mit einer ganzen Serie von Streifen mit sich periodisch wiederholenden Mustern (Bild 6.34e). Die Tiefenwahrnehmung wird erheblich vereinfacht, wenn Farbe verwendet wird und die Streifen sich aus stark strukturierten Mustern zusammensetzen. Bei einer starken Strukturierung muss unser Sehsystem nicht lange suchen, um eine eindeutige Zuordnung der Streifen zueinander zu finden. Diese Erleichterung des Tiefensehens können Sie im Bild 6.34f selbst überprüfen. Die Strukturierung der Autostereogramme kann bis zur Verwendung

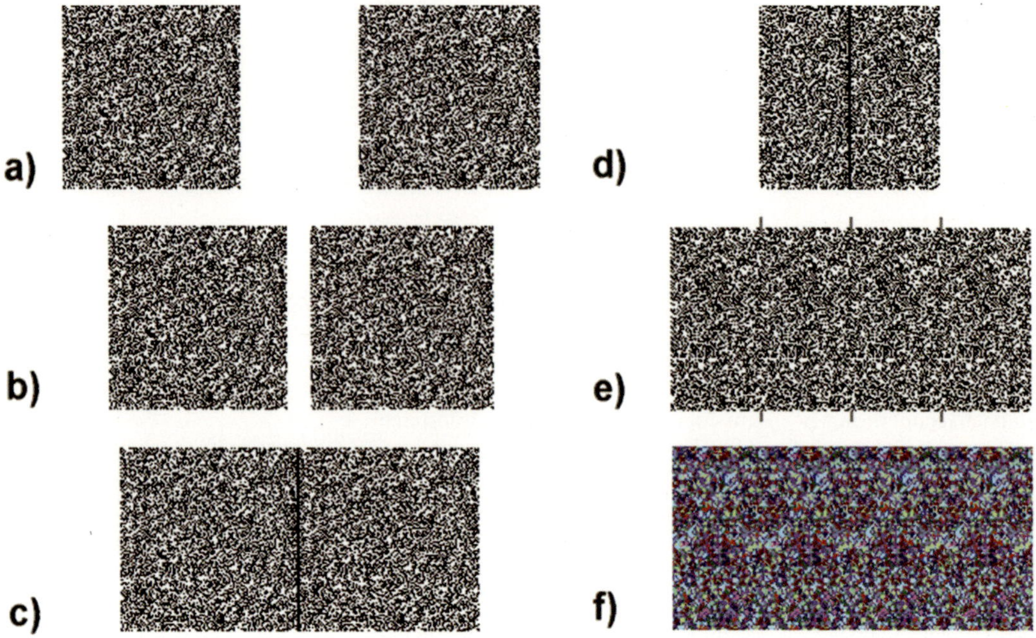

Abb. 6.34: Die Entwicklungsstufen der Autostereogramme: a.) Am Anfang steht eine (gedachte) natürliche Entstehungsgeschichte aus einem Zufallspunktstereogrammpaar. b.) Das Tiefensehen wird vereinfacht, wenn die Bildabstände zwischen den Einzelbildern kleiner werden. c.) Noch besser ist es, wenn der Bildabstand ganz verschwindet. d.) Der Bildabstand kann noch weiter verringert werden, indem die Bildbreite verringert wird. e.) Damit das Bild seine ursprüngliche Breite wiederbekommt, bedienen wir uns des Tapeteneffekts und verwenden anstatt zweier aneinander geklebter Bilder eine ganze Serie mit sich wiederholenden Mustern. f.) Das Stereosehen wird weiter erleichtert, wenn die Bilder farbig und mit internen Strukturen versehen werden.

ganz normaler „natürlicher“ Muster, Fotografien oder Zeichnungen gehen.

Die Autostereogramme vereinigen also auf ideale Art und Weise die Vorteile von ihren direkten Vorläufern, den Tapetenmustern und den Zufallspunktstereogrammen. Die Tiefe kann nun genauso einfach wie beim Tapeteneffekt mit bloßen Augen wahrgenommen werden. Außerdem bleibt das Überraschungsmoment erhalten, das aus den Zufallspunktmustern stammt.

Gerade diese Mischung aus Neugierde und Fantasie machen wohl den besonderen Reiz dieser Bilder aus. Nirgendwo anders als bei den Autostereogrammen wird die Kraft des Sehens in einem solchen Ausmaß deutlich. Sind die verschiedenen Blicktechniken erst einmal erlernt, so besitzen unsere Augen eine ganz neue Macht.

Auf der Anzeigetafel der Zeitmaschine erscheint inzwischen die aktuelle Uhrzeit. Wir befinden uns wieder in der Gegenwart. Zum Abschluss läuft ein Abspann auf dem Display, der den Ausflug durch die Stereogeschichte noch einmal kurz zusammenfasst.

6.8.11 Zusammenfassung

Rückblickend kann ein ständiger Wechsel des öffentlichen Interesses am Stereosehen festgestellt werden. Interessanterweise wiederholten sich die Hochphasen der öffentlichen Anteilnahme in einem fast gleich bleibenden zeitlichen Abstand von etwa 30 Jahren.

Die erste Modewelle, was das Stereosehen angeht, hatte ihren Höhepunkt um das Jahr 1860. Weitere Wellenberge gab es um die Jahrhundertwende sowie in den zwanziger, fünfziger und in hoch kommerzialisierter Form in den neunziger Jahren des vergangenen Jahrhunderts. Der zeitliche Abstand der Wellen blieb zwar etwa gleich, nicht aber die Höhe der Wellen. Durch immer leichtere Verbreitungsmöglichkeiten mittels neuer Drucktechniken und vor allem der Fortentwicklung der Stereobildtechniken stiegen die Wellenberge des allgemeinen Interesses in immer größere Höhen!

Den endgültigen Durchbruch der 3D-Technologie scheint nun die riesige durch die großen Hollywoodstudios seit den letzten 5 Jahren ausgelöste Lawine an erfolgreichen und guten 3D-Filmen bewirkt zu haben. 3D ist in und überall und bald vermutlich auch wie selbstverständlich in unseren Wohnzimmern in 3D-Fernsehern und 3D-Internet zu Hause.

„Hallo Zeitmaschine: Wie sieht denn die Zukunft des Sehens aus?“, fragt ein Mitreisender.

Die Antwort: „Das verrate ich natürlich nicht! Dann würden alle Menschen solche Bücher wie euren Reiseführer hier langweilig finden. Niemand würde mehr 3D-Bücher und -Filme herausgeben und die ganze Entwicklung müsste noch einmal von vorne beginnen!“

Wir geben uns sicherheitshalber lieber mit dieser orakelhaften Erklärung zufrieden, bevor die Zeitmaschine eine der in solchen Augenblicken üblichen längeren Ausführungen über Kausalität, Lichtgeschwindigkeit, Ursache und Wirkung und einer Geschichte von einem Vater, der durch eine Zeitreise sein eigener Sohn wurde, und so weiter, beginnt. Und das alles wahrscheinlich nur, weil sie nicht zugeben will, dass sie gar nicht in die Zukunft fahren kann!

6.9 Neue Wunderwelten der Wahrnehmung

6.9.1 Mehrfachwelten und Geisterbilder

Betrachten Sie die Autostereogramme in Bild 6.35 mit dem Stereoblick. Vermutlich entdecken Sie in der oberen Hälfte zwei ganz normale Hasen. Lassen Sie nun Ihren Blick auf das untere Teilbild wandern. Es handelt sich um genau dasselbe Bild – nur verkleinert. Trotzdem erkennen Sie vermutlich etwas völlig anderes, vermutlich eine Ansammlung von vier sich seltsam überschneidenden Hasen. In Autostereogrammen steckt also noch viel mehr, als wir bisher gesehen haben. Bei entsprechendem Blick können bizarre Geisterbilder wie die verdoppelten Hasen gesehen werden. Dabei kommt es nur auf die Blicktiefe an.

Beim bisherigen „einfachen“ Stereoblick dienten jeweils die benachbarten Strukturen als Ankerplätze für die Sehstrahlen. Betrachten Sie dazu Bild 6.36 links. Die bemerkenswerte Eigenschaft der Mehrdeutigkeit des Tiefeneindrucks hat ihre Ursache in der häufigen Wiederholung desselben Bildstreifens. Nun ist es genauso gut möglich, dass erst die übernächsten Nachbarstrukturen für unseren Blick als Ankerplätze dienen. Durch das „zweifache Stereostarren“ (siehe Bild 6.36 Mitte) entsteht eben dieser Eindruck der

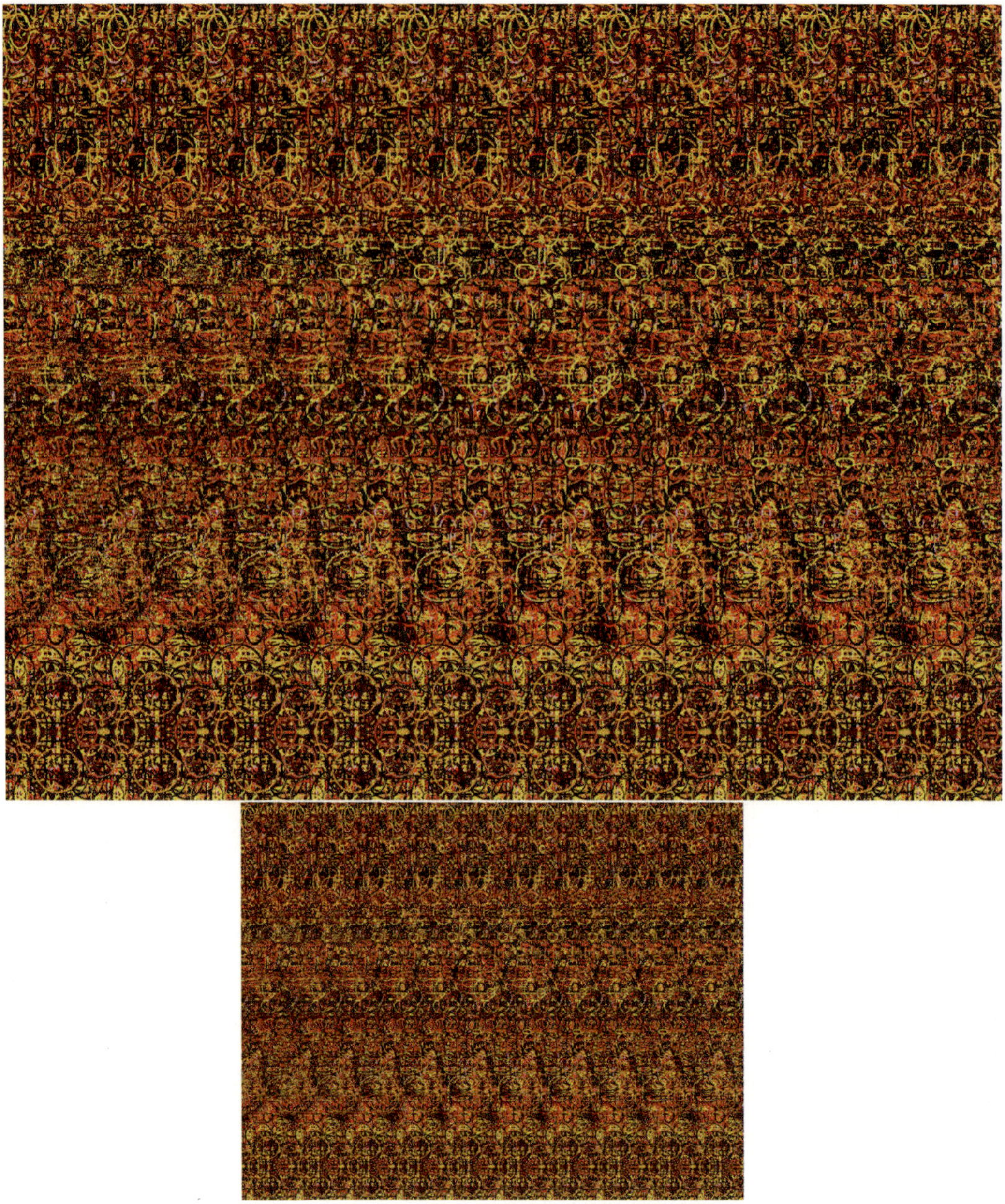

Abb. 6.35: Hasen vermehren sich durch unterschiedliche Blickweise.

doppelten Geisterbilder. Natürlich können auch dreifache (siehe Bild 6.36 rechts) und noch mehr Geisterbilder gesehen werden. Allerdings wird deren Erkennen immer schwieriger.

Der zwei- und mehrfache Stereoblick und vor allem der sprunghafte Übergang zwischen diesen verschiedenen Welten ist zwar etwas für Fortgeschrittene, im Prinzip aber ebenso erlernbar wie der ein-

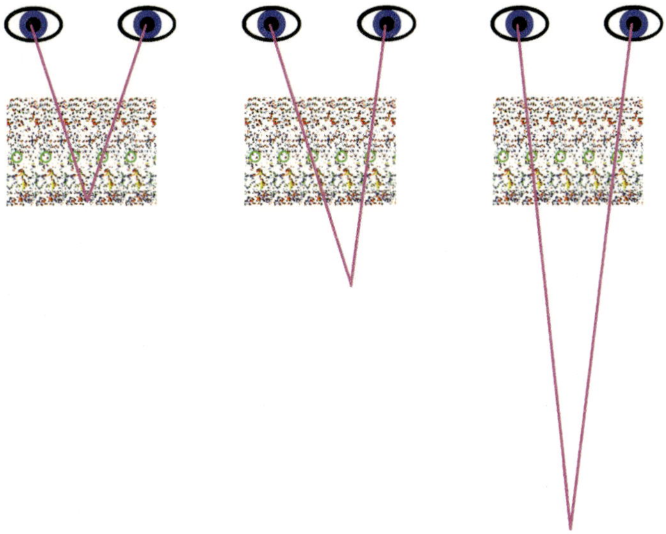

Abb. 6.36: Doppelter und mehrfacher Stereoblick.

fache Stereoblick. Blicken Sie dazu einfach noch tiefer in das Bild als in der „einfachen" Tiefenwelt!

Erfahrungsgemäß ist es zu Beginn ziemlich schwer, den Übergang zwischen den Welten auf Wunsch zu erzielen. Der Grund dafür liegt wieder einmal in der guten Gestalt des bereits entstandenen Tiefeneindrucks. Unser Gehirn sieht auch durch vorsichtige Blickänderungen keinerlei Veranlassung, von der einmal entdeckten, einfachen Tiefenwahrnehmung abzulassen. Deshalb sollten Sie eine sehr extreme Blickrichtungsänderung vollführen – irgendwann hält Ihr Wahrnehmungssystem diesem Druck nicht mehr Stand und mit einem Schlag erscheint eine neue Mehrfachwelt vor Ihnen! Der willentliche Übergang zwischen den verschiedenen Welten stellt eine sehr hohe Anforderung an unsere Augen und ist sicherlich erst in einem sehr fortgeschrittenen Stadium möglich.

Anfänger können sich aber wieder mit einem Trick behelfen: Sobald Sie das Tiefenbild sehen, schließen Sie die Augen. Blicken Sie jetzt zunächst nur im Geiste in eine größere Tiefe. Damit lässt sich die bemerkenswerte Stabilität der zuvor erzielten Wahrnehmung deutlich abschwächen. Nun besteht eine weitaus bessere Chance, den Übergang in andere Tiefenwelten zu erreichen, sobald Sie die Augen wieder öffnen.

Je tiefer die Mehrfachwelt liegt, umso mehr muss sich die Blickrichtung unserer Augen aufweiten. Sobald sie parallel stehen, ist die natürliche Grenze erreicht. Diese Grenze ist bei den im Handel befindlichen Autostereogrammen in Leseentfernung sehr schnell überschritten. Im Normalfall können gerade noch Doppelbilder gesehen werden. Das ändert sich schnell, wenn man entweder die Streifenbreite oder gleich das ganze Bild verkleinert.

Wir können festhalten: Diese Mehrdeutigkeit der Tiefenwahrnehmung ist eine weitere ganz besondere Eigenschaft von Autostereogrammen, in denen sicherlich noch viele Überraschungen schlummern. Im Gegensatz zu den Zufallsbildpaaren sind hier viele verschiedene Tiefenwelten wahrnehmbar. Einmal mehr zeigen sich die Autostereogramme als faszinierende „Verwandlungskünstler", die allein von den Launen unserer Sinne abhängen. Trotzdem können auch diese exotischen Paradiesvögel der Wahrnehmung durch die Wissenschaft inzwischen beschrieben werden.

Dazu ist wieder die Synergetik hilfreich, die Lehre vom Zusammenwirken belebter und unbelebter Einzelteilchen (vgl. Reise 4). Die Synergetik nimmt an, dass das Gehirn ein komplexes, selbst organisiertes System aus vielen Einzelteilchen, den Neuronen, ist. Aus dieser Annahme entstand in Analogie zum menschlichen Gehirn ein exaktes mathematisches Modell mit dem Namen *synergetischer Computer*. Dieser synergetische Computer ist in der Lage, eine Vielzahl von Phänomenen der Wahrnehmungspsychologie zu erklären und zu prognostizieren, so unter anderem das Erkennen mehrdeutiger Muster, das Erkennen menschlicher Gesichtsausdrücke, das Erkennen von Handschriften und eben die Tiefenwahrnehmung.

Der synergetische Computer ist in der Lage, alle denkbaren Stereobilder wie Rotgrün-Anaglyphenbilder, Zufallspunktbildpaare und auch Autostereogramme zu erkennen (Reimann et al., 1995). Der Mechanismus der Tiefenwahrnehmung des synergetischen Computers ist direkt dem Menschen nachempfunden. Deshalb können wir ihn sehr gut zur Veranschaulichung unseres Sehvorgangs beim Betrachten eines Autostereogramms verwenden.

In Bild 6.37 ist die zeitliche Entwicklung des Tiefenempfindens des synergetischen Computers beim Betrachten des Hasen-Autostereogramms von links nach rechts dargestellt. Dazu wird dem synergetischen Computer das Bild 6.35 oben mit den Hasen vorgegeben und seine Wahrnehmungsreaktion mit Hilfe eines Bildschirms beobachtet. Dabei werden jeweils verschiedene Augenstellungen vorgegeben: das einfache Starren, das zweifache Starren und das Schielen. Die Tiefenwahrnehmung des synergetischen Computers wird mit Hilfe von Farbtönen dargestellt: Blau bedeutet am weitesten vorne, Orangerot hinten. Die in der Farbskala rechts dargestellten Zwischenfarbtöne repräsentieren die entsprechenden Tiefen zwischen diesen beiden Extremen. Wenn der synergetische Computer noch keine Tiefenzuordnung gefunden hat, so ist dies durch die Farbe Schwarz gekennzeichnet.

Bei allen drei Sehmethoden wachsen nun Schritt für Schritt die faszinierenden unterschiedlichen Tiefenwelten aus den diffusen Startbildern heraus. Schließlich ergibt sich eine sehr exakte Tiefenkarte. Hier wird die fantastische Eigenschaft der Autostereogramme, in verschiedene Rollen zu schlüpfen, ganz besonders deutlich. Je nach Sehmethode entstehen aus ein und demselben Autostereogramm die verschiedensten Tiefenkarten. In der oberen Zeile von Bild 6.37 hat der synergetische Computer den einfachen Stereoblick aufgesetzt. Nach einiger Zeit werden die beiden Hasen sichtbar. Die mittlere Zeile von Bild 6.37 zeigt die Vorgänge beim doppelten Stereoblick. Die entsprechenden Geisterbilder der Hasen

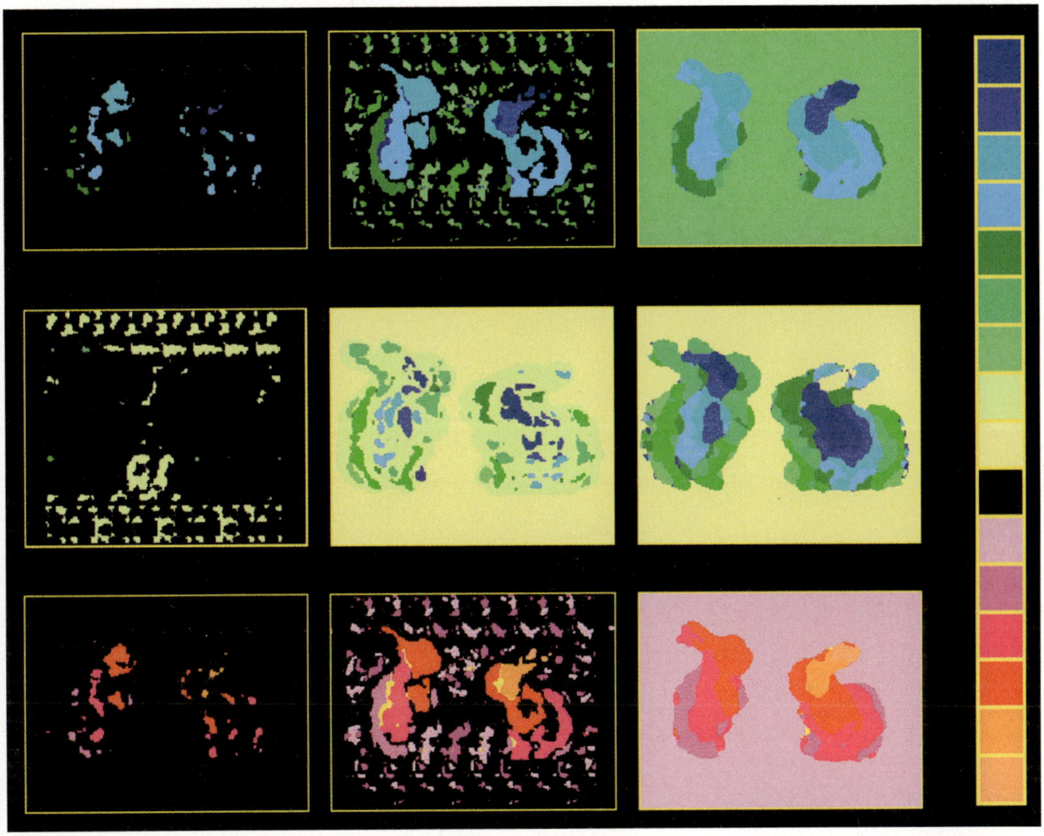

Abb. 6.37: Der synergetische Computer als Modell für die menschliche Wahrnehmung betrachtet das Hasen-Autostereogramm von Bild 6.35: Von links nach rechts ist die Erkennung des Tiefeneindrucks zu verschiedenen Zeitpunkten dargestellt. Schwarz bedeutet, dass der Computer noch nichts erkannt hat, Blau symbolisiert den Vordergrund und Orangerot den Hintergrund. Die in der Farbskala dargestellten Zwischenfarbtöne repräsentieren Tiefen dazwischen.

werden im Lauf der Zeit auf der Tiefenkarte deutlich sichtbar. Die untere Zeile zeigt den Schielblick. Hier entsteht genau die umgekehrte Tiefenwirkung zum einfachen Stereoblick in der oberen Zeile!

Das vom synergetischen Computer produzierte Ergebnis deckt sich dabei bei allen drei Seharten einwandfrei mit unserem eigenen Tiefenempfinden.

Experimentieren Sie ruhig noch etwas weiter mit dem kleinen Hasenstereogramm. Beispielsweise lassen sich auch beim Schielen Mehrfachwelten entdecken. Dazu ist allerdings ein extremes Schielen vonnöten. Je stärker das Schielen, umso weiter erscheint die Mehrfachwelt aus dem Blatt „herauszuspringen“.

6.9.2 Ein Sehtest zur Ermittlung der Konvergenztiefe

Ihre Gewandtheit im Umgang mit den verschiedenen Sehtechniken können Sie im folgenden Sehtest in Bild 6.38 überprüfen – dabei können Sie zugleich Ihre Konvergenztiefe testen.

Blicken Sie zunächst mit Ihrem ganz normalen Stereoblick im Leseabstand auf das Bild. Achten Sie auf die Zahlen. Welche Zahl sehen Sie eindeutig in einer einheitlichen Tiefe hinter dem Blatt?

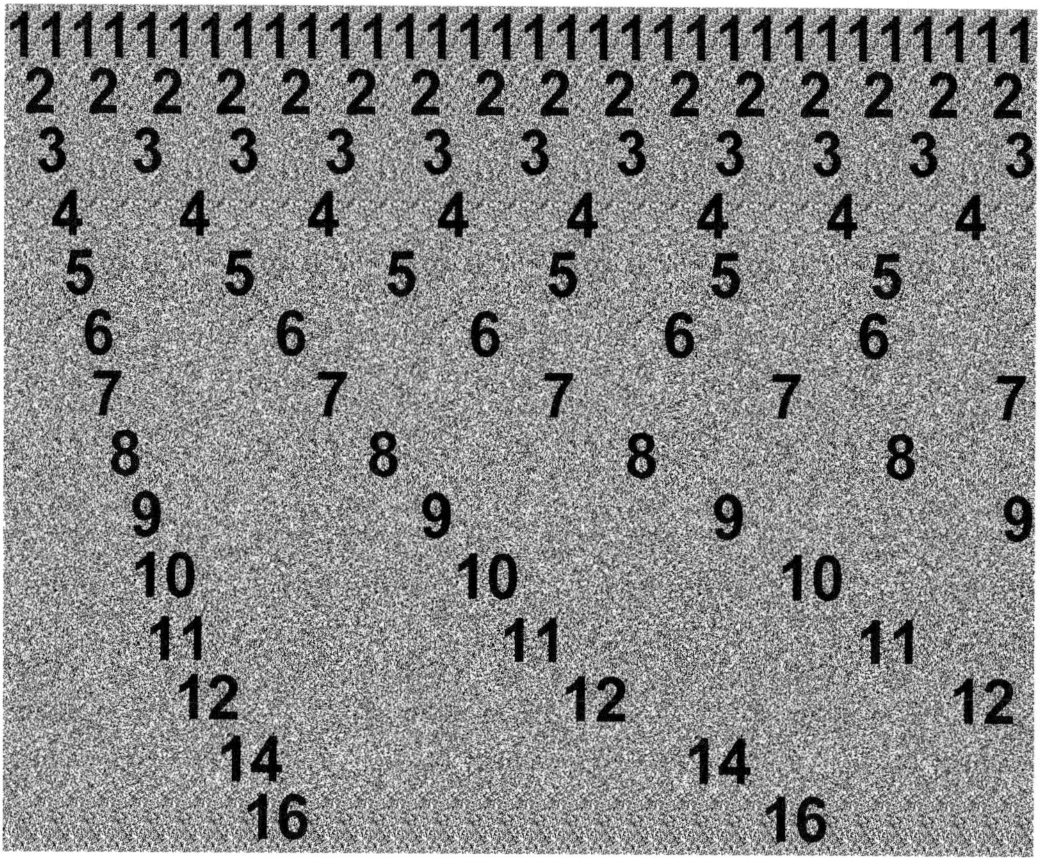

Abb. 6.38: **Testbild zur Ermittlung Ihrer maximalen Konvergenztiefe.**

Auswertung bei normalem Leseabstand:

1: Extremer Anfänger, bei dieser Blickrichtung liegt nur eine minimale Entkopplung von Akkommodation und Konvergenz vor. Diese Einstellung fällt dem Fortgeschrittenen sogar normalerweise etwas schwer, da er einen tieferen Blick gewohnt ist.

2–3: Anfänger

4–7: Normaler Stereoblick

8–14: Fortgeschrittener bis extrem guter Stereoblicker

ab 16: In Leseentfernung kaum mehr wahrnehmbar, da der Abstand der Zahlen schon in der Nähe unseres Pupillenabstands liegt.

Betrachten Sie das Bild aus einer größeren Entfernung, so können Sie Ihre Höchstleistung deutlich steigern. Umgekehrt wird es immer schwieriger, hohe Zahlen in der Tiefe zu sehen, wenn Sie das Bild näher an Ihre Augen führen.

Abb. 6.39: Auch mit einer sehr geringen Punktdichte der Bildoberfläche gelingt es unserem Wahrnehmungssystem noch, Tiefe zu erkennen.

6.9.3 Das Gehirn formt sich seine eigene dreidimensionale Welt

Die fantastische Fähigkeit unseres Wahrnehmungssystems, gute Gestalten auch in der Tiefe zu erkennen, können Sie in Bild 6.39 anhand der Serie von Autostereogrammen mit immer weniger dunklen Punkten gut nachvollziehen:

Während das linke Autostereogramm mit 50 Prozent Schwarzanteil noch eine normale Punktdichte besitzt, hat schon das rechte nur noch 20 Prozent dunkle Punkte auf der Oberfläche. Trotzdem erkennt man die Tiefenstruktur noch sehr gut. Dabei verschwinden auch die von allen 3D-Bildherstellern gefürchteten unstetigen Tiefensprünge bei der Betrachtung der eigentlich kontinuierlichen räumlichen Körper – die 3D-Objekte erscheinen also bei geringerer Oberflächeninformation glatter. Diese bemerkenswerte Leistung unseres Gehirns lässt sich wieder durch unser Streben nach der guten Gestalt erklären: Das Gehirn ergänzt die durch die geringere Oberflächeninformation fehlenden Hinweise auf die Tiefe selbstständig und stufenlos. Im Gegensatz zum Autostereogramm mit viel Information, bei dem durch die Druckauflösung zwangsläufig Schichten vorhanden sind, erzeugt unsere Wahrnehmung vollkommene, glatte Flächen in der Tiefe!

Auch wenn die Punktdichte auf der Oberfläche des Autostereogramms noch weiter verringert wird, ist das Tiefenobjekt noch zu erkennen – das können Sie im unteren Teilbild mit einem zehnprozentigen Anteil dunkler Punkte in Bild 6.39 sehen: Die Anhaltspunkte auf der Oberfläche sind nun recht spärlich. Wieder vervollständigt unser Gehirn diese Information zu einer Tiefenwahrnehmung. Ab einer bestimmten minimalen Punktdichte ist es unseren Augen schließlich unmöglich, noch eine Tiefe zu erkennen. Die gegebene Information reicht dann einfach nicht mehr aus, um noch etwas zu erkennen.

6.9.4 Der Pulling-Effekt – unser Gehirn ist faul, aber nicht zu faul!

Ein uns inzwischen schon bekannter fantastischer Wahrnehmungseffekt ist der *Pulling-Effekt.* Dieser ursprünglich an den Zufallspunktbildpaaren gefundene Effekt (vgl. Bild 6.11) kann beim Betrachten von Autostereogrammen wunderbar nachvollzogen werden. Dazu werden unsere Sinne auf raffinierte Weise auf die Probe gestellt. Im linken Autostereogramm in Bild 6.40 sehen Sie in der Bildmitte ein Quadrat, das über dem Hintergrund schwebt. Das Quadrat wurde um vier Bildpunkte verschoben vorgegeben, woraus sich eine eindeutige Höhe über dem Hintergrund ergibt. Der Trick an diesem Autostereogramm ist der, dass das Quadrat je nach Sichtweise in verschiedenen Höhen schwebend erscheinen kann. Diese Mehrdeutigkeit wurde mittels der extremen Verkleinerung des Bildstreifens erzeugt, der nur noch eine Breite von acht Bildpunkten besitzt. Deshalb ist es möglich, das Quadrat in der Bildpunkthöhe 4, 12, 20, 28 und so weiter zu sehen.

Welche Tiefe erkennen wir nun? Wie nicht anders zu erwarten, entscheidet sich unser Gehirn wieder für die einfachste Möglichkeit.

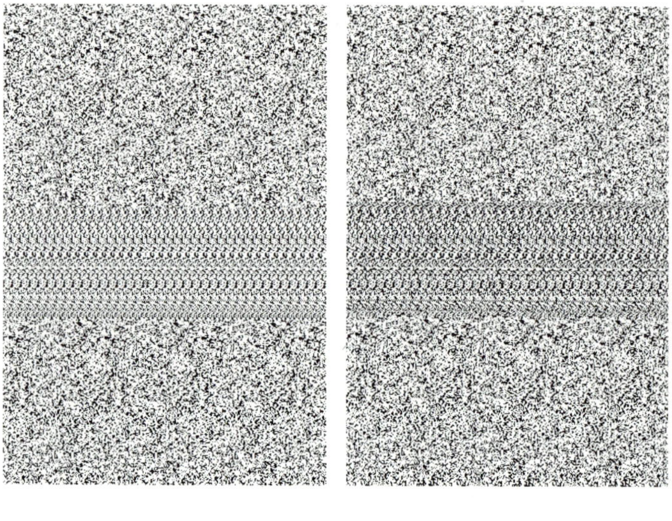

Abb. 6.40: Der Pulling-Effekt: Mit diesen beiden Bildern können Sie sich von der Faulheit Ihrer Augen überzeugen – aber zugleich auch davon, dass diese Faulheit nicht grenzenlos ist.

Wie wenn das Quadrat ein Gewicht wäre und das Gehirn ein Möbelpacker, so entscheidet es sich für den geringsten Aufwand: Das Quadrat wird so wenig wie möglich vom Boden angehoben.

Zum Vergleich ist im linken Teilbild in Bild 6.40 oben ein Quadrat mit der eindeutigen Bildpunkthöhe von vier Pixel und unten ein Quadrat mit zwölf Pixel Höhe zu sehen. Deutlich erscheint das Quadrat in der Mitte in derselben Höhe wie das obere Quadrat.

Was geschieht nun, wenn etwas an der Mehrdeutigkeit der Lage des mittleren Quadrats manipuliert wird? Dies wird dadurch erreicht, dass zehn Prozent der Bildpunkte in der Bildmitte eine eindeutige Tiefeninformation besitzen. Dieses Augenexperiment können Sie im rechten Teilbild in Bild 6.40 durchführen – dabei wurde die Bildpunkthöhe von zwölf Pixel vorgegeben, wohlgemerkt aber nur zu zehn Prozent. Dadurch kommt unser Wahrnehmungssystem in einen Konflikt: entweder weiter „faul", dafür aber zehn Prozent falsch; oder aber Mehrarbeit und dafür richtig. Die Entscheidung fällt ganz eindeutig aus, wie Sie aus dem Tiefenvergleich mit den beiden anderen schwebenden Vergleichsquadraten sehen können. Das obere Vergleichsquadrat ist wie vorhin wiederum vier Pixel hoch, das untere zwölf Pixel. Das Quadrat wird nun in der Tiefenwahrnehmung um acht Pixel angehoben und damit in den höheren Schwebezustand hineingezogen. Deshalb erscheint das Quadrat jetzt in derselben Höhe wie das obere Quadrat – dieser zauberhafte Effekt ist wieder der *Pulling-Effekt* (von englisch to pull = ziehen). Zum Glück kann und will es sich unsere Wahrnehmung nicht leisten, eindeutige Informationen aus „Faulheit" zu unterdrücken, seien sie auch noch so gering.

6.9.5 Ein Sehtest zur Ermittlung der Tiefensehschärfe

Sicherlich ist Ihnen die Unterscheidung der Höhen des oberen und des unteren Quadrates in Bild 6.40 nicht allzu schwer gefallen. Es gibt aber auch Höhenlagen, die nicht so leicht zu unterscheiden sind. Unser räumliches Tiefenauflösungsvermögen hängt dabei vom Augenabstand und von der Sehschärfe ab, die unter anderem durch die Dichte der Sehzellen auf der Netzhaut vorgegeben ist.

Mit Hilfe eines Autostereogramms ist ein Sehtest möglich, der das räumliche Auflösungsvermögen untersucht. Mit Bild 6.41 können Sie Ihr Tiefensehen selbst überprüfen. Welches der geometrischen Gebilde steht jeweils vorne? Sechseck oder Kreis? Fünfeck oder Ring? Viereck oder Dreieck? Diese Fragen nehmen im Schwierigkeitsgrad zu. Können Sie die letzte Frage beantworten, so kann Ihre Tiefenauflösungsfähigkeit getrost als sehr gut bezeichnet werden. Auch wenn Sie nur die erste und die zweite Frage richtig beantworten können, verfügen Sie schon über ein gutes Tiefensehen. Falls Sie immer falsch gelegen haben, so können Sie sich immer noch damit herausreden, dass Ihre Augen gerade zu müde, das Licht zu hell oder zu dunkel, der Lärm um Sie herum zu laut oder zu leise waren oder die geometrischen Figuren in der Tiefe zu wissenschaftlich bzw. zu

Abb. 6.41: Ein Sehtest des räumlichen Auflösungsvermögens: Welche der geometrischen Gebilde erscheint bei Verwendung der Starrtechnik weiter vorne: Sechseck oder Kreis? Fünfeck oder Kreis mit Loch? Viereck oder Dreieck? Diese Fragen weisen einen zunehmenden Schwierigkeitsgrad auf.

unwissenschaftlich sind. Sie können aber auch ganz einfach mit Ihrem ganz normalen Tiefensehen zufrieden sein. Denn das haben Sie bereits, wenn Sie die geometrischen Figuren überhaupt alle erkannt haben.

Auflösung des Sehtests: Die geometrischen Figuren in zunehmender Höhe über dem Hintergrund sind Kreis, Ring, Dreieck, Viereck, Fünfeck, Sechseck.

6.9.6 3D für Fortgeschrittene

Mit demselben Bild 6.41 lassen sich noch weitere Experimente durchführen. Kippen Sie einmal das Bild seitlich, zum Beispiel, indem Sie das Buch langsam beginnen zu schließen. Sofort erscheinen die 3D-Welten in einer neuen Tiefe! Der Grund dafür ist der, dass durch die seitliche Kippung die sich wiederholenden Strukturen näher zueinander zu liegen scheinen als sie es wirklich tun. Das bedeutet, dass die Augen nicht mehr so tief blicken müssen wie im ungekippten Zustand.

Die scheinbare Veränderung des Abstands der periodischen Strukturen ist auch die Erklärung für das nächste einfache Experiment: Verbiegen oder wellen Sie dazu das Bild 6.41 etwas vor Ihren Augen. Sobald sich das Bild an einer Stelle etwas nach vorne oder hinten verbiegt, entsteht augenblicklich eine neue Tiefenwirkung. Damit können Sie sich sogar Ihre eigenen Tiefenlandschaften gestalten.

Was passiert, wenn Sie das Bild 6.41 um Ihre Blickrichtung herum verdrehen? Wie der Versuch zeigt, erkennen Sie schon bald überhaupt nichts mehr. Der Grund dafür ist, dass die normalen Autostereogramme für die waagrechte Betrachtung konzipiert sind. Ab einem Drehwinkel von etwa fünf Grad wird die Wahrnehmung der Tiefe schließlich unmöglich.

Es existieren aber auch Bilder, die sich bedenkenlos drehen lassen: Diese Bilder besitzen eine besondere Symmetrie – am besten ist dabei

Abb. 6.42: Interferenzmikroskopische Aufnahme einer CD bei 500-facher Vergrößerung: Bei der Produktion entstandene Fehlstellen sind mit dem Stereoblick in der Form von Gräben sichtbar. Drehen Sie nun die CD um ihre Achse und Sie werden sehen, dass die Gräben in ihrer Parallelität und Tiefe erhalten bleiben – wenngleich in anderer Orientierung und Breite.

die Punktsymmetrie um den Mittelpunkt. Ein Beispiel dafür ist das Autostereogramm in Bild 6.42. Dabei handelt es sich um die so genannte *interferenzmikroskopische Aufnahme* einer CD bei 500-facher Vergrößerung. Betrachten Sie diese Aufnahme sehr genau mit dem Stereoblick, so erkennen Sie deutlich mehrere parallele Gräben. Diese verschiedenen Tiefen in der Stereobetrachtung entstehen durch minimale Produktionsabweichungen in der CD. Drehen Sie nun das Bild der CD langsam um seine Achse: Tatsächlich bleiben die Gräben auch für größere Drehwinkel als fünf Grad erhalten. Zwar wechseln die Gräben ab einem bestimmten Drehwinkel ihre Orientierung und Breite, sie haben aber weiterhin dieselbe parallele Ausrichtung und Tiefe.

Solche besonderen Autostereogramme lassen sich auch künstlich herstellen: Anstelle der waagrechten muss am besten eine radiale Symmetrie verwendet werden. Diese Symmetrie erfordert ein gänzlich anderes Verfahren der Tiefencodierung und ruft erhebliche Schwierigkeiten hervor, die Tiefenmuster genau umzusetzen. Was in der einen Richtung richtig codiert ist, wird durch die zusätzlich erforderliche Codierung in die anderen Richtungen leider wieder zunichte gemacht. Deshalb wollen wir uns im Abschlussbild (Bild 6.43) dieser Reise auf ein künstlich erzeugtes Autostereogramm be-

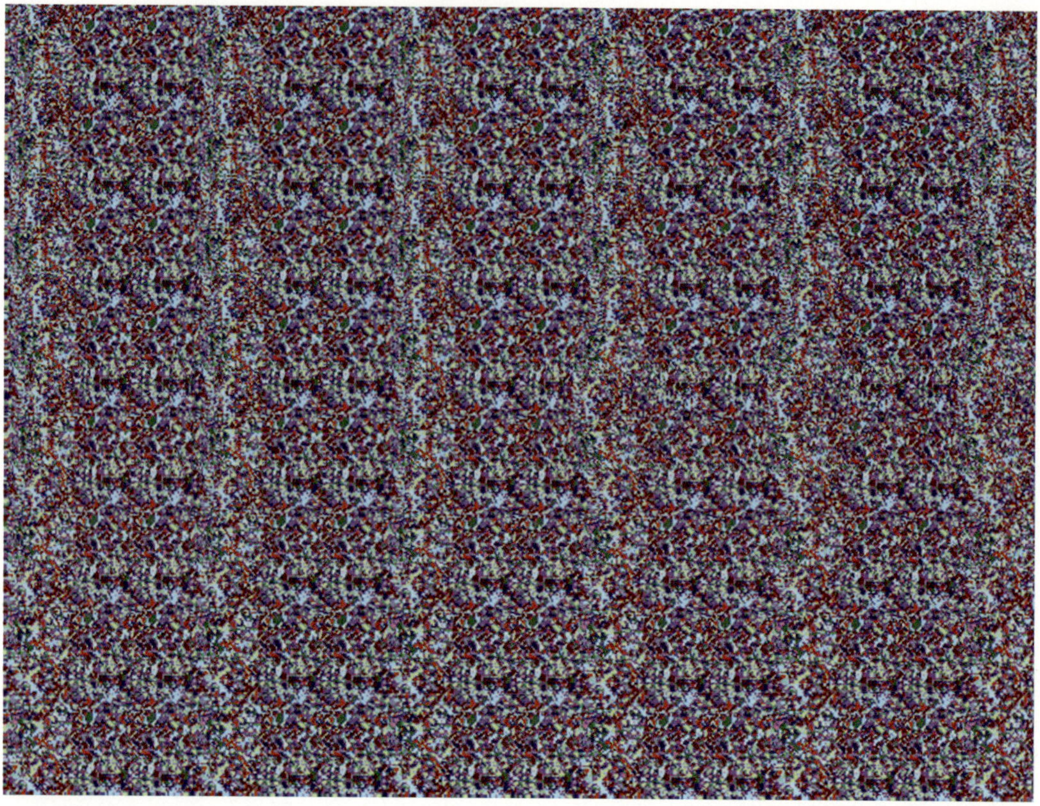

Abb. 6.43: Ein Autostereogramm, das sowohl von unten als auch quer betrachtet werden kann.

schränken, in dem immerhin in zwei Richtungen Tiefe wahrgenommen werden kann:

Beherzigen Sie die Botschaft, die Sie in der Tiefe beim Querbetrachten erkennen können, und entspannen Sie auf den letzten Kilometern Ihrer Reise durch die Welt der Autostereogramme noch etwas mit einem Blick auf Bild 6.43. Denn die längere Betrachtung eines Autostereogramms ist ein ideales Hilfsmittel, um sich zu entspannen.

Autostereogramme dienen deshalb mehr und mehr auch als Meditationshilfen. Die Komponente, die entscheidend zur Entspannung bei der Betrachtung von Autostereogrammen beiträgt, ist die soeben kennen gelernte neue Sehtechnik des Stereoblicks, also die Entkoppelung der Augenblickrichtung von der Scharfstellung! Diese Technik ist für unsere Sinne gänzlich ungewohnt und gönnt unserem „normalen" Blick eine erfrischende Pause, die wir uns jetzt auch redlich verdient haben.

7

Siebte Reise: Bewegungen sind Leben

Ameisenstraßen, Tetrissteine, Wolken, Marathonläufer und ausgeschlafene Kleinkinder: Das Leben ist in ständiger Bewegung!

Diese Reise durch die Bewegungswahrnehmung führt uns in ein rasantes Abenteuer an die Grenze der Forschung. Dabei begegnen wir – mit quietschenden Rädern – schwankenden Sternen, flimmernder Hitze, Hubschraubern, Zügen, Wasserfällen, einem beweglichen Bleistift und sich drehenden Schnecken. Außerdem wird durch die einfache Drehung eines Plattentellers der schiefe Turm von Pisa begradigt.

Lassen Sie sich von der Faszination Ihres Bewegungssehens bewegen!

7.1 Erkennung von Bewegungen

Unser Busfahrer, Elefanten, Mücken, Pflanzen und Bakterien – alles Leben ist in Bewegung. Deshalb ist es kein Wunder, dass das Wahrnehmen von Bewegungen unverzichtbarer Bestandteil unserer Arterhaltung ist. Die Mechanismen des Bewegungssehens waren in rudimentärer Form schon sehr früh in der Evolution angelegt. Sich bewegende Tiere waren meistens entweder wichtige Beute oder gefährliche Jäger, vor denen man Reißaus nehmen musste. Deshalb war das schnelle Erkennen von Bewegungen ein wichtiger Schlüsselmechanismus zum Überleben und Grundvoraussetzung der visuellen Wahrnehmung bei Mensch und Tier. Es sieht sogar ganz danach aus, als ob lediglich das Sehen der höchstentwickelten Tiere in der Lage ist, Signale an das Gehirn in Abwesenheit von Bewegungen weiterzuleiten. So kann beispielsweise ein hungriger Frosch eine Fliege nur erkennen, wenn diese sich bewegt. Das ist ein gutes Indiz dafür, dass das Bewegungssehen in der Evolution zeitlich vor der Fähigkeit zur Mustererkennung bei statischen Bildern entstanden ist.

„Wenn jetzt alle da sind, können wir ja endlich losfahren", bittet der Busfahrer nach diesen einleitenden Worten alle Reisegäste eilig in seinen Bus, der heute durch die Welt der Bewegungswahrnehmung unterwegs ist. Dieses schnelle und hochaktuelle Thema nimmt unser Fahrer immer gerne zum Anlass, endlich einmal richtig „auf die Tube" drücken zu können.

Er freut sich auf eine lebendige Fahrt mit vielen neuen und faszinierenden Täuschungen. Sobald alle sitzen, fährt er mit quietschenden Rädern an und beginnt über das Bordmikrofon zu erzählen:

„Die rudimentäre Urform des Bewegungssehens ist auch noch in unserer hoch entwickelten menschlichen Netzhaut erfahrbar, und zwar ganz auf den äußersten Randbereichen der Retina. Diese Randbereiche sind lediglich für Bewegungen empfindlich. Davon können Sie sich überzeugen, wenn Sie jemand am äußersten Rand Ihres Sehfelds mit einem bestimmten Gegenstand winken lassen. Das Ergebnis: Sie werden die Bewegung als solche erkennen, aber nicht den Gegenstand! Sobald die Bewegung in diesem Bereich stoppt, wird der Gegenstand ganz unsichtbar. Dieser Versuch führt uns also sehr nahe heran an unser verborgenes primitives Sehen aus früheren Zeiten. Finden Bewegungen noch weiter außerhalb unseres Sehfeldes statt, so werden sie nicht mehr bewusst als Bewegung wahrgenommen. Stattdessen ergibt sich eine Art unbewusster Reflex, der unsere Augen auf den Bewegungsverursacher dreht und ihn in den zentralen Fokus bringt. Der Rand unserer Retina ist somit – trotz einfachster Funktionsweise aus der Frühzeit der Evolution – eine Art Frühwarnsystem. Diese schnellen Warnmechanismen werden heutzutage immer wichtiger, da sich die Bewegungen in unseren Hochtechnologiezeiten immer weiter Richtung „schneller, höher, weiter" beschleunigen. Wir müssen uns im immer schneller werdenden Straßenverkehr zurechtfinden, Flugzeuge und Raumschiffe fliegen durch die Luft und Tetrissteine, Moorhühner und sonstige Computerspiele und -rechengeschwindigkeiten werden immer schneller."

Während dieser langen Ansprache hat der Busfahrer immer wieder durch seinen Fahrstil bewiesen, wie unser Straßenverkehr immer schneller wird und wie stark das Frühwarnsystem seiner Bewegungswahrnehmung dadurch gefordert ist. Aber man gewöhnt sich ja an alles im Laufe der Zeit.

Unsere und des Busfahrers Augen können die ankommende Bewegungsinformation auf zwei verschiedene Arten aufnehmen.

- Entweder die Augensehrichtung bleibt stationär: Dann bewegt sich das Bild des bewegten Objektes über die Netzhaut und erzeugt dort Geschwindigkeitssignale.
- Oder die Augen folgen direkt dem beweglichen Objekt: Dann bleiben die Bilder des Objekts relativ stationär auf der Netzhaut. So können die Rezeptoren nicht direkt die Bewegung signalisieren – obwohl wir die Bewegung des Objektes sehen. Wenn sich das Objekt gegen einen feststehenden Hintergrund bewegt, bekommen wir Geschwindigkeitssignale vom Abbild des Hintergrunds, das sich nun über die Retina bewegt.

Bemerkenswert ist, dass wir auch Bewegung wahrnehmen, wenn der Hintergrund selbst nicht sichtbar ist. Das lässt sich durch folgendes einfaches Experiment verdeutlichen: Bitten Sie jemand, im Dunkeln langsam eine brennende Zigarette zu bewegen. Folgen Sie dieser mit Ihren Augen! Die Bewegung der Zigarette wird deutlich wahrgenommen, obwohl sich kein sichtbarer Hintergrund über die Retina bewegt. Dieses Experiment zeigt, dass die Bewegung der Augen allein ausreichend ist, eine Wahrnehmung von Bewegung zu erzeugen.

In der Zwischenzeit hat uns der Busfahrer an einen Bahnhof gefahren, um Relativbewegungen zu beobachten.

7.2. Relativbewegungen am Bahnhof

Die Reisegruppe ist in einen Nahverkehrszug gestiegen und der Busfahrer sagt gerade:

„Die Wahrnehmung von Bewegungen lässt mehrdeutige Sichtweisen zu. Das können Sie sehr gut in einem Zug wie diesem erleben."

„Wie soll denn das gehen, in einem Zug erlebt man doch meistens nur Verspätungen", meint unser Nachbar.

Aber schon fährt der Zug an.

„Ich nehme alles zurück", meint der Nachbar und blickt aus dem Fenster auf einen gegenüberstehenden Zug.

Aber nach einiger Zeit ist der Zug gegenüber weg – und wir stehen immer noch auf dem Bahnhof!

Eine vergleichbare Szene hat sicher jeder schon einmal erlebt, vor allem, wenn man schon lange auf das Anfahren des Zuges wartet. Dabei ergibt sich der Eindruck, dass unser Zug sich in die entgegengesetzte Richtung zum am anderen Bahnsteig langsam anfahrenden Zug in Bewegung setzt.

Diese Mehrdeutigkeit löst sich erst über die motorischen und haptischen Wahrnehmungen – oder eben wenn der andere Zug nicht mehr am Bahnsteig steht.

In zu Beginn nur langsam beschleunigten Zügen ist die motorische Information der Bewegung (durch den Gleichgewichtssinn, die Haut oder die Wahrnehmung der Trägheit unseres Körpers) reduziert und die Täuschung wird dadurch ermöglicht.

Die Existenz dieser beiden gleichwertigen Wahrnehmungsalternativen ist aus der Relativität der verschiedenen Bezugssysteme bedingt. Das optische Bewegungssignal, das auf unsere Retina fällt (der so genannte optische Fluss), besitzt einen mehrdeutigen Informationsgehalt, da nur die Relativbewegungen zwischen den Bezugssystemen (zum Beispiel gegenüber dem anderen Zug) abgebildet werden.

Inzwischen hat unser Zug schon eine lange Verspätung und der Eindruck des Anfahrens ist fast schon bei geschlossenen Augen vorhanden.

Da gibt es einen Ruck und unser Zug setzt sich endlich und auffällig schnell gegenüber dem auf der anderen Seite am Bahnsteig stehenden Zug in Bewegung. Wieder dauert es eine ganze Weile, bis den Reiseteilnehmern klar wird, dass es sich auch hier wieder um einen besonderen Fall von Relativbewegungen handelt: Beide Züge sind nämlich gleichzeitig in entgegengesetzte Richtungen angefahren. Dadurch wird zunächst eine extrem schnelle Anfangsbeschleunigung unseres anfahrenden Zugs wahrgenommen!

Für eine möglichst wirklichkeitsgetreue Bewegungswahrnehmung muss unser Gehirn also zunächst entscheiden, welches Bezugssystem sich bewegt und welches stationär ist. Bei einer selbst erzeugten Bewegung wie Laufen oder Fahrradfahren ist es eindeutig, dass der optische Fluss unserer Umgebung eindeutig durch unsere eigene Bewegung verursacht wird.

Wenn keine relevante motorische Information über eine Relativbewegung vorhanden ist wie im Falle unseres langsam anfahrenden Zugs, geht unser Gehirn nach den nun schon bekannten Erfolgsmustern vor: Es trifft eine spontane Entscheidung nach pragmatischen Gesichtspunkten.

Der Gestaltpsychologe Karl Duncker hat 1929 dazu ein einfaches Gestaltgesetz für Relativbewegung gefunden: Wenn Bewegung nur durch Sehen wahrgenommen wird, werden die jeweils größten Objekte als stationär wahrgenommen, wohingegen die kleinsten als beweglich sichtbar sind. Dahinter steckt die Erfahrungstatsache, dass kleinere Objekte im Normalfall beweglicher (und leichter zu beschleunigen) sind als große.

Ein einfacher Versuchsaufbau für eine solche induzierte Bewegung ist in Bild 7.1 dargestellt. Dabei wird ein stationärer Lichtpunkt auf eine Leinwand in einem leicht verdunkelten Raum projiziert. Die Besonderheit ist, dass die ganze Leinwand nun in horizontale Schwingungen versetzt wird, während der Lichtpunkt weiterhin fest steht.

Duncker hat gezeigt, dass aber etwas vollkommen anderes wahrgenommen wird: Es sieht so aus, also ob sich der Lichtpunkt bewegt und die Leinwand feststeht – bedingt durch den Größenunterschied zwischen Leinwand und Lichtpunkt! Erst bei einer zunehmenden Größe des Lichtpunkts wird die physikalische Information so zwingend, dass dieses Prägnanzgesetz überwunden wird und eine bewegte Leinwand sichtbar ist.

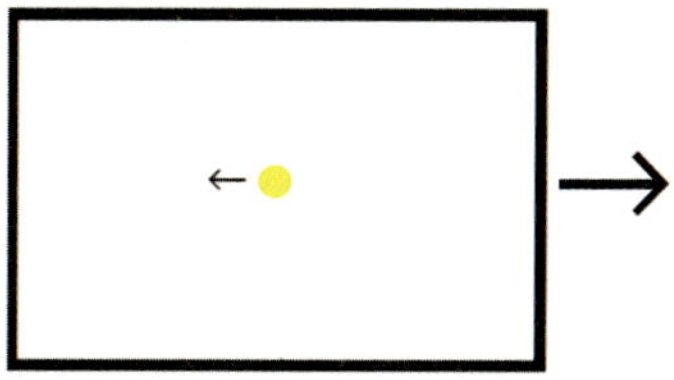

Abb. 7.1: Induzierte Bewegung nach Duncker.

Ein weiteres Beispiel für induzierte Bewegungen ist die bekannte scheinbare Bewegung des Mondes durch die Wolken – obwohl sich in Wirklichkeit die Wolken bewegen und der Mond in dieser Zeitskala ruhend ist. Der Grund für diese Alltagstäuschung ist wiederum das Gestaltgesetz der induzierten Bewegung, dass kleine Objekte (der Mond) als beweglich gegenüber größeren Objekten (Wolken) wahrgenommen werden.

Unsere Reisegruppe ist inzwischen nach einer schönen Zugfahrt an ihrem Ziel in einem Erlebnispark angekommen.

Der Busfahrer erläutert: „Die Mehrdeutigkeit von Relativbewegungen wird in Erlebnisparks auf raffinierte Weise ausgenützt. Ein starker Effekt ist oft schon mit sehr einfachen Mitteln möglich."

Zum Beispiel gibt es im Ludwigsburger „Blühenden Barock" die bemerkenswerte Herzogschaukel – eine Art Schiffschaukel für ca. 20 Personen innerhalb eines alten Fachwerkhauses. Nachdem sich die harmlos aussehende Schaukel zunächst gemütlich in Bewegung setzt, wird schnell klar, dass irgendwas nicht stimmt, die Wände fangen an zu kippen, wir werden sprungartig beschleunigt und überschlagen uns schließlich mehrfach. Auch Volksfest- und Looping-erfahrene Fahrgäste erfahren eine ganz neue Art von Übelkeit. Erst wenn man ganz einfach die Augen schließt, ist die Welt wieder in Ordnung und die Schaukel schwingt wieder gemütlich vor sich hin.

Des Rätsels Lösung: Das gesamte Innere des Fachwerkhauses beginnt nach einiger Zeit relativ zur Schaukelbewegung zu rotieren! Dadurch wird die visuelle Erfahrung eines Überschlages induziert – und diese Erfahrung überstimmt hier eindeutig die motorische Wahrnehmung der in Wirklichkeit weiterhin gemütlichen Schaukelbewegung.

Auch durch moderne Panoramaprojektionen (360-Grad-Kinos) von Filmen aus Achterbahnen, Flugzeugen oder Autos kann das Gleichgewichtsgefühl erheblich gestört werden.

Aus einem solchen Kino kommt unsere Gruppe gerade schwankend heraus und ist froh, stehenden Fußes dem Busfahrer zuzuhören:

„Ein weiteres Beispiel für mehrdeutige Relativbewegungen ist die berühmte Seekrankheit, die meist innerhalb einer schwankenden Kabine entsteht. Das Problem ist wieder, dass die motorische und visuelle Bewegungserkennung nicht im Einklang stehen. Während uns das Sehen ein feststehendes stabiles Bezugssystem vorgaukelt, weist uns die motorische Wahrnehmung auf starke Beschleunigungen hin. Erst wenn der Seekranke an die Reling tritt (Achtung

Gegenwind) und der Horizont sichtbar ist, stehen die optische und motorische Bewegungswahrnehmung wieder im Einklang und die Übelkeit lässt meistens nach."

Ein Mitreisender sagt: „Ein ähnliches Phänomen gibt es auch beim Autofahren. Wenn ich bei einer kurvenreichen Fahrt im Auto lese, grummelt mir bald der Magen. Erst wenn ich dann einige Zeit zum Fenster hinausblicke, beruhigt sich die Übelkeit meistens wieder."

„Mir ist noch nie übel geworden beim Kurvenfahren", sagt darauf der Busfahrer – und alle sind froh, dass sie gerade nicht im Bus sitzen.

Der Busfahrer möchte die Gruppe noch in eine bewegliche Hightech-Kinokabine in der Form eines kleinen Flugzeugs führen, die sich ruckartig mit dem gezeigten Actionfilm mitbewegt. Aber alle lehnen dankend ab und freuen sich auf die Vorführung zu den Scheinbewegungen – denn da werden sie selbst nicht mehr bewegt.

7.3 Scheinbewegungen, Filme und bewegliche Sterne

Erste Scheinbewegungen wurden 1875 von Exner demonstriert. Er erzeugte zwei elektrische Funkenentladungen in kurzem Zeitabstand voneinander an verschiedenen Orten. Dabei war der Eindruck einer Bewegung zwischen den beiden Entladungsorten sichtbar! Wie der Gestaltpsychologe Max Wertheimer 1912 zeigte, hängt die Beschaffenheit der entstehenden Scheinbewegungen vom räumlichen und zeitlichen Abstand der beiden Lichtpulse ab.

So wird eine optimale kontinuierlich wirkende Scheinbewegung (auch bekannt als Phi-Bewegung oder stroboskopischer Effekt) von der einen zur anderen Lichtquelle beobachtet für Zeitintervalle von 60–200 Millisekunden bei einem räumlichen Abstand innerhalb des normalen Sehbereichs.

Werden zum Beispiel die beiden Kreise in Bild 7.2 oben abwechselnd im Abstand von 100 Millisekunden auf einem Bildschirm beleuchtet, nimmt man einen Kreis wahr, der sich kontinuierlich hin- und herbewegt! Diese Scheinbewegungen lassen sich wieder mit einem altbekannten Erfolgsrezept unserer Wahrnehmung verstehen: dem Streben nach einer möglichst einfachen und eindeutigen Lösung. Und diese Bewegungsform ist die einer kontinuierlichen Bewegung zwischen den beiden Lichtquellen.

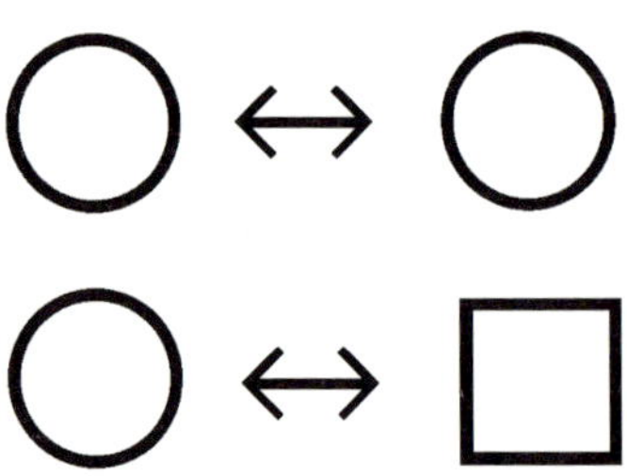

Abb. 7.2: Einfache Scheinbewegungen.

Das Bestreben nach einer einfachen Bewegungsform ist dabei so stark, dass andere Gesetze des Sehens einfach „überstimmt" werden. So werden zum Beispiel Formen im Laufe der Scheinbewegung bedenkenlos ineinander verwandelt. So wird wie in Bild 7.2 unten dargestellt während der Wahrnehmung der Scheinbewegung ein Kreis in ein Quadrat verwandelt und umgekehrt. Die Bewegungswahrnehmung dominiert hier also über die Formwahrnehmung.

Der stroboskopische Effekt lässt sich hervorragend zur Untersuchung von verschiedenen Gestaltgesetzen einsetzen. Dazu eignet sich schon eine einfache Anordnung wie in Bild 7.3. Darin sind vier alternierend beleuchtete Kreise in einem Viereck angeordnet. Gegen-

Abb. 7.3: Scheinbewegungen, die Zeit läuft von links nach rechts.

überliegende Kreise werden gleichzeitig erleuchtet. Dadurch wird ein mehrdeutiger Bewegungsreiz erzeugt. Es können horizontale oder vertikale Oszillationen erkannt werden sowie ringförmige Oszillationen im oder gegen den Uhrzeigersinn. Zwischen diesen unterschiedlichen Bewegungsmustern ergeben sich vielfältige Übergänge in Form der schon in Reise 4 beschriebenen Oszillationen der Wahrnehmung. Die Gewichtung der Alternativen kann nun einfach durch Anwendung verschiedener Gestaltgesetze verändert werden. Wird zum Beispiel der vertikale Abstand der Kreise vergrößert, so wird die horizontale Oszillation aufgrund des Gesetzes der Nähe bevorzugt und so weiter.

Die wohl bekannteste Scheinbewegung ist täglich im Kino und Fernsehen zu bewundern. Obwohl jeder weiß, dass Kino und Fernsehen aus einer Abfolge von stillstehenden Bildern bestehen, sind kontinuierliche Abläufe zu sehen. Die Erklärung dafür sind wieder die Scheinbewegungen sowie die so genannte Persistenz der Wahrnehmung. Die Persistenz (zeitliche Trägheit) der Wahrnehmung ist die Unfähigkeit der Retina, schnell wechselnden Intensitäten zu folgen. Flackerndes Licht, das mehr als ca. 50-mal in der Sekunde aufleuchtet, erscheint bei normalen Beleuchtungsverhältnissen als stetig leuchtend. Die Bildfolge von Filmen für Fernsehen und Kinos liegt seit fast hundert Jahren bei 24 Bildern pro Sekunde. Deshalb induziert sie leider nicht immer eine vollständig flackerfreie Wahrnehmung, insbesondere bei mittelschnellen Objektbewegungen. Das wird auch immer wieder bemängelt, zum Beispiel von Starregisseur David Cameron, der deshalb ursprünglich auch seinen 3D-Film „Avatar“ in 48 Bildern pro Sekunde drehen wollte, was aber letztlich aus Kostengründen scheiterte.

Konventionelle Fernsehbilder werden bekanntermaßen nicht als komplettes Gesamtbild dargestellt. Vielmehr baut der beteiligte Elektronenstrahl das Bild zeilenweise von oben nach unten auf. Diese spezielle Technik der räumlichen Bilddarstellung wird natürlich ebenfalls erst möglich durch die Persistenz unserer Wahrnehmung.

Ein faszinierendes Beispiel für einen vergleichbaren, aber räumlich umgekehrten Prozess, der ebenfalls auf der Persistenz beruht, findet sich zum Beispiel im Epcot Center in Disneyland Orlando. Dabei ist wie in Bild 7.4 an einer Wand in der Mitte eine einzige senkrechte Spalte bestückt mit flackernden Leuchtdioden zu sehen. Am linken und rechten Rand ist außerdem jeweils eine einzelne Leuchtdiode angebracht, die abwechselnd aufleuchten.

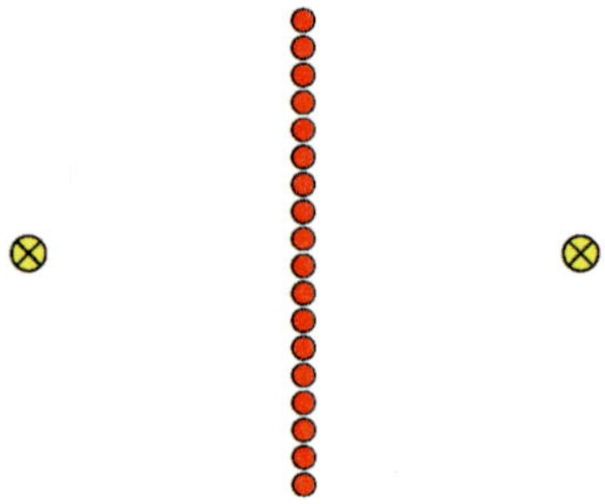

Abb. 7.4: Bilder aus dem Nichts: Täuschung durch geführte Augenbewegung.

Diese Anordnung gewinnt erst Sinn, wenn man die Anweisung befolgt, abwechselnd die jeweils gerade aufleuchtende Diode am Rand zu fixieren.

Durch diesen vorgegebenen Blickrichtungswechsel unserer Augen werden die senkrechten Leuchtdioden an jeweils anderen Orten auf unserer Netzhaut abgebildet. Das Aufflackern dieser Lichterkette ist zeitlich präzise auf die vorgegebene horizontale Augenbewegung abgestimmt, sodass richtige Bilder aus dem Nichts entstehen, die über die ganze Wandfläche ausgedehnt scheinen! Diese faszinierende neue, aktive Art des Fernsehens ist leider nichts für den Massenmarkt, da sie zu schnell anstrengend für die Augen wird.

„Ja, beim Fernsehen reicht mir schon das Öffnen der Chipstüte und das Drücken der Fernbedienung als Anstrengung", meint ein Reiseteilnehmer.

„Und zu sehen, wie sich die Radfahrer bei der Tour de France schinden, ist mir Aktivität genug, ich leide da richtig mit", meint ein anderer Teilnehmer.

„Man kommt sich heutzutage in der Tat manchmal vor, als ob man selbst auf dem Rad mitten im Geschehen sitzt, denn das Betrachten von Scheinbewegungen in Kino oder Fernsehen ist im Normalfall nicht mehr von wirklichen Bewegungen zu unterscheiden", sagt der Busfahrer.

Aber es gibt Ausnahmen!

Der klassische Fall sind die in jedem guten Western auftauchenden und sich scheinbar rückwärts drehenden Wagenräder einer Kutsche. Dieser Wagenradeffekt ist physikalisch begründet: Das Rad dreht sich in vergleichbaren oder höheren Umdrehungsraten wie die Bildabfolge des Films. Ist die Umdrehung des Rades etwa minimal langsamer als die Bildfrequenz, so wird in jedem Teilbild die Momentaufnahme eines minimal zurückgebliebenen Rades aufgenommen – was letztendlich physikalisch ein rückwärts drehendes Rad bedeutet. Da die Räder von Kutschen viele Speichen und dadurch eine besonders feine Rotationssymmetrie besitzen, setzt das Wagenradphänomen schon bei viel langsameren Frequenzen ein. So kann sich bei zum Beispiel 20 Speichen das Rad 20-mal langsamer umdrehen als die Bildabfolge im Film, um den beobachteten Effekt zu drehen. Das bringt die Radumdrehungsrate in den Bereich von ca. zwei Umdrehungen pro Sekunde.

Ein weiteres bekanntes Beispiel ist das Starten eines Hubschraubers oder Propellerflugzeugs. Der filmische Blick auf den beschleunigten Rotor oder Propeller lässt uns Zuschauer durch eine ganze Kaskade von sich vorwärts und rückwärts drehenden Propellerinterferenzen gehen. Dieses Phänomen ist bei uns inzwischen so verinnerlicht, dass wir uns gar nicht mehr darüber wundern. Vielmehr wundern wir uns vielleicht inzwischen bei einem Flughafenbesuch, wenn wir diese Szene ausnahmsweise einmal in Natura sehen und die Bewegung ganz kontinuierlich abläuft!

Den Unterschied zwischen Scheinbewegungen und Persistenz können Sie einfach anhand des entflogenen Vogels und des Käfigs in Bild 7.5 nachvollziehen.

Abb. 7.5: Persistenz der Wahrnehmung: So kommt der Vogel wieder in den Käfig: Bitte die beiden Bilder aneinander kleben und schnell umdrehen!

Wie kommt der Vogel wieder in den Käfig?

Die Lösung dazu geht auf den englischen Mediziner mit französischem Nachnamen John Ayrton Paris zurück. Er entwickelte bereits 1826 ein Spielzeug, das er Thaumatrop nannte. Schneiden Sie dazu eine Fotokopie der beiden Bilder aus, kleben die beiden Rücken an Rücken auf einen Karton und bringen das Ganze zu einer schnellen Rotation! Das kann zum Beispiel durch den Einsatz zweier Gummis geschehen, die links und rechts am Bild befestigt und aufgedreht werden. Der Vogel sitzt nun eindeutig wieder in seinem Käfig – und das obwohl immer nur eines der beiden Bilder gesehen wird. Die Täuschungsursache ist die Persistenz der Wahrnehmung zwischen diesen beiden völlig verschiedenen Bildern. Eine Scheinbewegung ist hier dagegen nicht beteiligt. Scheinbewegungen kommen erst ins Spiel, wenn es sich um die Erkennung einander ähnlicher, sukzessiver Bildfolgen wie zum Beispiel bei einem Daumenkino handelt.

Eine wunderbare Täuschung beruhend auf Scheinbewegungen ist der Effekt des wackelnden Bleistifts von Pomerantz aus dem Jahr 1983. Dabei wird ein Bleistift wie in Bild 7.6 in lockerer Fingerhaltung in Schwingungen versetzt.

Diese Täuschung führt der Busfahrer der Reisegruppe gerade vor. „Das sieht ja aus, als ob der Bleistift aus Gummi ist", sagt unser Nachbar.

„Ja, wie wenn er ganz von selbst mitschwingt", meint ein anderer Mitreisender.

Der Busfahrer ist sehr froh, dass ihm dieser Trick geglückt ist – er hat lange dafür geübt.

Der Trick ist der: Halten Sie den Bleistift nahe an einem Ende und sehr locker zwischen Daumen und Zeigefinger. Bewegen Sie die Hand senkrecht in kurzen schnellen Bewegungen auf und ab! Der Bleistift sollte dabei um nicht mehr als fünf Zentimeter ausgelenkt werden. Besonders wichtig für den Trick ist, dass die ganze Hand in Phase mit der Bleistiftauslenkung schwingt. Dadurch entsteht ein Knotenpunkt (Stillstand) der Bleistiftbewegung etwa in der Mitte des Bleistifts – also deutlich entfernt von dem Griff der Hand an den Bleistift.

Die Täuschungsursache ist neben der Scheinbewegung die Erfahrung der Elastizität. Dass ein Bleistift sich an einem Ende stark

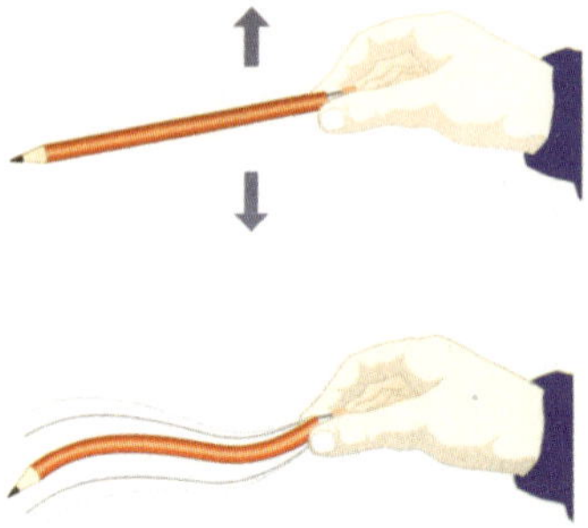

Abb. 7.6: Ein beweglicher Bleistift aus Gummi.

bewegt, in der Mitte nicht und dann in Gegenphase, lässt sich – entgegen der Alltagserfahrung – am einfachsten durch „Elastizität/Bleistift ist aus Gummi“ deuten.

7.4. Nachwirkungen, Wasserfälle und nochmal Züge

Blicken Sie bei der nächsten Gelegenheit einmal einige Zeit (30–60 Sekunden reichen aus) auf einen Wasserfall. Betrachten Sie danach eine beliebige andere, ruhig stehende Szene, wird Ihnen eine genau entgegengesetzte Bewegung als Nachbild auffallen. Diese berühmte Wasserfalltäuschung war übrigens bereits Aristoteles bekannt.

„Ja und mir auch“, meint ein Mitreisender und erzählt von einer ähnlichen Beobachtung, als er von einer Brücke auf einen schnell strömenden Fluss geblickt hat und danach die entgegengesetzte Strömung als Bewegungsnachbild hatte.

Unsere Reisegruppe ist inzwischen wieder auf der Heimreise im Zug und alle schauen aus dem Fenster, um irgendwo einen Wasserfall oder einen Fluss zu erspähen, bis der Zug im nächsten Bahnhof hält.

„Bei mir bewegt sich etwas“, meint ein Mitreisender.

„Ja, es sieht aus, wie wenn der Bahnsteig sich in die entgegengesetzte Richtung bewegt.“

Der Busfahrer freut sich sehr über die Entdeckung dieser sehr eindeutigen Nachwirkungsbewegung zur rechten Zeit – das ist moderne Didaktik!

Ein ähnlicher Nachwirkungseffekt lässt sich auch im Auto, auf einem Boot oder mit Hilfe eines rotierenden Plattentellers beobachten. Wenn der Plattenspieler gestoppt wird, scheint der Teller für einige Zeit rückwärts zu rotieren.

Ein deutlicher Bewegungsnacheffekt ist auch erkennbar, wenn die in Bild 7.7 abgebildete Spirale auf einem Plattenteller oder einem Holzkreisel rotiert wird. Auf dem Plattenteller (Drehung im Uhrzeigersinn) scheint die Spirale zu expandieren. Sobald die Drehung gestoppt wird, scheint die Spirale sich zusammenzuziehen. Das Nachbild ist also wieder in entgegengesetzter Bewegungsrichtung sichtbar.

Diese faszinierenden Bewegungsnacheffekte sind der Beweis dafür, dass das Bewegungssehen eine selbstständige Sinnesempfindung mit eigenen richtungsorientierten Bewegungsdetektoren ist. Der Bewegungsnacheffekt ist somit vergleichbar mit den Nachbildern beim Farbensehen: Wenn man einige Zeit eine bestimmte Farbe beobachtet, sättigen sich die beteiligten Farbrezeptoren und es wird irgendwann nur noch die Komplementärfarbe wahrgenommen. Genauso scheinen sich auch richtungsabhängige Bewegungsdetektoren auf unserer Netzhaut zu sättigen, wenn die Bewegung nur lange genug in die gleiche Richtung läuft. Blickt man anschließend auf ein ruhig stehendes Bild, wird die Komplementärbewegung, das heißt die Bewegung in die entgegengesetzte Richtung, wahrgenommen.

Die Existenz von richtungsabhängigen Bewegungsdetektoren ist nicht so trivial, wie es sich zunächst anhört. Denn es wäre durchaus auch denkbar, dass die Wahrnehmung von Bewegungen und Geschwindigkeiten aus der internen Umrechnung der Zeit- und Ortinformationen der einzelnen Sehzellen gewonnen wird. Aufgrund des richtungsabhängigen Bewegungsnacheffekts wird aber klar, dass es eine ganz unabhängige Bewegungsempfindung gibt, ohne dass dabei eine Ortsveränderung stattfindet.

Der Schlüssel der Organisation dieser Bewegungsdetektoren auf unserer Netzhaut wurde von Reichardt 1957 aus Experimenten mit Insekten, zum Beispiel der Stubenfliege, gefunden in Form von raffinierten Kopplungs- und Korrelationsmechanismen von zwei örtlich getrennten Netzhautstellen. Dieses Modell wurde später von van Santen und Sperling 1985 auf eine allgemeine Verknüpfung vieler verschiedener Netzhautstellen zu einem so genannten vervollständigten Reichardt-Detektor erweitert. Die physiologische Existenz richtungsabhängiger Bewegungsdetektoren wurde von Hubel und Wiesel 1959 nachgewiesen.

Abb. 7.7: Bei Drehung scheint die Spirale zu expandieren, nach Stillstand tritt ein Bewegungsnacheffekt in umgekehrter Richtung auf.

7.5 Autokinetischer Effekt und Sternenschwanken

Ein einzelnes Licht in der Dunkelheit scheint immer irgendwie unruhig hin und her zu wandern. Dieser Effekt war bereits Alexander von Humboldt bekannt. Er berichtete 1851, dass ein einzeln stehender Stern beweglich wirkt. Schweizer beobachtete individuelle Unterschiede in den Berichten über die Sternenbewegung und schloss daraus, dass dieses „Sternenschwanken" ein subjektiver Bewegungseindruck ist, der 1887 von Aubert als *Autokinese* bezeichnet wurde.

Der autokinetische Effekt lässt sich am besten am klaren Nachthimmel anhand eines einzeln stehenden Sterns erkennen. Nach einiger Zeit scheint sich dieser Stern zu bewegen und erscheint zeitweise wie ein Flugzeug. Dieses imaginäre Flugzeug fliegt allerdings wie eine Motte um das Licht um die physikalische Ruhelage des Sternes herum.

Um den autokinetischen Effekt gab es immer wieder größere Diskussionen und bis heute gibt es keine einvernehmliche Erklärung für diesen faszinierenden Effekt. Erklärungsansätze beinhalten die Bewegungen von Schwebeteilchen im Glaskörper des Auges, die sakkadischen Augenbewegungen, natürliche Fluktuationen oder Ermüdungserscheinungen. Der vielleicht überzeugendste Erklärungsansatz ist die Einbeziehung der Korrekturmechanismen der Sehmuskeln nach Richard Gregory, 2001. Diese dynamischen Korrekturvorgänge ermöglichen uns im natürlichen komplexen, bewegten Umfeld eine stabile Fixierung auf den gewünschten Ausschnitt. In unserem sensiblen, dunklen, statischen und anhaltspunktlosen Sternenumfeld aber reagieren diese dynamischen Korrekturmechanismen ganz einfach über und schießen immer wieder über das Ziel hinaus.

Wie immer, wenn ganz empfindliche und willentlich nur wenig kontrollierbare Ursachen erkennbare Wirkungen erzielen (wie zum Beispiel auch beim Pendeln), tauchen faszinierende Theorien über den Einfluss der unterbewussten Suggestion auf. So wurde die autokinetische Bewegung eines Lichtpunkts in einem verdunkelten Raum schon als Persönlichkeitstest verwendet und der Einfluss von gruppendynamischem Verhalten bemerkt. Die Psychologen Rechtschaffen und Mednick haben dazu 1955 einen wunderbaren Versuch durchgeführt. Den Versuchspersonen wurde suggeriert, dass es sich um einen Test handelt, der die Lesefähigkeit von Wörtern testet, die mit dem Lichtpunkt geschrieben werden. Der Lichtpunkt stand in Wirklichkeit völlig still. Das Ergebnis war, dass alle Versuchspersonen Wörter beobachteten – ein schöner Nachweis, dass die Suggestion tatsächlich die Wahrnehmung beeinflusst. Zumeist wurden einfache Wörter beobachtet, aber manche Versuchspersonen erkannten auch richtig lange Botschaften. Eine Versuchsperson entzifferte sogar eine Vielzahl sehr persönlicher Sätze, bis sie schließlich die Experimentatoren fragte: „Wo haben Sie bloß die ganzen Informationen über mich her?"

Inzwischen ist unsere Reisegruppe wohlbehalten im Bus zurück.

„Alles was Sie bisher an Bewegungen erfahren haben, war erst der Vorgeschmack auf die jetzt kommenden fantastischen Bewegungstäuschungen", sagt der Busfahrer und drückt freudig entschlossen auf das Gaspedal.

Ahnungsvoll lassen wir uns tief in den Bussitz sinken.

7.6 Bewegungsillusionen mit periodischen Mustern

„Bilder mit sich wiederholenden Mustern erzeugen oft kuriose Wahrnehmungseffekte – sowohl in der direkten Betrachtungsweise als auch im Nachbild", sagt der Busfahrer.

Betrachten Sie dazu Bild 7.8. In diesem lebendigen Bild nach MacKay 1957 sind schon nach kurzer Betrachtung bewegliche Schatten zu sehen, die Rosetten formen. Wenn Sie das Zentrum der Figur fixieren, werden Sie eine deutliche Rotation des Schattens wahrnehmen. Die Rotationsrichtung lässt sich umkehren, indem Sie einen Punkt rechts oder links des Zentrums fixieren.

Bewegen Sie Bild 7.8 horizontal hin und her, so werden Sie verwischte Achter wahrnehmen, die sich im rechten Winkel zur echten Bewegungsrichtung bewegen.

Diese fantastische Beweglichkeit repetitiver Muster ist in Analogie zu den berühmten Moiré-Mustern zu sehen. Diese Muster sind bei Überlagerungen von zwei identischen Bildern bestimmter repetitiver Geometrien zu erkennen. Moiré-Muster entstehen immer dann, wenn die beiden Kopien nicht ganz exakt aufeinander liegen. Kopieren Sie zum Beispiel Bild 7.8 auf eine durchsichtige Folie und legen diese nicht exakt auf die Vorlage, so ergeben sich genau die wahrgenommenen ringförmigen Schatten. Aber wie können diese

Abb. 7.8: Das MacKay-Bild.

Moiré-Muster in unserer Wahrnehmung entstehen? Ein Erklärungsansatz ist, dass die schnellen unwillkürlichen sakkadischen Augenbewegungen die Ursache sind. Diese lassen in sehr kurzem zeitlichen Abstand das Abbild des Musters auf der Retina leicht verschoben erscheinen. Bedingt durch die Persistenz der Wahrnehmung kommen diese beiden Bilder somit kurzzeitig in Wechselwirkung – genauso wie der Vogel und der Käfig in Bild 7.5.

Auch der Nachbildeffekt von periodischen Bildern ist sehr bemerkenswert. Betrachten Sie zur Demonstration Bild 7.8 für ca. 30 Sekunden und blicken danach auf eine statische einfarbige Fläche. Sie werden einen beweglichen Nacheffekt erkennen, der nach MacKay *komplementärer Nachbildeffekt* heißt. Die Bewegung des Nachwirkungseffekts ist senkrecht zu den Hauptlinien des Bildes, also hier ringförmig (vgl. auch die Spirale in Bild 7.7).

Ein weiteres wunderschönes Beispiel der eindrücklichen Beweglichkeit repetitiver Muster können Sie in Bild 7.9 „Chrysanthemum" beobachten. Das Bild löst sich geradezu vor den Augen auf und beginnt zu schimmern und sich in starkem Ausmaß radial zu bewegen. Die scheinbare Bewegungsrichtung des Bildes ist aber nicht einheitlich, sondern abhängig von der jeweiligen Orientierung der Muster. Dadurch entstehen verschiedene sich scheinbar im Uhrzeiger- und Gegenuhrzeigersinn drehende Kreisringe – und das auch noch schimmernd und in verschiedenen Geschwindigkeiten. Dieses wunderbare Bild stammt vom englischen Psychologen und Künstler

Abb. 7.9: Chrysanthemum, mit freundlicher Erlaubnis von Nicholas Wade.

Nicholas Wade ursprünglich aus dem Jahr 1982, in verbesserter Version aus dem Jahr 1990.

„Inzwischen sind wir an den äußersten Grenzgebieten unserer Bewegungswahrnehmung und unserer Reise angekommen", sagt der Busfahrer.

Betrachten Sie einmal den wirbelnden Strudel in Bild 7.10. Diese intensive Bewegungsillusion wurde vom japanischen Sehforscher und Illusionskünstler Akiyoshi Kitaoka entdeckt und besteht aus einer ganz besonderen Kombination von Täuschungsmechanismen der räumlichen Tiefe und der Bewegung.

Das Bild pulsiert hin und her – so extrem, dass es an die Wirkung von Alkohol am Ende eines genauso extremen Abends erinnert. Die Ursache dieses Effekts ist noch nicht ganz geklärt.

„Das ist auch ähnlich wie beim Alkohol: Die Ursache meines Trinkens ist manchmal auch nicht geklärt", meint ein Mitreisender.

Auf jeden Fall spielt wieder die räumliche Regelmäßigkeit eine Rolle. Das allein reicht aber zur Erzeugung dieses irritierenden Pulsationseffekts noch nicht aus: Damit die Täuschung in diesem Ausmaß stattfindet, müssen die kleinen farbigen Punkte scharf sein – und farbig.

7.7 Bewegungsillusionen mit Farben

„Anhand der Benham-Drehscheiben haben wir gesehen, dass aus Bewegung Farbe werden kann", sagt der Busfahrer.

Abb. 7.10: Wirbelnder Strudel, mit freundlicher Erlaubnis von Akiyoshi Kitaoka.

„Gibt es auch den umgekehrten Prozess, dass aus Farben Bewegung werden kann?“, fragt ein Mitreisender.

„Die Antwort ist ja, das möchte ich Ihnen mit einem schönen Zaubertrick vorführen, in dem der schiefe Turm von Pisa begradigt wird.“

7.7.1 Der schiefe Turm von Pisa wird begradigt

Für diesen Zaubertrick, den man leicht zu Hause nachmachen kann, benötigen Sie lediglich einen alten Plattenspieler, einen Kopierer und eine Schere.

Legen Sie eine kreisförmig zugeschnittene Farbkopie des eigenartig gefärbten schiefen Turms von Pisa von Bild 7.11 auf einen Plattenteller. Der Turm richtet sich senkrecht auf – sehr zum Vorteil für die Statik, aber schlecht für den Tourismus in Pisa.

Dieses faszinierende Gegenstück zur Fechner-Benham-Täuschung wurde erst kürzlich als „Schiefer-Turm-von-Pisa-Effekt“ entdeckt (Ditzinger et al., 2000). Außer dem schiefen Turm werden auch alle beliebigen anderen Formen gegen die eigentliche Drehrichtung gedreht – Voraussetzung die Kombination der beteiligten Farben stimmt.

Legt man beispielsweise Bild 7.12 auf den Plattenspieler, so wird der grüne Balken in eine Orientierung gedreht, die parallel zu den anderen blauen Balken erscheint. Dagegen bleibt der gelbe Balken

Abb. 7.11: Der schiefe Turm von Pisa wird begradigt.

weiterhin in seinem Winkel. Hier ist Grün in besonderer Korrespondenz mit dem roten Hintergrund.

Ein Erklärungsversuch für dieses neue Phänomen beruht – wie bei den flatternden Herzen in Reise 5 – auf den unterschiedlichen zeitlichen Verarbeitungszeiten, bis die verschieden gefärbten Flächen erkannt werden. Die jeweiligen Erkennungszeiten bestimmen sich aus der beteiligten Kombination aus Farbe, Sättigung und Helligkeiten. So wissen wir bereits, dass Blau am langsamsten, Rot und Grün ungefähr gleich durchschnittlich schnell und Gelb am schnellsten wahrgenommen wird. Und wir wissen, dass helle Töne schneller erkannt und dunkle langsamer registriert werden. Es kommt also auf den gesamten Mix aus Farbe, Sättigung und Helligkeit an.

Behauptung: Wenn dieser Mix stimmt und die Erkennungszeiten für zwei sich umschließende Flächen identisch sind, setzt die Beweglichkeit der umschlossenen Fläche ein – die beiden Flächen wechselwirken miteinander. Diese Bedingung ist beispielsweise für den schiefen Turm und Hintergrund mit den Farben Magenta und Cyan erfüllt. Alle anderen Farbkombinationen in Bild 7.11 besitzen unterschiedliche Erkenntniszeiten. Wie beim Pulfrich-Effekt führt das zu einer jeweils unterschiedlichen scheinbaren Lage der verschiedenen Flächen. Das zuvor statisch schlüssige Bild wird durch die Bewegung inkonsistent und fällt quasi in seine Einzelteile auseinander. Sogar mehr als das: Die einzelnen Flächen überschneiden sich genau genommen im optischen Fluss auf der Netzhaut. Dadurch

Abb. 7.12: Der grüne Balken orientiert sich parallel zu den blauen Balken, während der gelbe Balken konstant bleibt.

entstehen an manchen Stellen optische Überlagerungen und an anderen Stellen völlig leere Stellen.

Wieder einmal besteht also dringender Handlungsbedarf für unser Gehirn! Das Wahrnehmungssystem lässt nicht ohne Not zu, dass ein bisher konsistentes Bild durch Bewegung einfach auseinander fällt. Deshalb wird die physikalische Sehinformation durch ein Gestaltgesetz des gemeinsamen guten Bewegungsschicksals überstimmt. Die Lage der einzelnen Flächen wird deshalb einfach als fest auf dem Hintergrund fixiert wahrgenommen!

Ein Sonderfall liegt natürlich im Fall der wechselwirkenden Flächen vor, das heißt, wenn deren Farben gleich schnell wahrgenommen werden. Dann besteht für unsere Wahrnehmung kein ausreichender Handlungsbedarf und die Szene wird weiterhin räumlich konsistent wahrgenommen. Die ausbleibende Gestaltkorrektur ermöglicht einen tiefen Einblick in die zeitliche Sehverarbeitung: Die umschlossene Fläche wird nun auch entsprechend der zeitlichen Wahrnehmungsverzögerung räumlich verschoben erkannt! Bei einer Drehung im Uhrzeigersinn wird der Turm somit auf dem Blatt einfach im Gegenuhrzeigersinn verschoben! Die konstante stabile Drehbewegung macht diesen Effekt sehr robust und lässt ihn im Gegensatz zu dem ähnlichen Effekt der flatternden Herzen (siehe Reise 5) auch im Tageslicht und bei zentralem Sehen funktionieren. Über den wahrgenommenen Drehwinkel lässt die Schiefer-Turm-von-Pisa-Illusion sogar eine quantitative Vermessung der Sehverarbeitungszeiten zu.

7.7.2 Gesetz des gemeinsamen Bewegungsschicksals

Das Gesetz des gemeinsamen Bewegungsschicksals lässt sich mit Hilfe einer Erweiterung des Effekts der flatternden Herzen überzeugend nachweisen. Bewegen Sie dazu bitte die beiden Teilbilder von Bild 7.13 bei dämmriger Beleuchtung (zum Beispiel Kerzenschein) langsam vor sich hin und her! Im oberen Teilbild erscheinen beide Schriften beweglich. Im unteren Teilbild bewegt sich dagegen rein nichts mehr, obwohl die rechte Bildhälfte incl. Schrift vollkommen identisch zum oberen Teilbild ist! Die Erklärung dieses zauberhaften und noch unbeschriebenen Effekts ist das Gesetz des gemeinsamen Bewegungsschicksals. Die Beweglichkeit der linken Schrift im oberen Teilbild entsteht wie wir schon wissen aufgrund des Effekts der flatternden Herzen. Da unsere Wahrnehmung immer nach einem konsistenten, einfachen Bewegungsmuster strebt, wird die Bewegung der rechten Schrift einfach angepasst und eine gemeinsame Bewegung der beiden Schriften erkannt! Der linke Schriftzug im oberen Bild ist über das Gesetz der guten Bewegung also der Antrieb für die Beweglichkeit der rechten Schrift. Dieser Antrieb fällt im unteren Bild weg und somit schwingt auch die rechte Schrift nicht mehr. Abrakadabra!

„Ich denke, alle haben nun gesehen, dass die Wahrnehmung von Farben und Bewegung in direktem Zusammenhang stehen!", sagt der Busfahrer und fährt fort:
„Das Bewegungssehen hängt auch stark mit dem räumlichen Sehen zusammen – das wissen wir bereits zum Beispiel anhand des Pulfrich-Effekts." Der Busfahrer schaltet den Plattenspieler wieder ein und freut sich auf seinen nächsten Zaubertrick zur Erzeugung von räumlicher Tiefe.

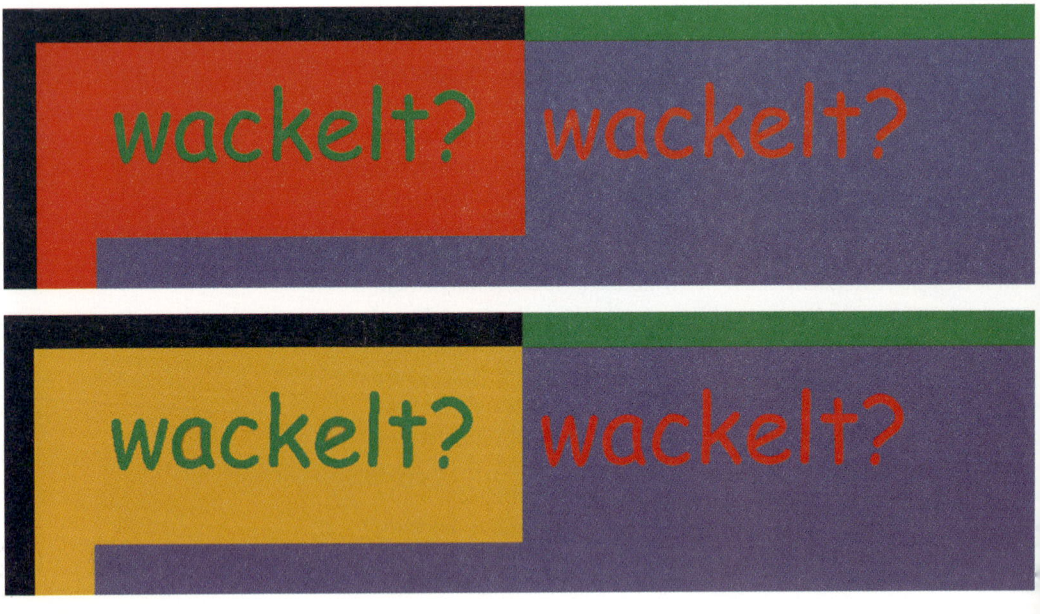

Abb. 7.13: Bitte schütteln: das Gesetz des gemeinsamen Schicksals.

7.8 Bewegungsillusionen durch räumliche Wechselwirkung

Legen Sie das Bild 7.14 links mit den exzentrischen Kreisen auf einen Plattenspieler (den Sie hoffentlich noch nicht weggeräumt haben), so ist unmittelbar eine räumliche Wahrnehmung erfahrbar! Die Kreise ragen bei Rotation in der Form einer Röhre weit in die Tiefe!

Diese faszinierende und leider relativ unbekannte Täuschung, die den direkten Zusammenhang zwischen Räumlichkeit und Bewegung aufzeigt, geht auf die Psychologen Benussi und Musatti (1924) zurück und wurde von Musatti *stereokinetischer Effekt* genannt.

Die Geschichte dieses Effekts ist fast genauso faszinierend wie der Effekt selbst und ist gekennzeichnet von wiederkehrendem Entdecken und Vergessen. So erlangten diese Bilder um 1935 in verschönerter und erweiterter Form als „Rotorelief" durch den Künstler Marcel Duchamp – der übrigens auch an den flatternden Herzen interessiert war – wieder Bekanntheit. Er war durch seine neu entdeckten kinetischen Kunstwerke so begeistert, dass er sie schließlich auf einer Erfinder- und Haushaltswarenmesse vorstellte (Pariser Erfindermesse 1935). Er hatte einen kleinen Stand von drei Quadratmetern und präsentierte dort auf einem Plattenspieler Rotoreliefe – eingezwängt zwischen der Präsentation einer neuartigen Müllpresse und einem neuen Gemüsehäcksler. Der Auftritt war ein großer Reinfall und seine nutzlose Erfindung blieb praktisch unbeachtet. Anstatt Zahlungen auf sein Konto ging immerhin sein Auftritt in die Kunstgeschichte ein – als Beispiel für brotlose Kunst.

Die Entstehung des räumlichen Effekts dieser rotierenden Bilder hat physikalische Ursachen. Unsere Wahrnehmung verfährt analog zur Betrachtung einer linearen Bewegung wie die Strömung eines Flusses: Flussabschnitte, die näher zum Betrachter liegen, erscheinen schneller beweglich als Strömungen am gegenüberliegenden Ufer. Aus der wahrgenommenen Bewegung lassen sich im Umkehrschluss also Rückschlüsse auf die räumliche Tiefe schließen: Je schneller die Bewegung eines Objekts, umso eher wird es im Vordergrund wahrgenommen.

Genau diese Eigenschaft in Verbindung mit dem Gestaltgesetz der Prägnanz scheint der Grund für den räumlichen Effekt bei den

Abb. 7.14: Der stereokinetische Effekt – dieses Bild wird räumlich, sobald es zum Beispiel auf einem Plattenspieler rotiert wird (nach Musatti und Benussi, 1924). Bild rechts: dasselbe Bild in wechselwirkenden Farben: Der Effekt verblasst.

stereokinetischen Bildern zu sein. Die Kreise als Gestalt sind so prägnant, dass unsere Wahrnehmung versucht, sie auch während der Bewegung beizubehalten. Da die Kreise nicht konzentrisch sind, weisen die einzelnen Abschnitte bei Rotation verschiedene physikalische Geschwindigkeiten auf. Da die Wahrnehmung der guten Kreisgestalt unbedingt erhalten werden soll, erfindet unsere Wahrnehmung hier einfach einen neuen genialen Kompromiss: den Eindruck räumlicher Tiefe! Wieder erweist sich unser Wahrnehmungssystem als extrem erfindungsreich und nützt alle zur Verfügung stehenden Freiheitsgrade pragmatisch aus. Umso weiter die Linien vom Mittelpunkt entfernt sind, desto schneller bewegen sie sich und (wie beim Fluss) desto näher am Betrachter erscheinen sie. Dadurch entsteht der wunderbare Tiefeneindruck einer Röhre.

Was passiert, wenn weniger prägnante Formen als Kreise vorgegeben werden? Schon Musatti und Benussi haben 1924 für exzentrisch um den Mittelpunkt angeordnete Ellipsen anstatt räumlicher Tiefe eine Deformation der Figuren in der Form eines Herumwaberns um die Figurachsen erfahren. Unsere Wahrnehmung folgt ihren ureigensten Erfolgsrezepten und geht wieder den einfachsten gangbaren Weg. Es gilt keine Rücksicht mehr auf die gute Gestalt zu nehmen. Deshalb wird die Gestalt einfach entsprechend der Geschwindigkeiten in einem zeitlichen Wabern angepasst. Eine zusätzliche räumliche Tiefe muss als „Ausweg" also gar nicht mehr empfunden werden.

„Jetzt haben wir gesehen, dass Farbe mit Bewegung und räumliche Tiefe mit Bewegung zusammenhängen. Müsste nicht eigentlich eine Kombination von allen noch viel mehr Durcheinander erzeugen?", fragt ein Reiseteilnehmer.

„Ja, das stimmt, aber ich möchte mir dieses Durcheinander erst für den Schluss unserer Reise aufheben. Manchmal gibt es zum Glück auch Wechselwirkungen zwischen Bewegung, Farben und Tiefensehen, die das Durcheinander verringern", sagt der Busfahrer.

Da Sie den Plattenspieler schon im Einsatz haben, wollen wir das anhand des Bildes 7.14 rechts überprüfen. Dabei handelt es sich um die gleiche Drehscheibe wie links, allerdings in wechselwirkenden Farben. Lassen Sie eine Farbkopie davon auf dem Plattenspieler rotieren! Das Ergebnis ist, dass die beiden Effekte sich aufheben und keine oder nur sehr schwache Tiefenwahrnehmung entsteht. Dieser (bisher unveröffentlichte) Effekt lässt sich mit unseren gewonnenen Erkenntnissen nun einfach erklären. Durch den Schiefen-Turm-von-Pisa-Effekt werden die exzentrischen Kreise einfach wieder entgegen der Drehrichtung um einen bestimmten Winkel verschoben. Dabei bleibt die gute Gestalt der Kreise ganz einfach erhalten und der Ausweg über die dritte Dimension ist nicht nötig – und wird deshalb auch nicht realisiert!

7.9 Ein neues Faszinosum: die modernen Bewegungsillusionen unter Einfluss von Farbe, Tiefe, Form und Helligkeiten

In jüngster Zeit wurde eine ganz neue Klasse von fantastischen Bewegungstäuschungen geschaffen. Durch die intensive Wirkung auf den Betrachter steht dabei oft das Spielerische im Vordergrund – die Erklärungsansätze stecken dagegen noch in den Kinderschuhen.

„Ich hatte ja versprochen, dass es am Ende immer mehr durcheinander geht", sagt gerade der Busfahrer zu seiner Gruppe.

„Deshalb bitte gut festhalten, Achtung Schwindelgefahr!"

7.9.1 Die Ouchi-Illusion

Blicken Sie auf Bild 7.15, das auf den japanischen Künstler Hajime Ouchi aus dem Jahr 1977 zurückgeht und aus einer einfachen Anordnung senkrechter und waagrechter Streifen besteht. Wenn Sie den Blickwinkel verändern oder das Bild langsam horizontal oder vertikal bewegen, gewinnt der Mittelteil des Bilds eine fantastische Beweglichkeit. Er tritt räumlich hervor und scheint sich in die entgegengesetzte Richtung der Hintergrundsbewegung zu bewegen.

Die Ursache dieser intensiven Bewegungstäuschung ist die senkrechte Orientierung der Streifenmuster und die Wahrnehmung von räumlicher Tiefe.

Die zufälligen Augenbewegungen spielen dabei eine zentrale Rolle. Die spezielle Geometrie der beiden Streifenmuster eliminiert dabei den Wahrnehmungseffekt der Augenbewegungen parallel zu den jeweiligen Mustern. So kommt im Sehzentrum nur die Bewegungsinformation der jeweils senkrecht zu den Streifen

Abb. 7.15: Die Ouchi-Illusion.

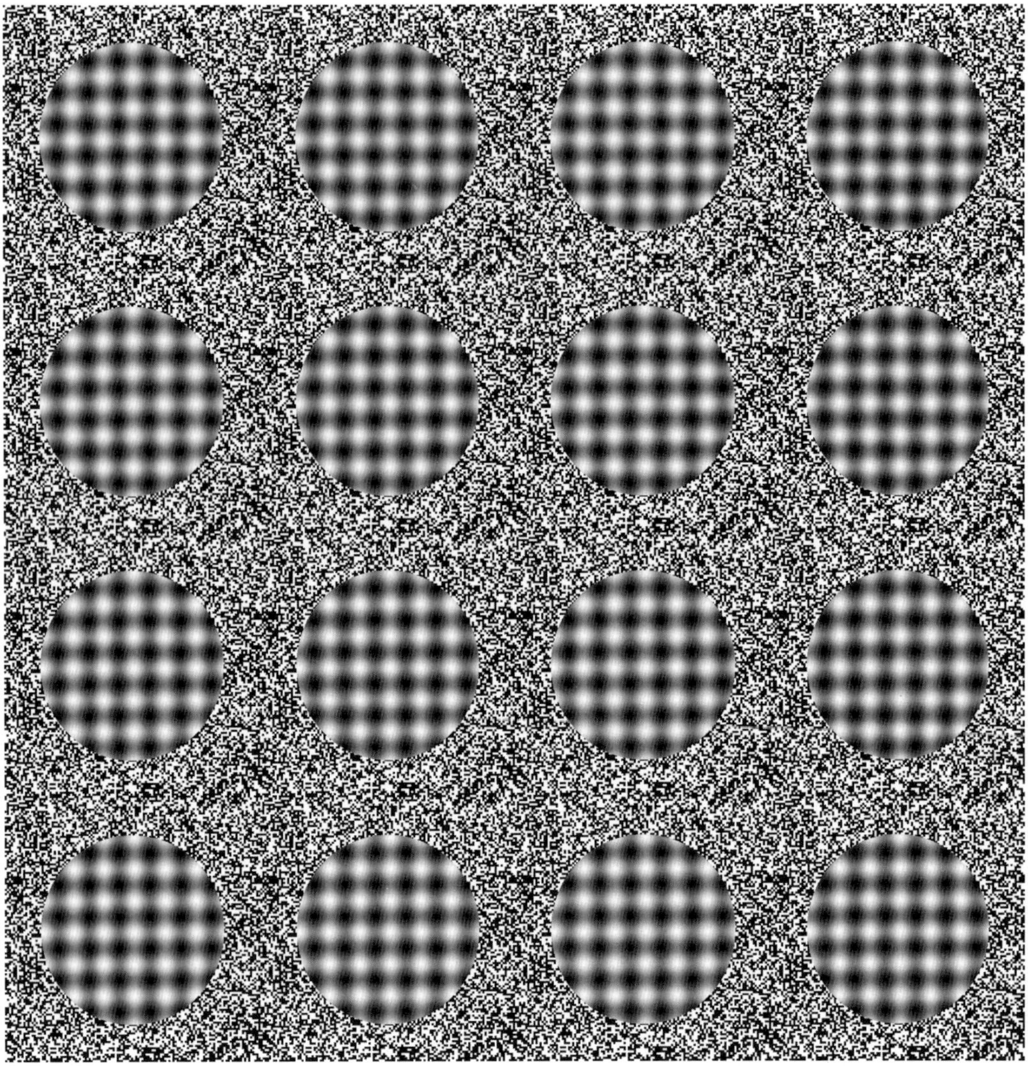

Abb. 7.16: **Intensive Bewegungstäuschung, nach Akiyoshi Kitaoka.**

orientierten Augenbewegung an – was zu dem völlig unabhängigen Bewegungseindruck der beiden Flächen führt. Dieser Effekt wird in der Ouchi-Figur noch verstärkt durch die kreisförmige räumliche Begrenzung der horizontalen Streifen. Wie durch ein Schlüsselloch nehmen wir die Linienmuster innerhalb des Kreises in einer anderen räumlichen Tiefe und Bewegung wahr. Dieser Prozess ist ein Ersatzmechanismus unserer Wahrnehmung für das so genannte Öffnungsproblem. Die physikalisch an unserer Netzhaut ankommende Bewegungsinformation bei Betrachtung von Szenen durch Öffnungen wie ein Schlüsselloch ist bekanntermaßen sehr gering. Deshalb erfand unsere Wahrnehmung Ersatzmechanismen, die die Öffnungsinhalte in einer anderen Tiefe und anders beweglich erscheinen lassen. Diese Mechanismen verstärken den Effekt der Ouchi-Illusion deutlich.

Eine fast unglaubliche neue Illusion geht auf den Japaner Akiyoshi Kitaoka zurück. Er hat über das kreisförmige Grundmuster der Ouchi-Illusion eine neue spezielle unscharfe Textur gelegt, die eine starke zusätzliche räumliche Perspektive erzeugt. Unscharfe Muster werden, wie wir schon gesehen haben, als weiter im Hintergrund liegend wahrgenommen. Dadurch wird der Schlüssellocheffekt weiter verstärkt und eine extreme Beweglichkeit des ganzen Bildes wahrgenommen. Der Bewegungseffekt der Figur von Kitaoka lässt sich noch weiter verstärken, indem die Öffnungen verkleinert werden und dafür mehrfach auftauchen. Den entstehenden extrem starken Bewegungseindruck können Sie in Bild 7.16 beobachten.

7.9.2 Pinna-Brelstaff-Illusion

Eine weitere, vor allem über das Internet in kurzer Zeit bekannt gewordene Bewegungstäuschung ist in Bild 7.17 zu sehen. Darin ist die Pinna-Brelstaff-Illusion der rotierenden Kreise dargestellt. Diese neue Illusion gehört zu den eindrücklichsten und stärksten Bewegungstäuschungen – überzeugen Sie sich selbst!

Fixieren Sie den Punkt im Zentrum des Bildes. Bewegen Sie den Kopf langsam in Richtung des Bildes und entfernen ihn dann wieder.

Abrakadabra – die Kreise beginnen wie von Geisterhand entgegengesetzt zueinander zu rotieren! Die Bewegungsrichtungen kehren sich jeweils um bei der Umkehr der Änderung Ihrer Kopfbewegungsrichtung.

Die Erklärung, warum diese flachen statischen Muster beweglich erscheinen, ist noch nicht endgültig geklärt. Bei einer Kopfbewegung auf das Blatt zu rotieren die Kreise in der Blattebene abhängig von der Orientierung der Muster. Neben der unterschiedlichen Form der Muster innerhalb der Kreise spielt die unterschiedliche Schattierung an den Kanten der Muster eine wichtige Rolle. Dadurch scheinen die Kreise in unterschiedlichen räumlichen Tiefen zu liegen, die in unterschiedliche Beweglichkeiten umgedeutet werden.

Eine ähnliche Täuschung können Sie in Bild 7.18 betrachten. Dabei handelt es sich um eine rechtwinklige Variation und in gewisser Weise eine Verallgemeinerung der Pinna-Brelstaff-Illusion.

Schon im statischen Zustand erkennen Sie sicher gleich, dass etwas mit dem Bild nicht stimmen kann, irgendwie scheinen sich die Spalten gegeneinander verdrehen zu wollen.

Bewegen Sie Bild 7.18 nun langsam senkrecht auf und ab. Sicherlich werden Sie eine scheinbare Bewegung der senkrechten Spalten in horizontaler Richtung sehen: Die Spalten bewegen sich paarweise aufeinander zu! Bei Umkehr der Bewegungsrichtung kehren sich die Spaltenbewegungen um.

Der Trick funktioniert auch in die andere Richtung: Bewegen Sie das Bild horizontal nach links und rechts! Nun bewegen sich ganz analog die Zeilen senkrecht paarweise aufeinander zu.

Was steckt hinter dieser Täuschung? Die Formen der einzelnen statischen Muster sind diesmal gleichmäßig orientierte, völlig identische Quadrate. Der Unterschied zwischen den Mustern der Spalten besteht lediglich noch in der unterschiedlichen Farbgebung der Ränder. In Spalte 1, 3 und 5 sind die Kanten rechts und oben hell, während in den Spalten 2, 4 und 6 die Kanten links und oben hell sind.

Die Quadrate erscheinen alle gegenüber dem Hindergrund räumlich erhaben, allerdings immer mit dem Eindruck, dass etwas an dem Bild nicht stimmt. Das können wir aus unserem Wissen über den Einfluss des von oben kommenden Sonnenlichts erklären.

In den ungeraden Spalten entsteht dabei der Eindruck, dass die Sonne von rechts oben kommt, während sie in den anderen Spalten von links oben zu leuchten scheint. Da unsere Wahrnehmung in der

Abb. 7.17: Pinna-Brelstaff-Illusion der rotierenden Kreise, mit freundlicher Genehmigung von Baingio Pinna.

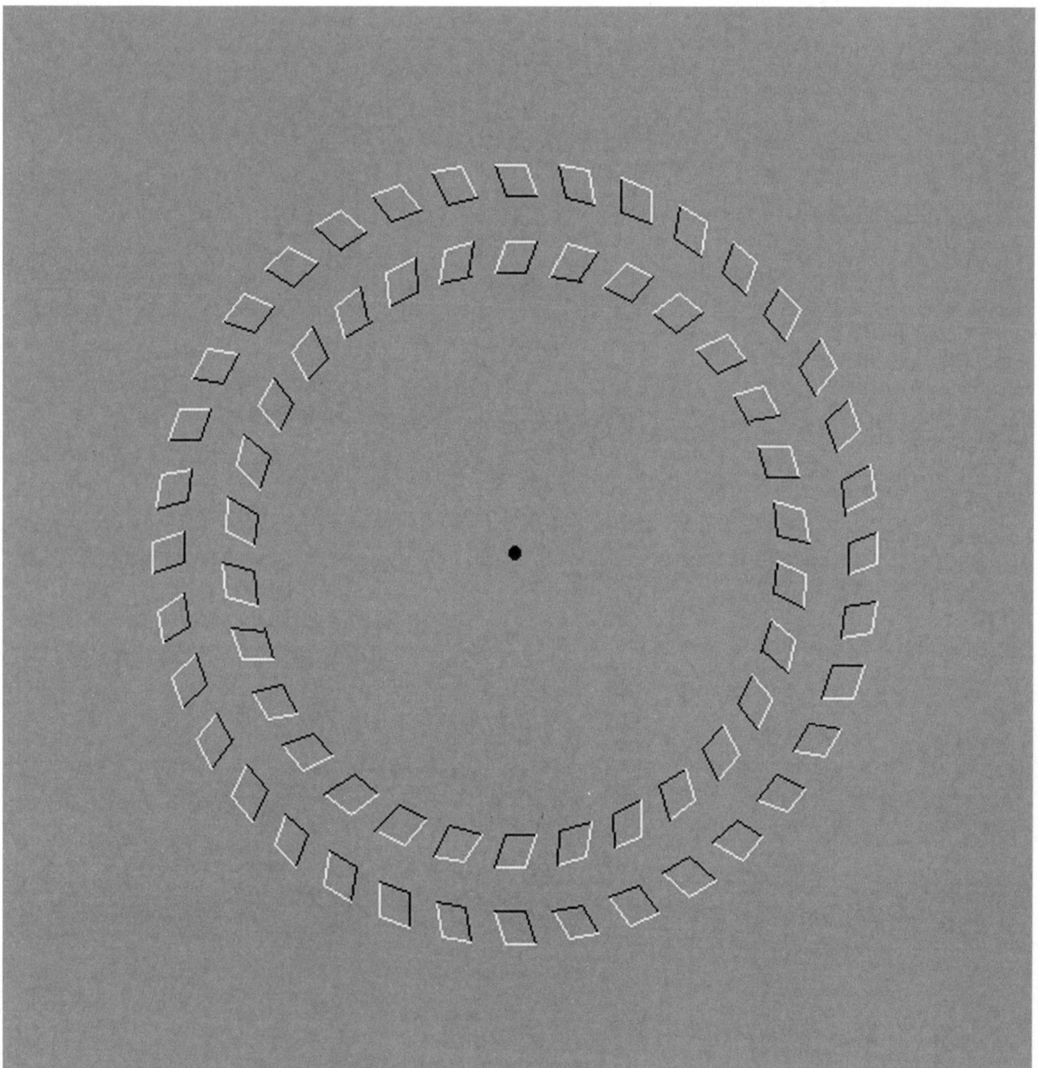

Evolution mit nur einer einzigen Sonne aufgewachsen ist, widerspricht dieses Bild unserer Alltagserfahrung und scheint „unter starker Spannung“ zu stehen. In diesem faszinierenden Bild findet unsere Wahrnehmung keine schlüssige Lösung, um den Eindruck einer doppelten Sonne zweifelsfrei verschwinden zu lassen. Deshalb beginnt unser Gehirn einfach zu mogeln: Unsere Wahrnehmung scheint zu versuchen, die Orientierung der Quadrate illusorisch so weit wie möglich in Richtung einer einzigen virtuellen Sonne, die senkrecht von oben leuchtet, zu verdrehen. Dadurch entsteht der Eindruck, dass die Spalten sich gegeneinander zu kippen versuchen.

Diese durch die unterschiedliche Schattierung der Ränder vorgegebene Asymmetrie der Quadrate und ihre empfundene unterschiedliche Orientierung scheinen auch als Ursache für die starke Bewegungstäuschung ausreichend zu sein.

Deutlich wird die unterschiedlich angelegte Schattierung des Bildes, wenn Sie das Bild um 90 Grad im Uhrzeigersinn verdrehen. Sicherlich sehen Sie nun sofort eine unterschiedliche räumliche Tiefe der Reihen. Die erste, dritte und fünfte Reihe scheinen deutlich hinter der Blattebene zu stehen und die anderen drei Reihen vor dem Blatt.

Diese geometrischen und räumlichen Gegebenheiten lassen sich zu noch intensiveren Täuschungen verwerten, wie in Bild 7.19 zu sehen. Dabei handelt es sich um eine Abwandlung des Bilds 7.18 von Pinna durch Kitaoka. Die unterschiedlich schattierten Rechtecke sind nun in ganzen zueinander verschobenen Blöcken gruppiert, was diese fantastische Bewegungstäuschung noch verstärkt.

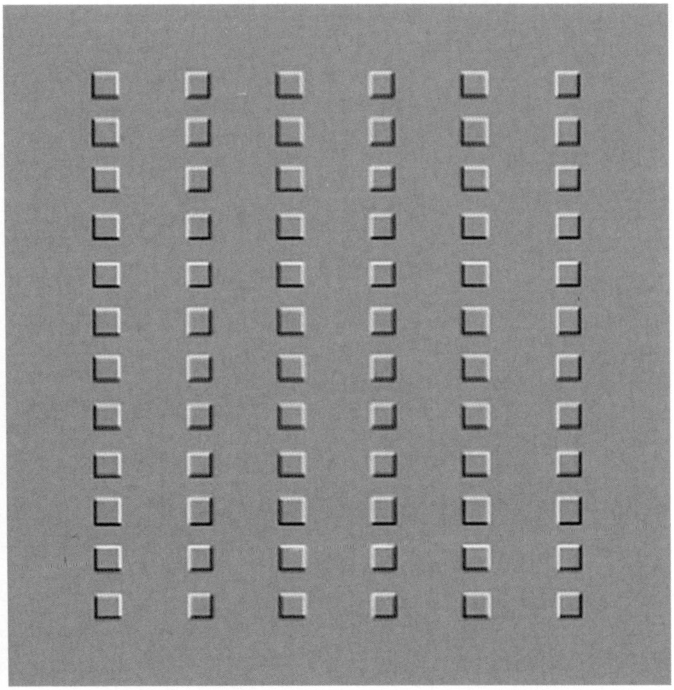

Abb. 7.18: Bewegliche Linien, mit freundlicher Erlaubnis von Baingio Pinna.

Abb. 7.19: Bewegliche Rechtecke, mit freundlicher Genehmigung von Akiyoshi Kitaoka.

7.9.3 Rotierende Schnecken

Die Täuschung der rotierenden Schnecken ist momentan das Aushängeschild der neuen Popularität beweglicher Bilder und stammt von dem uns schon bekannten Sehforscher und Künstler Akiyoshi Kitaoka.

Auch die meisten Reiseteilnehmer haben ein Bild wie in Bild 7.20 bereits irgendwo einmal gesehen. Die Täuschung funktioniert am allerbesten auf einem Computerbildschirm und hat in den letzten Jahren einen unvergleichlichen Siegeszug durch das Internet in Form von Anhängen und Links in E-Mails vollzogen – trotz aller Spamfilter und Firewalls.

Aber auch auf dem Papier ist diese Bewegungstäuschung beobachtbar, vor allem wenn man das Bild 7.20 mehr am Rande des Sichtfeldes mit peripherem Sehen betrachtet. Um die Schneckenhäuser zum Rotieren zu bringen, müssen Sie weder das Blatt noch den Kopf bewegen! Blicken Sie nur unscharf in Richtung Bildrand – nach einiger Zeit werden Sie bemerken, dass die Kreise scheinbar wie von selbst zu rotieren beginnen.

Natürlich gibt es noch keine allgemein akzeptierte Erklärung für dieses Phänomen. Als Erklärungsansatz hat sich der Begriff der so genannten *peripheren Driftillusion* durchgesetzt. Kitaoka erkannte in seinen Bildern, dass es auf die Farb- und Helligkeitsabfolge der Kreissegmente ankommt, um die Muster mit peripherem Sehen zur Bewegung zu bringen. So folgt die scheinbare Beweglichkeit immer einem Helligkeitsgradienten von Schwarz zu Grautönen und ebenso einem Helligkeitsgradient von Weiß zu Grautönen. Die Kreise in Bild 7.20 bewegen sich entsprechend diesen Helligkeitsabstufungen der peripheren Driftillusion im Uhrzeigersinn. Die wichtige Rolle dieser

Abb. 7.20: Rotierende Schnecken, mit freundlicher Erlaubnis von Akiyoshi Kitaoka.

Helligkeitsgradienten als Motor für die scheinbaren Kreisbewegungen lässt wie schon bei der Ouchi-Illusion wieder eine Beteiligung räumlicher Ersatzmechanismen vermuten. So könnten die unterschiedlichen Helligkeiten für unterschiedliche Tiefenschichten stehen, denen unbewusst eine unterschiedliche Geschwindigkeit durch unsere Wahrnehmung zugeordnet werden könnte.

Erwähnenswert ist, dass die rotierenden Schnecken auf dem Computerbildschirm auch ohne peripheres Sehen einen ungleich stärkeren, geradezu lebendigen Eindruck erzeugen. Das Flimmern des Bildschirms scheint die Schnecken erst richtig ins Rollen zu bringen. Schon deshalb lohnt es sich, einmal auf die sehr guten Internetseiten von Akiyoshi Kitaoka zu schauen.

7.9.4 Wirbelnde Ringe

Wenn Sie sicher sitzen, betrachten Sie bitte Bild 7.21.

Die beiden abgebildeten farbigen Ringflächen beginnen sich in unterschiedliche Richtung zu bewegen: Der innere Ring schrumpft und der äußere expandiert! Ein weiterer Effekt ist – ähnlich zu den Pinna-Brelstaff-Kreisen – sichtbar, wenn Sie Ihren Sehabstand auf das Bild variieren. Bewegen Sie den Kopf auf das Blatt zu, dann wird sich der äußere Kreis wie von Zauberhand im Uhrzeigersinn bewegen, während sich der innere Kreis im Gegenuhrzeigersinn dreht. Bei umgekehrter Kopfbewegung drehen sich die Kreise wieder genau entgegengesetzt.

Abb. 7.21: Zwei wirbelnde Ringe, mit freundlicher Genehmigung von Akiyoshi Kitaoka.

Die Ursache für diese fantastische Beweglichkeit ist eine Mischung aus den vorigen Täuschungen: Der periphere Drift durch die spezielle Helligkeitsanordnung und Farbgebung der Ringsegmente und die spezielle Orientierung sorgen für das Pulsieren und Drehen der Ringe.

7.9.5 Hitzeflimmern

Unsere Reise durch das Bewegungssehen kommt nun an ihr Ende, der Bus hält mit quietschenden Reifen und die atemlosen Reiseteilnehmer steigen aus.

„Damit Sie richtig Durst kriegen, möchte ich Ihnen zum Abschluss noch ein heißes Bild zeigen“, sagt der Busfahrer, der eine Vereinbarung mit dem Getränkeverkäufer hat, der schon zu unserem Bus mit einem Bild in der Hand geeilt ist.

Alle schauen sich das Bild 7.22 zusammen an.

Dieses Bild verbindet wieder die verschiedensten Ursachen verschiedener Bewegungstäuschungen auf raffinierte Weise: Sich immer wieder wiederholende Muster werden mit den räumlichen Wahrnehmungsvorgaben (wie in den Bildern von Pinna) und der peripheren Driftillusion (beteilige Farben: Schwarz, Grau, Weiß) verbunden. Was dabei herauskommt, ist in Bild 7.22 zu sehen, das nicht zu unrecht „Hitzeflimmern“ heißt.

Hier ist der Erklärungsversuch: Die räumliche Tiefe der periodischen Muster erkennen wir wieder anhand der schwarzen und weißen Begrenzungslinien und unserem Wissen über den Sonnenstand. So werden die Rechtecke, die eine weiße obere Begrenzungslinie haben, als im Vordergrund liegend wahrgenommen. Umgekehrt werden die Flächen tiefer wahrgenommen, die oben durch eine schwarze Linie begrenzt sind. Konkrete Ursache für den Flimmer-

Abb. 7.22: Hitzeflimmern, mit freundlicher Genehmigung von Akiyoshi Kitaoka.

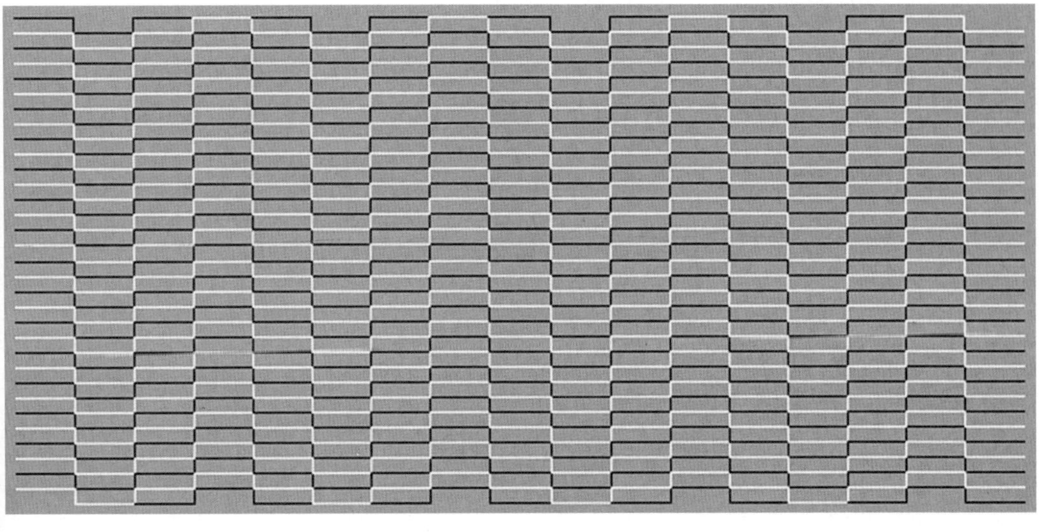

effekt dürften nun – wie aus den Bildern mit sich wiederholenden Mustern bereits bekannt – die sakkadischen Augenbewegungen sein. Durch die Persistenz unserer Wahrnehmung werden die entstehenden verschiedenen räumlichen Erhebungen auf der Netzhaut zeitweise überlagert, überdeckt oder vergrößert. Diese unbefriedigende Konfliktsituation wird durch den Eindruck des Flimmerns/Pulsierens überdeckt – was wieder einmal ein Beweis für den wunderbaren Erfindungsreichtum unserer Wahrnehmung ist. Verstärkt durch die periphere Driftillusion entsteht dadurch ein intensiver flimmernder pulsierender Effekt – der aussieht wie das Flimmern von heißer Luft.

Nachdem die Reisegruppe das heiße Bild ausgiebig betrachtet hat, läuft das Geschäft mit kalten Getränken und Eis sehr gut, sodass alle Beteiligten sehr zufrieden mit dieser turbulenten Reise sind.

Achte Reise: Der Alltag ist gar nicht grau – Täuschungen in unserem täglichen Leben

8

Alltag, was hat denn das mit Abenteuer und Entdeckungen zu tun? Alltag, das ist das ganz normale Leben. Büro, Schule, Autofahren,-jeden Tag die gleiche Strecke, Staus, Regenwetter, Schatten und Licht, Frisör und Zahnarzt, Einkaufen, Fernsehen. Aber auch der graue Alltag besteht aus vielen kleinen und großen Wundern und Illusionen, wenn man nur mit offenen Augen hinschaut. Und manchmal ist unser tägliches Leben natürlich auch Freizeit und Sport, Fußballstadion oder eine Urlaubsreise.

Lassen Sie sich mitnehmen auf diese eindrückliche Reise durch die wunderbare Welt der Alltagstäuschungen!

8.1 Im Supermarkt

„Alltag, das haben wir doch jeden Tag, wieso jetzt auch noch in diesem bisher so spannenden Erlebnisreiseführer“, denken Sie sich vielleicht jetzt gerade.

So ähnlich geht es gerade unserer Reisegruppe, die sich wieder einmal (viel zu) früh, aber tatendurstig an der Bushaltestelle trifft.

„Für meinen Alltag braucht man doch keinen Reisebus, höchstens einen Linienbus“, sagt einer der Frühaufsteher. Aber da kommt schon unser vollgetankter Reisebus nebst gut gelauntem Busfahrer vorgefahren und alle sitzen schnell und gespannt auf ihren Plätzen.

Aber nach wenigen Minuten Fahrt hält der Bus schon wieder vor einem Supermarkt. Bevor sich die Ersten beschweren, ob das jetzt eine Kaffeefahrt wird, geht der Busfahrer schnell voraus und hinein in den Laden.

Es empfängt uns eine freundliche Atmosphäre mit Hintergrundmusik, angenehmer Temperatur und warmem Licht. Das soll natürlich die Kunden zum längeren Bleiben animieren. Und um so länger der Kunde bleibt, um so mehr kauft er auch ein. Normalerweise findet sich gleich am Eingang eines jeden gehobenen Supermarktes die Obst- und Gemüsetheke. Die Präsentation der Ware spielt hier immer eine ganz besondere Rolle. Vor allem geht es darum, die Produkte frisch und knackig erscheinen zu lassen. Dabei ist vor allem die Beleuchtung wichtig. Die Kunden und unsere Reisegruppe greifen natürlich viel lieber zu, wenn die Ausleuchtung und dadurch der Farbton der Ware stimmt. Bananen sollten zum Beispiel immer möglichst gelb aussehen. Gelb bedeutet bei Bananen

Abb 8.1: Obstpräsentation im Supermarkt.

frisch und gut ausgereift. Deshalb werden Bananen oft mit gelblichen Lampen wie in Bild 8.1. bestrahlt. Dadurch erscheinen auch noch etwas unreife, grünliche Bananen gelber als sie eigentlich sind. Diese Täuschung nehmen wir als Kunde aber gerne und ganz bewusst zu Gunsten des ansprechenden Gesamteindrucks in Kauf. Spätestens wenn die Banane dann im Einkaufswagen außerhalb des Gelblichts liegt, sieht man dann genau wie gelb sie wirklich ist.

„Übrigens kann auch schon der Einkaufswagen zur Kundentäuschung verwendet werden", sagt der Busfahrer. „Vielleicht ist Ihnen auch schon der Trend zu immer größeren Einkaufswägen aufgefallen. Die Supermärkte haben ein Interesse daran, möglichst große Wägen zu verwenden."

„Das ist ja logisch, damit mehr reinpasst", sagt ein Reiseteilnehmer.

Es gibt aber einen anderen, fast noch wichtigeren Grund, denn ganz selten ist ein Einkaufswagen einmal wirklich richtig voll. Die Einkäufe erscheinen in einem großen Einkaufswagen klein und wenig (siehe Bild 8.2) und das lädt natürlich zu weiteren Einkäufen ein. Ähnlich wie bei der Titchener'schen Täuschung in Reise 2.15 wird auch hier die Größe des Einkaufs nach der Größe seiner Umge-

Abb. 8.2: Größenkontrasttäuschung im Einkaufswagen.

bung unterschiedlich groß wahrgenommen, verbunden mit einer Verstärkung des Größenkontrasts. Sind die Umgebungsmuster des Einkaufs groß, so wird er als klein wahrgenommen. Umgekehrt erscheint er in einem kleinen Einkaufswagen größer.

Ein Supermarkt arbeitet mit einer Vielzahl weiterer Täuschungen und Tricks, derer sich die Kunden oft bewusst sind, sich aber trotzdem immer wieder dadurch hereinlegen lassen. Zum Beispiel bei der Platzierung von Produkten in einem Regal: Dort gibt es natürlich wie überall gute und schlechte Plätze. Die besten Plätze sind immer auf Augenhöhe und eher in der Regalmitte als am Rand. Kunden greifen auf Produkte aus diesen Blickfangplätzen erfahrungsgemäß deutlich häufiger zu. Das wissen natürlich auch die Hersteller und zahlen sogar dafür – was dazu führt, dass auf diesen ausgezeichneten Plätzen großteils teurere Markenprodukte liegen. Um billigere Produkte zu finden sollte man also auch mal in die Knie gehen und am Regalrand suchen. Ein weiterer Kundentrick ist die Anordnung der Warengruppen im Laden. Es hat sich gezeigt, dass es für den Umsatz von Vorteil ist, erst die gesunden Waren wie Obst, Gemüse, Müsli und andere anzubieten und erst am Schluss Süßigkeiten, Schokolade, Kartoffelchips. Diese ungesunderen Einkäufe tätigt man natürlich mit viel besserem Gewissen, wenn man schon ein paar gesunde Dinge im Wagen hat. Und man kauft solche kleinen Luxusgüter natürlich auch eher, wenn man in einer langen Schlange an der Kasse steht und sie vor der Nase hat. Nachdem unsere Reisegruppe eine dieser gewollten oder ungewollten langen Schlangen an der Kasse endlich überstanden hat, beeilen sich alle, schnell wieder in den Bus zu kommen und zu schauen, wie die gekauften Bananen im Tageslicht ausschauen. Und alle hoffen, dass sie die an der Kasse verlorene Zeit irgendwie wieder einsparen können.

8.2 Zeit sparen

„Hier kommt der Beweis, dass optische Illusionen nicht nur Spaß machen können, sondern manchmal tatsächlich auch zu etwas Nutze sein können", sagt der Busfahrer. Er verdunkelt den Bus fängt auf einem Projektor an zu schreiben:

„Wr lbn n nr fntstschen, fsznrndn, wndrbrn Wlt. Jdr nzln vn ns st n wchtgs Pzzlstck n dsr Wlt nd vrscht sch s gt w mglch drn zrchtzfndn"

„Was ist denn das jetzt wieder?" fragt unser Sitznachbar. Auf den ersten Blick handelt es sich um eine Anhäufung zusammenhangloser Buchstaben. Aber irgendwie kommt einem das Ganze dann doch auch wieder seltsam vertraut vor. Der erste Impuls ist sicherlich der, analytisch vorzugehen und Buchstabe für Buchstabe logisch anzuschauen. Vielleicht gelingt es tatsächlich mit dieser „Fußgängermethode" einzelne Wörter zu erschließen. Nach einiger Zeit erkennt die Reisegruppe damit auch die allgemeine Regel, dass einfach alle Vokale weggelassen wurden. Deutlich einfacher lassen sich die beiden

Sätze aber lesen, wenn man „mit seinem geistigen Auge etwas zurücktritt“ und den Text einfach überfliegt und als Ganzes ins Blickfeld nimmt. Vermutlich erkennen Sie dann schnell die beiden Einleitungssätze dieses Buchs wieder, zumindest grob oder in größeren Teilen:

„Wir leben in einer fantastischen, faszinierenden, wunderbaren Welt. Jeder Einzelne von uns ist ein wichtiges Puzzlestück in dieser Welt und versucht sich so gut wie möglich darin zurechtzufinden.“

Unser Wahrnehmungssystem zeigt sich bei dieser kognitiven Herausforderung als ähnlich leistungsstark wie bei visuellen Aufgaben, wie zum Beispiel bei der Erkennung des Blockbildes 3.8, das ein direktes visuelles Analogon darstellt. Hier wie dort geht es um die Erkennung des gesamten Kontextes und einer guten Gestalt (wie Marilyn Monroe oder eben einem verständlichen Text), dessen Träger beim Bild 3.8 die einzelnen Farbflächen und hier die einzelnen Buchstaben sind, deren Bedeutung sich erst beim Betrachten mit etwas mehr „Abstand“ erschließt.

Diese verblüffende kognitive Leistung unseres Wahrnehmungssystems ermöglicht es uns stark lückenhaft geschriebene Texte zu erkennen. In unserem Beispiel wurden lediglich 107 der 167 Buchstaben des Ursprungstextes verwendet, das ist eine Reduktion der Informationsmenge um 36 Prozent, die idealerweise weniger geschrieben werden müsste! Natürlich geht hier der erzielte Zeitgewinn beim Schreiben zu Lasten eines Zeitverlustes beim Lesen.

In der Zwischenzeit hat der Busfahrer wieder etwas Neues in hoher Geschwindigkeit getippt:

„Dazu nediemen wit uns umseret Sinnr, die ums die hleicjzeitoge Wajrnehnung eoner umgeheiren Mrnge vpn Umwrltreozen umd Infprmatoonen rrmögkichem.“

Vermutlich fällt ihnen die Erkennung dieses Textes etwas schwerer als im ersten Beispiel. Diesmal besitzt der Text anstatt einfacher Buchstabenlücken falsche Buchstaben. Das ist genau der Effekt, der entsteht, wenn man (zu) schnell tippt – umso schneller, umso fehlerhafter. Und zwar ist hier genau jeder fünfte Buchstabe im Text falsch, richtig heißt es:

„Dazu bedienen wir uns unserer Sinne, die uns die gleichzeitige Wahrnehmung einer ungeheuren Menge von Umweltreizen und Informationen ermöglichen.“

Nun erhöht der Busfahrer seine Schreibgeschwindigkeit und damit die Fehlerquote und zeigt uns nun:

„Dad medscjlivhe Eahtnejmumgsdyszem jat dicj im Öauge drr Ebolitipn im enhem Eecjseöspoel nit fer Jmwrlt rnteiclelz.“

Das ist nun wirklich eine harte Nuss, mit einem Tippfehler bei exakt jedem dritten Buchstaben. Damit sind wir sicherlich am Wahrnehmungslimit, aber vermutlich auch am sinnvollen Schreibfehlerlimit angekommen. Wieder hat es sich der Busfahrer leicht gemacht und einfach die nächsten Sätze der Einleitung dieses Buchs heraus genommen:

„Das menschliche Wahrnehmungssystem hat sich im Laufe der Evolution in engem Wechselspiel mit der Umwelt entwickelt.“

Unsere Wahrnehmung hat sich also auch bei der Erkennung von Bedeutungen und Sätzen als sehr leistungsfähig erwiesen und kann eine große Zahl von Buchstabenlücken und Tippfehlern einfach ausgleichen. Diese bemerkenswerte Eigenschaft lässt tatsächlich etwas Spielraum zum Zeitgewinn in unserer immer schneller werdenden Medienlandschaft. So ist bei Vielschreibern in der Arbeitswelt, die mehrere hunderte Emails täglich zu lesen und schreiben haben, ein zunehmendes bewusstes Inkaufnehmen von Schreibfehlern zu beobachten. Es kommt mehr und mehr nur auf den Inhalt und den Zeitgewinn an, die schlechtere Form und kleinere Fehler stören dabei wie gesehen nicht.

Ganz anders sieht es bei unserer nächsten Reisestation aus, da will nämlich keiner größere Fehler erleben.

8.3 Beim Zahnarzt

„Mann, uns bleibt ja wirklich gar nichts erspart“, ruft ein Reiseteilnehmer als wir alle im Wartezimmer eines Zahnarztes Platz nehmen.

„Was muss ich denn dann erst sagen, ich bin hier den ganzen Tag“ erwidert uns ein Mann in weißem Zahnarztkittel, der gerade zur Tür hereinkommt.

„Immerhin habe ich mich bemüht, meine Praxis nach den neuesten wahrnehmungspsychologischen Erkenntnissen zu gestalten!“, sagt er. Das Zimmer ist hauptsächlich in Blau und Grün gehalten, und tatsächlich hat das eine beruhigende Wirkung auf die Reisegruppe.

8.3.1 Zimmerfarben

Wahrscheinlich gibt es nicht viele Zimmer, deren Gestaltung mit so viel Bewusstsein und Zeit wahrgenommen werden wie das Wartezimmer und das Behandlungszimmer einer Zahnarztpraxis. Neben der reinen Funktionalität eines Raums sollte hier deshalb auch die emotionale Ausstrahlung und Farbgebung eines Raums berücksichtigt werden. Einen ersten Anhaltspunkt in diese Richtung geben Umfragen über die Lieblingsfarben der Deutschen. Verschiedene Studien ergaben immer wieder ein ganz klares Votum für Blau. In einer größeren Studie von Heller (1999) betrug das Ergebnis 38 Prozent Blau, 20 Prozent Rot, zwölf Prozent Grün, acht Prozent Schwarz. Unbeliebteste Farben waren mit deutlichem Vorsprung Braun (29 Prozent), gefolgt von Orange und Violett mit je 11 Prozent. In einer ersten Näherung sollten sich die Patienten also in einem Zimmer mit hauptsächlich Blau und etwas Rot, Grün und Schwarz am wohlsten fühlen. Aber natürlich sollte man immer auch die Erwartungshaltung der Besucher an den jeweiligen Raum mit berücksichtigen. Aber was genau erwarten die Besucher von einem Raum und wie kann man das in Farben umsetzen? Zur Beantwortung dieser Frage sind wieder quantitative psychologische Umfragen hilfreich. In der schon erwähnten Studie von Heller wurden die Testpersonen nach ihren Farbassoziationen zu vorgegebenen Begriffen befragt. So wurde zum Beispiel dem Begriff „Sympathie" von 28 Prozent der Versuchspersonen die Farbe Blau zugeordnet, 17 Prozent sagten Rot, 16 Prozent Grün, neun Prozent Rosa, neun Prozent Weiß, acht Prozent Violett. Insgesamt wurden auf diese Weise 200 Begriffen Farben zugeordnet. In Abhängigkeit von der Erwartungshaltung der Patienten an den jeweiligen Raum lässt sich aus den Ergebnissen der Studie eine sehr feine Farbgestaltungsempfehlung erzielen.

Die Erwartungshaltung an einen Raum kann man zum Beispiel aus einer Patientenumfrage erreichen. Für ein Wartezimmer kann man sich zum Beispiel vorstellen, dass die Erwartungen an das Zimmer sein könnten: „beruhigende Wirkung, Freundlichkeit, Hilfsbereitschaft, Hoffnung, Optimismus, Sauberkeit, Sicherheit, Sympathie, Vertrauen und Zuverlässigkeit". Addiert man die jeweiligen Farbzuordnungen dieser Eigenschaften aus der Studie von Heller, so ergibt sich für unser Beispiel folgende Farbgewichtung für die Erwartung an ein Wartezimmer (siehe Bild 8.3): 20,9 Prozent Grün; 20,4 Prozent Blau, 18,0 Prozent Weiß, 5,6 Prozent Gelb, 5,2 Prozent Rot. Das heißt, für unser Beispiel sollte ein Wartezimmer vor allem in den Farben Grün, Blau und Weiß gehalten sein.

Im Behandlungszimmer steht natürlich die reine Funktionalität im Vordergrund. Zur Erkennung von feinen Zahnstrukturen sollten keine störenden Farben in der Umgebung des Sichtfelds des Zahnarzts sein. Empfohlene Farben sind dabei die neutralen Farben Weiß und Grau und die natürlichen Hintergrundfarben Blau und Grün. Vermeiden sollte man Signalfarben wie Gelb, Rot oder Violett. Für eine Verwendung der Hintergrundfarben Blau und Grün spricht das Argument, dass im unbunten blaugrünen Bereich die Komplementärfarben zu den Zahnfarben liegen. Dadurch ergibt sich eine Randkontrastverstärkung/Betonung der Zahnfarben und somit eine sensible Wahrnehmungsmöglichkeit von Abweichungen in diesem Bereich.

Aber auch hier spielt die emotionale Farbempfindung der Patienten wieder eine Rolle. Denn auch im Behandlungszimmer hat der Patient normalerweise genügend Zeit, um Farbstimmungen genau wahrzunehmen. Dazu wählt die Reisegruppe wieder zehn typische Eigenschaften aus. Die Wahl fällt auf: „Ehrlichkeit, Funktionalität, Genauigkeit, Konzentration, Leistung, Sicherheit, Sauberkeit/Reinheit, Vertrauen, Wissenschaft, Zuverlässigkeit". Das Ergebnis für diese Beispielkombination ist: Weiß 26,3 Prozent, Blau 19,8 Prozent, Grün 8,7 Prozent, Schwarz 6,5 Prozent, Gold 5,1 Prozent, Grau 5,1 Prozent, Silber 5,0 Prozent (siehe Bild 8.3 unten). Das heißt, das Behandlungszimmer sollte für unser Beispiel hauptsächlich in Weiß und dann in Blau gehalten sein. Grün spielt nicht mehr die Rolle wie im Wartezimmer, kann aber neben Schwarz, Gold, Grau oder Silber als Spielelement verwendet werden. Bemerkenswerterweise deckt sich diese emotionale Einschätzung sehr gut mit den funktionellen Vorgaben. Unser Farbunterbewusstsein scheint hier eine gehörige Portion Farbbewusstsein zu haben!

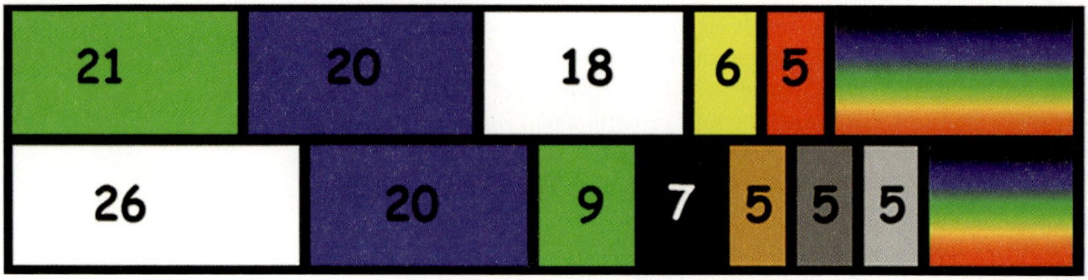

Abb. 8.3: Typische Farberwartungshaltungen an ein Wartezimmer (obere Reihe) und ein Behandlungszimmer (unten). Die Dicke der farbigen Balken entspricht den jeweiligen Prozentsätzen. Farbe mit Anteilen unter 5 Prozent sind nicht mehr einzeln aufgeführt, sondern gemeinsam in der Fläche mit Regenbogenfarben enthalten.

Der Zahnarzt kommt nun richtig in Fahrt, denn er kommt jetzt auf sein Spezialthema, die Bestimmung von Zahnfarben, zu sprechen. Er vergisst dabei sogar seinen nächsten Patienten, aber immerhin wartet der ja in perfekt farbgestalteten Räumen.

8.3.2 Zahnfarben

„Die richtige Zahnfarbe zu bestimmen war auch bei meiner zehntausendsten Krone noch immer eine Herausforderung", gibt der Zahnarzt etwas an. Obwohl der Bereich der Zahnfarben eigentlich eine sehr begrenzte Größe mit nur sehr kleinen Farbnuancen ist. Es hat sich gezeigt, dass der Mensch gerade einmal in der Lage ist, 100 verschiedenen Zahnfarben durch direkten Vergleich voneinander zu unterscheiden.

Die schematische Ausdehnung und Größe des Zahnfarbraums können Sie in Bild 8.4. erkennen. Die abgebildete Kugel beinhaltet den natürlichen Farbraum aller für den Menschen sichtbaren Farben. Die Auftragungsmethode basiert auf dem internationalen Farbstandard CIE Lab [CIE Nr. 13–15, Commision Internationale de l'Eclairage, Bureau Central de la CIE, Paris 1971] und geschieht über die drei Größen Helligkeit, Farbintensität und Farbton. Dabei ist die Helligkeit von unten (dunkel) nach oben (hell) aufgetragen. Die Intensität ist vom Kugelmittelpunkt aus nach außen aufgetragen, wobei der Grad der Intensität von innen (Intensität 0) nach außen zunimmt. Kreisförmig um die Helligkeits- Kugelachse herum ist schließlich der reine Farbton aufgetragen.

Wenn Sie ganz genau in den hellen unbunten rotgelben Bereich der Kugel in Bild 8.4 schauen, können Sie eine kleine bananenförmige Figur erkennen. Genau innerhalb dieser schmalen Bananenhülle liegen die 100 wahrnehmbaren Zahnfarben. Trotz dieser übersichtlichen Zahl und Ausdehnung des Zahnfarbraums werden Sie gleich sehen, dass auch hier fantastische Täuschungen möglich sind, welche manchmal durch ihre feinen Nuancen sogar deutlicher ausgeprägt sind als im Gesamtfarbraum.

Dazu zeigt uns der Zahnarzt in den nächsten Bildern einige Beispiele, die alle aus dem Zahnfarbraum stammen.

„Betrachten Sie zunächst die in Bild 8.5. abgebildete typische Situation bei einer Zahnfarbenbestimmung", sagt er.

Abb. 8.4: Gesamter Farbraum und Zahnfarbraum dargestellt in den drei Dimensionen Helligkeit (von unten nach oben), Sättigung (von innen nach außen) und Farbton (kreisförmig um die Kugel herum)

„Nehmen Sie an, der linke Zahn wäre im Mund des Patienten und der rechte Zahn dient zur Farbbestimmung mit einer leicht unterschiedlichen Hintergrundbeleuchtung. Deutlich sind in diesem Fall zwei Zähne unterschiedlicher Farbe und Helligkeit erkennbar. Diese eindeutige, intuitive Wahrnehmung ist aber eine Täuschung, denn die beide Zähne sind genau identisch! Falls Sie sich selbst davon überzeugen wollen, schneiden Sie mit einer Schere aus einem weißen Papier eine Maske aus, die die beiden Zähne freilässt und halten Sie sie über das Bild!"

Alle staunen über das Ausmaß dieser Täuschung, die fast stärker ist als der simultane Farbkontrast im ganzen Farbraum, den wir in der fünften Reise (Bild 5.28) betrachtet hatten, oder die Helligkeitskontrastverstärkung der beiden Sonnen in Bild 3.22.

„Da sehen Sie erst mal, mit was für Schwierigkeiten wir jeden Tag zu tun haben", nimmt der Zahnarzt den Ball auf.

Und es gibt noch viel mehr an Schwierigkeiten.

„Betrachten Sie bitte als nächstes die in Bild 8.6 gezeigten Zähne vor einem Hintergrund, der durch Sonneneinstrahlung von oben entstanden sein könnte. Die Preisfrage ist: Welcher dieser Zähne erscheint Ihnen von oben bis unten einheitlich gefärbt?" fragt der Zahnarzt.

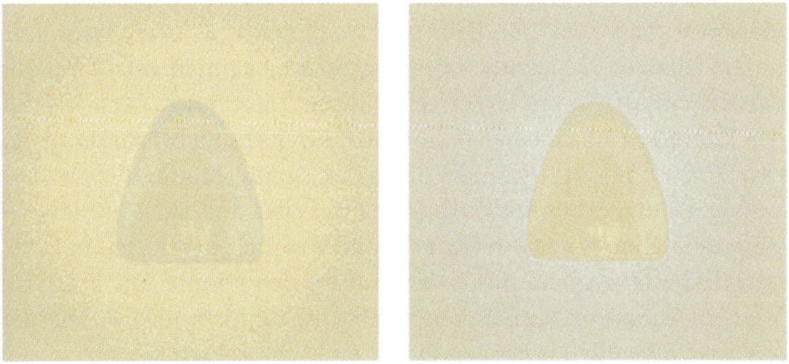

Bild 8. 5: Ein bläulicher und ein rötlicher Zahn, oder?

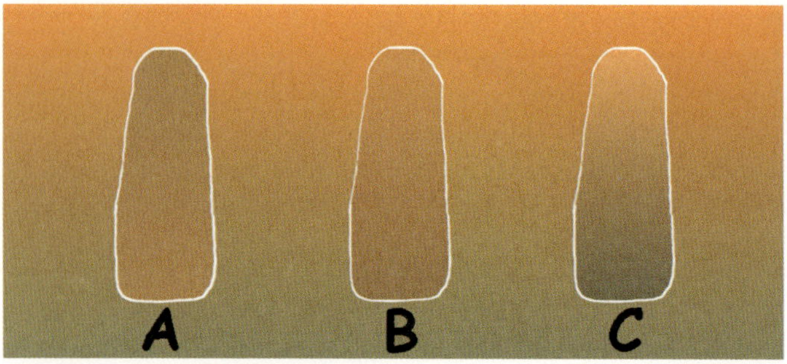

Abb: 8.6: Welcher Zahn ist von oben bis unten gleichmäßig gefärbt?

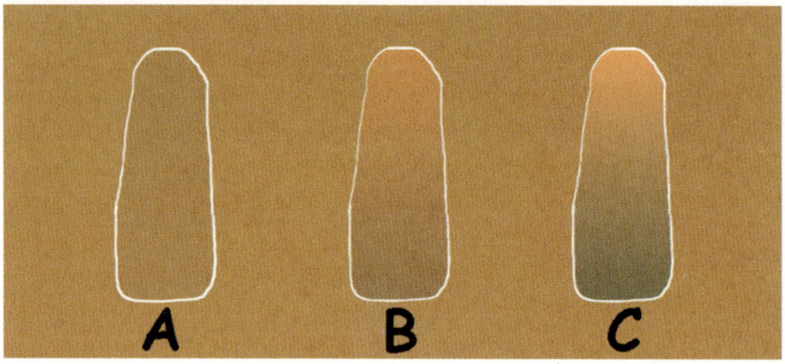

Abb. 8.7: Die Auflösung bei einheitlichem Hintergrund: Zahn A.

Abb. 8.8: Der linke Zahn wirkt dunkler und roter als der rechte. In Wirklichkeit sind die beiden Flächen außer an der Übergangskante aber identisch gefärbt. Davon können Sie sich überzeugen, indem Sie die Kante überdecken, z.B. durch einen Bleistift.

Vermutlich tippen Sie auf den Zahn B. Die wahren Verhältnisse lassen Sich einfach durch das Ausblenden des Hintergrund zeigen. Betrachten Sie dazu Bild 8.7, in der eine einfarbige Maske über den Hintergrund von Bild 8.6 gelegt wurde. Deutlich ist nun erkennbar, dass der Zahn A eine einheitliche Färbung aufweist. Sie sehen schon: auch unsere Zahnfarbwahrnehmung hat manchmal nicht allzu viel mit der Realität zu tun!

Der Einfluss ungewohnter Beleuchtungsverhältnisse auf die Farbwahrnehmung lässt sich im nächsten Bild 8.8 erleben. Es zeigt zwei verschieden beleuchtete Flächen (z.B. zwei nebeneinander stehende Zähne), die eindeutig voneinander zu unterscheiden sind. Der linke Zahn erscheint dunkler und röter als der rechte.

In Wirklichkeit handelt es sich jedoch wieder um eine Täuschung. Um sich davon zu überzeugen, überdecken Sie einfach die Übergangsfläche mit dem Finger oder einem Bleistift. Sofort erkennen Sie, dass die beiden Flächen in Farbe und Helligkeitsgrad absolut identisch sind. Die Flächen sind lediglich an ihrer Trennlinie unterschiedlich beleuchtet. Diese Täuschung kennen wir schon aus der Reise 3 als Craik-Cornsweet-O'Brien Täuschung. Auch hier ist der Effekt im allgemeinen Farbraum durchaus nicht stärker als in den feinen und sensitiven Bereichen des Zahnfarbraums.

Der Zahnarzt kommt nun richtig in Fahrt. Im nächsten Beispiel sind drei Zähne vor einem Hintergrund zu sehen, der durch ein Fensterrollo in der Zahnarztpraxis erzeugt werden könnte. Die Frage ist: Welcher Zahn erscheint Ihnen in Bild 8.9 ähnlich gefärbt wie der mittlere? Sicherlich erkennen Sie einen leichten Farbtonunterschied

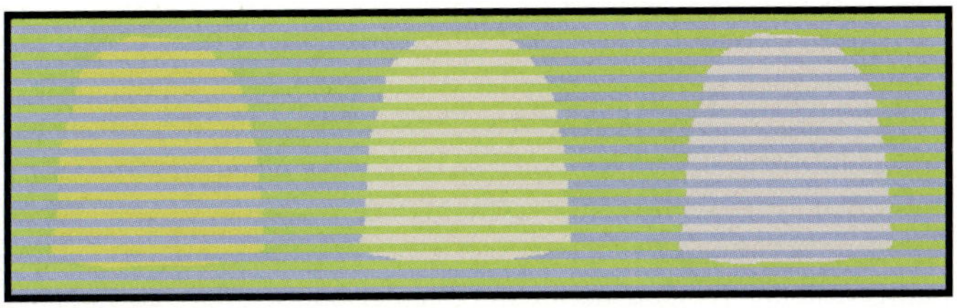

Abb. 8.9: Welcher Zahn entspricht dem mittleren, der linke oder der rechte?

zu beiden Zähnen. Der linke Zahn scheint aber trotzdem deutlich ähnlicher zum mittleren Zahn zu sein als der rechte, der geradezu blau wirkt.

Aber auch diesmal liegen wir mit unserem Augenschein falsch! In Wirklichkeit besitzt nämlich der rechte Zahn die gleiche Zahnfarbe! Dazu ziehen wir in Bild 8.10 einfach das Rollo langsam hoch. Schon nach wenigen Zentimetern wird klar, dass der rechte und nicht der linke Zahn dem mittleren entspricht.

Alle sind nun zutiefst beeindruckt vom Ausmaß der präsentierten Zahntäuschungen und der Leistung des Zahnarzts diese Probleme jeden Tag irgendwie zu meistern. Schließlich verrät er uns immerhin einen Trick, der ihm hilft besser klarzukommen und letztendlich sogar einen Erklärungsansatz für die Intensität der Täuschungen im Zahnfarbraum liefert.

„Man muss wissen, dass unser natürliches erlerntes Farbensehen von beliebigen Gegenständen normalerweise so funktioniert, dass wir zunächst den reinen Farbton bestimmen, dann die Helligkeit und dann die Intensität/Leuchtkraft. Dieses Vorgehen erscheint uns als das natürliche, intuitiv richtige. Der Farbton steht dabei immer im Vordergrund. So gibt es zum Beispiel für die Farbtöne viele Namen und Bezeichnungen, aber keine für die Helligkeiten (außer vielleicht schwarz, grau und weiß) oder Intensitäten. Für die Aufgabenstellungen der Zahnfarbbestimmung hat es sich aber gezeigt, dass dieses rein intuitive menschliche Farbempfinden extrem fehleran-

Abb.8.10: Das Rollo wird hochgezogen und schon nach wenigen Zentimetern wird klar, dass der rechte Zahn dem mittleren entspricht.

fällig ist, speziell in Räumen mit künstlicher Beleuchtung." Sagt der Zahnarzt.

Der Grund dafür liegt in der besonderen Form des Zahnfarbraums mit Ähnlichkeit zu einer hochstehenden Banane im hellen, unbunten, rotgelben Bereich. Wenn Sie in Bild 8.4 ganz genau hinsehen, erkennen Sie, dass es sich dabei genaugenommen um eine plattgedrückte Banane handelt mit einer starken Quetschung im Farbtonbereich. Durch diese starke Begrenzung des Farbtons wird verständlich, dass unser für den ganzen Farbraum sehr erfolgreiches Rezept der Kategorisierung nach Farbtönen bei der Zahnfarbbestimmung nicht empfehlenswert ist.

Vielmehr sollte in der ersten Bestimmungsstufe immer diejenige Größe mit der größten Spannbreite bestimmt werden, dann wird die Größe mit der nächstgrößten Varianz betrachtet und so weiter.

Deshalb empfiehlt sich für eine strukturierte Zahnfarbbestimmung die Reihenfolge:

1. Helligkeit, 2.Sättigung und erst zum Schluss der Farbton.

Der Busfahrer sagt: „Das ist ähnlich wie beim Einsteigen in einen Bus oder noch besser in einen ICE, der eine ähnlich langgezogene Form wie die Zahnbanane hat. Um einen reservierten Sitzplatz schnell zu finden, suchen wir immer erst nach der Wagennummer und schränken dadurch die Zuglänge deutlich ein, und erst in den nächsten Schritten suchen wir das richtige Abteil und dann den Sitzplatz."

Obwohl diese Vorgehensweise der bevorzugten Bestimmung der Helligkeit unserem natürlichen farbtonbestimmten Empfinden stark widerspricht, ergeben sich dadurch entscheidende Vorteile bei der Zahnfarbbestimmung mit deutlicher Verringerung der Fehlerquote. Das lässt sich auch in allen unseren vorgestellten Beispielen nachweisen.

Dazu betrachten wir die reinen Helligkeiten der vorher präsentierten Täuschungsbilder (siehe Bild 8.11), was näherungsweise auch durch eine Schwarzweißfotografie oder Fotokopie der Bilder bewerkstelligt werden kann. Es ist deutlich sichtbar, dass es sich nun jeweils um identische Zähne handelt und sich die vorhin beobachteten Täuschungen damit auflösen.

Bevor sich seine Besucher nun auch in Richtung Bus auflösen, räuspert sich der Zahnarzt und kündigt, wie es sich für eine spannende Abenteuerreise gehört, zum Finale noch ein paar Höhepunkte an.

„Bitte betrachten Sie die beiden in Bild 8.12 abgebildeten gegenüber stehenden Zähne. Sicherlich erkennen Sie einen klaren Unterschied in der Färbung der beiden Zähne. Der obere Zahn sieht deutlich dunkler als der untere aus – ist es aber nicht. Wenn Sie Ihren Zeigefinger horizontal über die Trennkante zwischen den beiden Zähnen halten, können Sie sich einfach davon überzeugen, dass die beiden Zähne exakt gleich hell sind", sagt er.

Diese fantastische Täuschung entsteht durch eine geschickte Verbindung aus dem Craik-Cornsweet-O'Brien Effekt mit dem Eindruck einer Beleuchtung von oben (sichtbar im Hintergrund und auf den Zähnen incl. Schattenwurf).

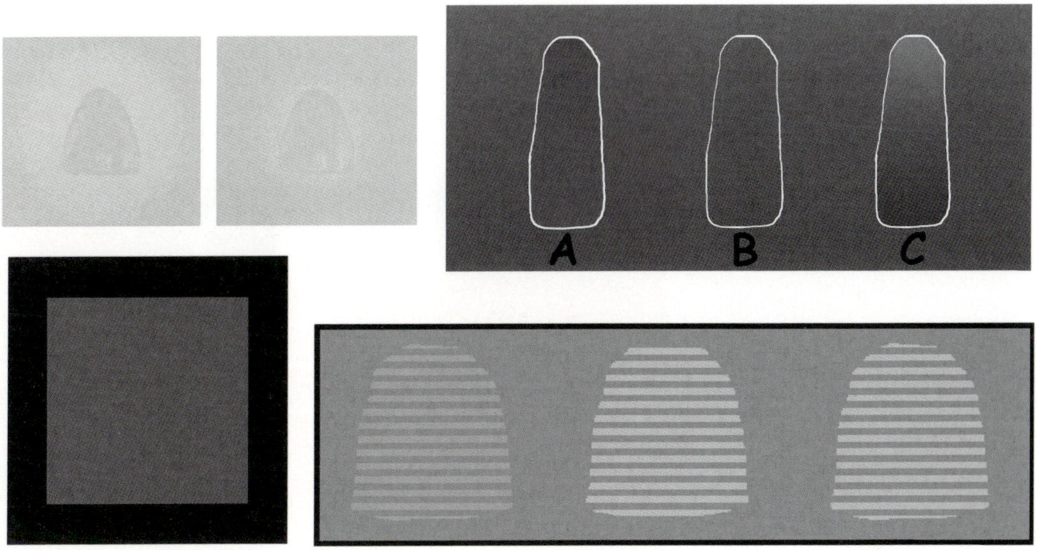

Abb. 8.11: Die vorigen Täuschungen in Schwarzweiß – die Täuschungen lösen sich damit einfach auf!

Ganz ähnlich funktioniert die Täuschung in Bild 8.13. Im Bild oben sind deutlich zwei dunklere Zähne zu erkennen, die so eigentlich bald gezogen werden müssten. Die einzelnen Zähne sehen außerdem irgendwie unharmonisch angeordnet aus. Bei genauerem Hinsehen erkennen wir die Ursache: Die Beleuchtung ist nicht einheitlich, manche Zähne scheinen von links und manche von rechts beleuchtet zu sein. Blendet man die Beleuchtungseffekte aus, wie im unteren Teilbild, erkennt man sofort, dass es sich wieder um ein und denselben Zahnfarbton handelt. Die Zähne können also im Mund bleiben!

Unser Zahnarzt bemerkt, dass er ein inzwischen voll belegtes Wartezimmer an Patienten hat, die so langsam ungeduldig werden. Da hilft irgendwann auch ein schönes Wartezimmer und die ganze Theorie nichts mehr. Er muss wieder zurück zur Arbeit und hinterlässt uns noch ein letztes fantastisches Bild, siehe Bild 8.14. Oben ist eindeutig ein dunkler, rötlicher und unten ein heller, gelblicher Zahn zu sehen. Die beiden Zähne sind aber völlig identisch! Die Erklärung für diese frappierende Täuschung ist zum einen ein starker Farbgradient im Hintergrund von gelb nach rot wie bei einer einfachen Beleuchtung von oben. Zusätzlich haben die beiden Zähne einen umgekehrten Farbgradienten von rot nach gelb, allerdings nur mit der halben Spannweite, was sich als eine Art Optimum zur Erzielung eines maximalen Täuschungseffekts herausgestellt hat. Die passende Kombination der beiden Farbgradienten erzeugt ein starkes Zusammenspiel von Randkontrastverstärkung und dem Eindruck einer Beleuchtung von oben, die den unteren Zahn als direkt beleuchtet, weiter vorne stehend und deutlich heller erscheinen lässt als den oberen, der im Hintergrund und im dunklen Schatten zu stehen scheint.

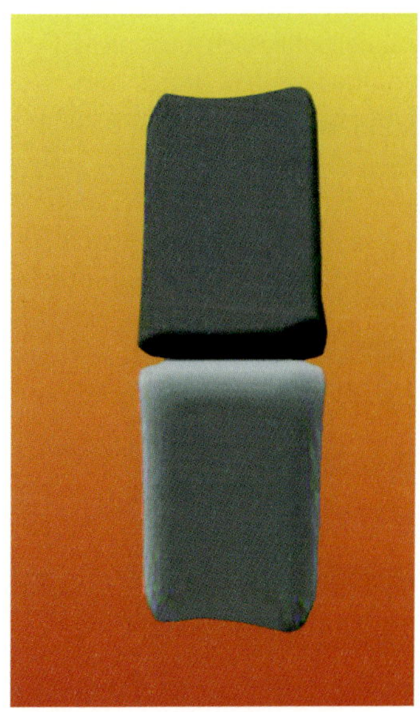

Abb. 8.12: Ein dunkler und ein heller Zahn – oder? Zur Auflösung bitte einfach den Zeigefinger über die Bisskante zwischen den Zähnen halten! (Nach einer Vorlage von Beau Lotto, mit freundlicher Genehmigung)

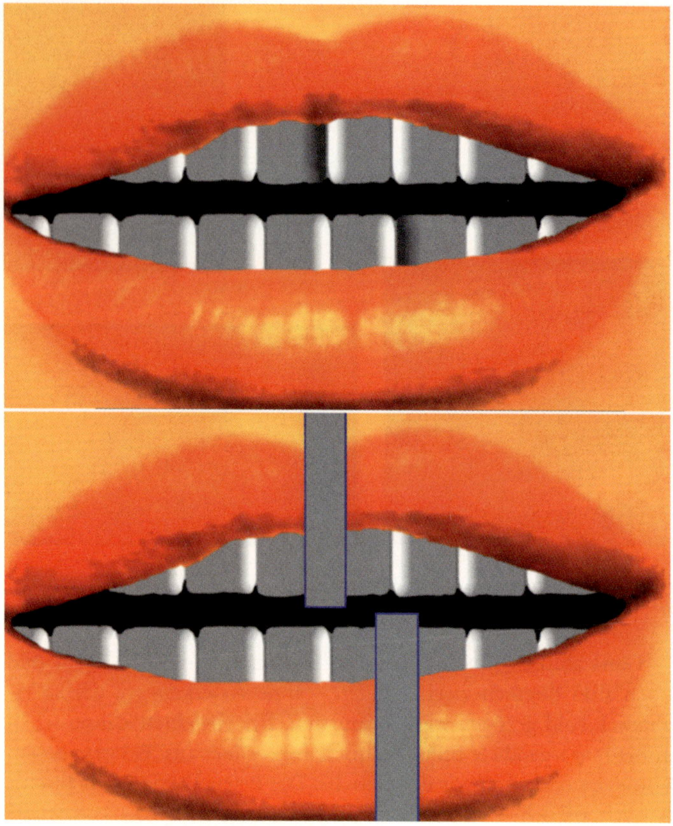

Abb. 8.13: Oben: zwei dunkle Zähne, hoffentlich muss nicht gezogen werden. Unten: zum Glück war es nur eine Täuschung.

8.4 Im Stadion

Vor lauter Zahnfarben hat unser Busfahrer beinahe vergessen, dass seine Lieblingsmannschaft den Gegnern heute den Zahn ziehen will. Schnell laufen alle in den Bus und er gibt jetzt mächtig Gas. Denn nun wird es richtig ernst und wichtig – es geht um Fußball! Woche für Woche zieht der Fußball Millionen von Menschen in seinen Bann. Und das nicht zuletzt durch seine spektakulären Täuschungen! Der Angreifer täuscht den Gegner immer wieder durch neue geschickte Körpertäuschungen und den Schiedsrichter durch Schwalben oder Gottes Hand. Die Einfachheit der Spielregeln lassen in fester Regelmäßigkeit krasse Fehlentscheidungen zu, die wie beim Wembleytor 1966 zu regelrechten Legenden werden. Vor allem bei Spielen gegen England scheinen sich immer mal wieder die Torlinien im Auge des Schiedsrichters um Meter zu verbiegen.

8.4.1 Das Runde muss in das Eckige

Oft will das Runde aber auch einfach nicht ins Tor. Eine interessante Sichtweise dazu kann man im Bild 8.15a links sehen. So kann man

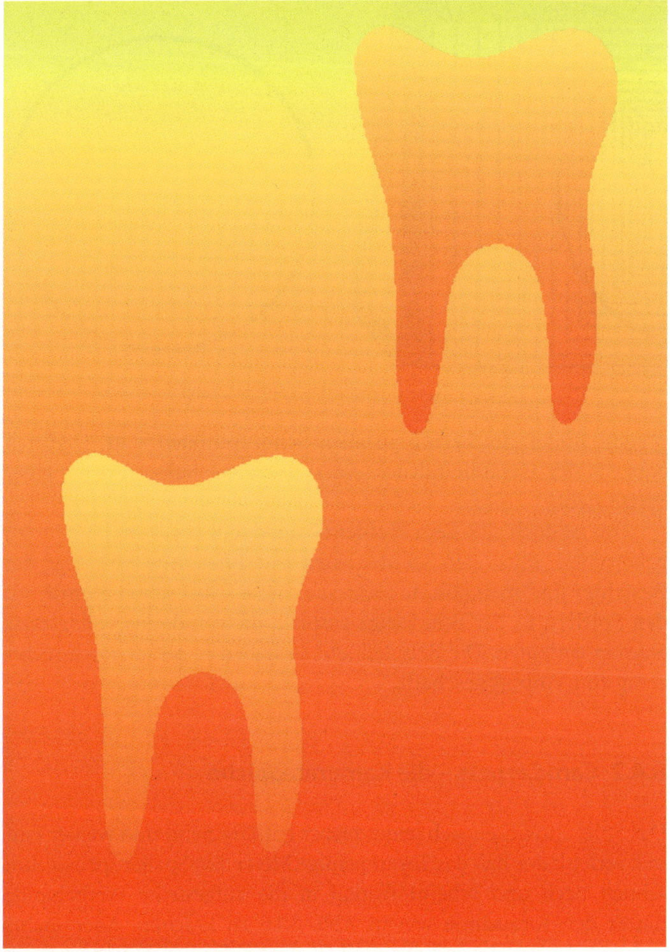

Abb. 8.14: Kaum zu glauben: Die beiden Zähne sind völlig identisch!

sich die Situation eines Schützen am Elfmeterpunt vorstellen. Das Tor wird immer kleiner und nicht einmal der Ball erscheint mehr rund. Im Bild wird die eigentlich perfekt runde Ballform (siehe Bild 8.15b) durch die Netzlinien des Hintergrunds als deutlich eckig verzerrt wahrgenommen und der Ball sieht fast aus wie eine hochkant stehende Raute.

Der Grund für diese intensive Täuschung ist natürlich – neben der Angst des Schützen vor dem Elfmeter – wieder eine optische Täuschung. Ähnlich wie bei der in Kapitel 2.7 beschriebenen Hering'schen Täuschung wechselwirken in unserer Wahrnehmung auch hier die Linienbündel des Hintergrunds mit dem Bildvordergrund. Wieder wünscht sich unser Wahrnehmungssystem eine möglichst gute Gestalt mit idealerweise rechten Schnittwinkeln zwischen Ball und Hintergrund. Um dieses Optimum so gut wie möglich zu erreichen, ändert es einfach wieder die Orientierungsempfindung und kippt die Lage der Linien an allen Schnittpunkten – so gut es eben für den Gesamteindruck geht. Dieser scheinbare Kipp-

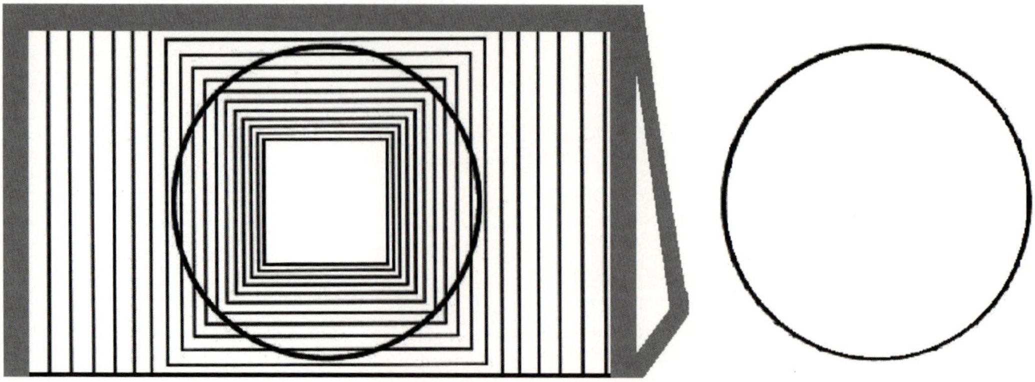

Abb. 8.15: Links: Das Runde muss ins Eckige – obwohl es manchmal nicht so einfach erscheint. Der Ball sieht seltsam eckig aus, obwohl er perfekt rund ist, siehe Abb. 8.15 rechts.

prozess findet gleichzeitig an allen Schnittpunkten statt. Dadurch entsteht der Gesamteindruck eines „eckigen“ Balls, der auf einer Spitze steht.

„Das ist doch alles kein Problem – um den Ball passend ins Tor zu bekommen, muss der Schütze eben mit Effet arbeiten“, sagt der Busfahrer und man könnte meinen er hätte selbst schon einmal mit den Spielern in der Bundesliga gespielt, die gerade ins vollbesetzte Stadion einlaufen. Die Reiseteilnehmer haben es gerade noch rechtzeitig zum Anpfiff geschafft.

8.4.2 Cam Carpets – die Kamerateppiche

Das Spiel entwickelt sich leider bisher enttäuschend und wieder einmal verfehlt der Ball das Tor um einige Meter. Ein Spieler springt ihm schnell nach und scheint frontal in die aufgestellte Werbebande hinter der Torauslinie wie in Abb. 8.16 zu krachen. Aber nichts passiert, der Spieler scheint einfach durch die Bande hindurch zu tauchen und ein zweiter Spieler bleibt nun sogar einfach darauf liegen.

Alle staunen über diese unwirkliche Szene und rätseln noch über deren Ursache, aber der Busfahrer erklärt schon: „Diese Werbebanden wie in Bild 8.16 für ‚TelDaFax‘ und ‚diedruckerei.de‘ sind in Wirklichkeit flach am Boden liegende Teppiche. Betrachtet man sie aus einem bestimmten Blickwinkel – in dem die Stadionhauptkamera steht – erscheinen sie dreidimensional stehend wie eine echte Werbebande. Diese Teppiche werden deshalb Kamerateppiche – in Englisch „Cam Carpets“ genannt. Diese faszinierende räumliche Täuschung beruht auf einer geschickten Anwendung des Strahlensatzes, die genau auf den Kamerastandpunkt berechnet wird. Die Teppiche sind in der Werbung besonders beliebt, da sie in unmittelbarer Nähe des Tores liegen. Diesen Bereich zeigen die Kameras besonders oft – wodurch natürlich auch das Werbebanner oft im Bild ist. Für die Vereine und vor allem die Spieler ist auch das deutlich verminderte Verletzungsrisiko im Vergleich zu einer echten im Weg stehenden Werbebande von Vorteil. Für Stadionbesucher außerhalb

Abb. 8.16: Zwei Camcarpets (TelDaFax und die druckerei.de). Mit freundlicher Genehmigung der Bayer 04 Leverkusen Fußball GmbH.

des Kamerabereichs löst sich die Täuschung schnell auf und man sieht eindeutig einen liegenden und seltsam verzerrten Teppich liegen.

Der Busfahrer ist heute wieder einmal in bester Form und hat uns zur Erläuterung ein Papier mit dem Schriftzug „Illusionen“ mitgebracht, siehe Bild 8.17.

„Diesen Werbeschriftzug wollen wir nun für unser Buch räumlich aufrichten“, sagt er. Dazu müssen wir lediglich den Schriftzug etwas drehen und dann in der Höhe vergrößern. So bekommt man bald etwas wie in Bild 8.18. So ähnlich verzerrt sehen auch die Kamerateppiche aus, wenn man sie von oben oder Standorten entfernt von der Kamera betrachtet.

Betrachten Sie bitte diesen Kamerateppich einmal von unten links – das ist in etwa die Perspektive der Hauptkamera – und Sie sehen, dass sich das ganze wie von selbst räumlich aufrichtet. Dieser Eindruck wird noch durch die graue Hilfsfläche verstärkt, die ein räumliches Standbein darstellen soll.

Ähnliche Hilfsflächen können Sie auch rechts unten an den „TelDaFax“ und „diedruckerei.de“ Teppichen in Bild 8.17 beobachten.

Abb. 8.17: „Illusionen“. Dieser Schriftzug soll räumlich dargestellt werden.

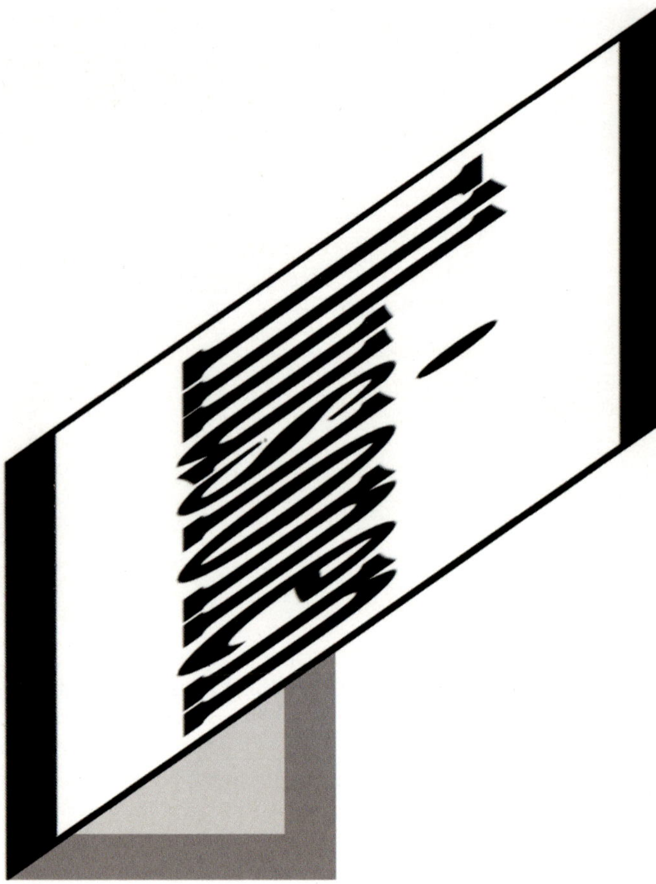

Abb. 8.18: Der Kamerateppich zu Abb. 8.17, entstanden aus einer einfachen Rotation und senkrechter Streckung.

Das Spiel ist ansonsten eine Enttäuschung und so sind wir froh, als uns der Busfahrer ankündigt, noch weitere solche räumlichen Fehlinterpretationen in unserer Freizeit aufzuspüren.

8.5 Räumliche Fehlinterpretationen in der Freizeit: in San Francisco und beim Skifahren

Gerade haben wir wieder im Bus Platz genommen, da sagt der Busfahrer: „Ich komme gerade zurück aus San Francisco und vom Skifahren" sagt er stolz und zeigt uns ein paar Urlaubsfotos. Natürlich wundern wir uns alle, wie man sich als Busfahrer das alles leisten kann, aber schon ziehen uns die Bilder in den Bann. In Bild 8.19 sind tatsächlich Autos mit kalifornischen Nummernschildern zu sehen. Davor steht eine Person, die mit einer völlig unmöglichen Schräglage ins Bild hineinkopiert zu sein scheint. Der Busfahrer beteuert uns aber, dass es ein echtes Bild ist. Da die Autos, der Schattenwurf und auch die Sträucher im Hintergrund uns eine klare räumliche Wahrnehmung vorgeben, nehmen wir die physikalisch ei-

Abb. 8. 19: Ein unglaublicher Balanceakt – dieses Bild ist keine Fotomontage!

gentlich unmögliche Schräglage der Person in Kauf und blenden weitere Ungereimtheiten wie die deutlich schräge Hausmauer im Hintergrund zu Nutzen der guten Gesamtwahrnehmung aus.

Den Beweis, dass es sich beim Bild 8.19 tatsächlich um keine Fotomontage handelt, liefert Bild 8.20. Es zeigt die wahren Gegebenheiten, wie sie jeden Tag von hunderten Touristen in San Franciscos Lombard Street aufgenommen werden, die wie im Bild 8.20 eine extreme Steigung von ca. 15 Grad und mehr aufweist. Das Bild 8.19 ist ein Ausschnitt des Bilds 8.20, der dann einfach um 15 Grad im Uhrzeigersinn gedreht wurde.

Trotz unseres neuen Wissens über die extreme Straßensteigung wundern wir uns auch über das nächste Bild 8.21 des Busfahrers. Diesmal steht alles gerade – außer den Häusern im Hintergrund. Sie besitzen eine Steigung von für jeden Statiker unglaublichen 15 Grad! Nach etwas Nachdenken kommt einem Reisebegleiter die Lösung: „der Schlüssel ist die veränderte Orientierung der Person im Vordergrund!“ ruft er. Tatsächlich hat die Person im Vordergrund für dieses Foto Ihre Orientierung deutlich verändert und sich den Autos und der Straße angepasst. Dreht man das aufgenommene Bild wie bei Abb. 8.19 um 15 Grad in Uhrzeigersinn entsteht der Eindruck , dass die Häuser im Hintergrund schräg sein müssen – obwohl diese ja in Wirklichkeit das einzige Senkrechte bei der Aufnahme waren.

Sie sehen schon, die Wahrnehmung von räumlichen Orientierungen ist stark mit unseren Erfahrungswerten verbunden und deshalb in Extremsituationen fehleranfällig. Aber auch bei weniger extremen Neigungen erleben wir in unserer Umwelt immer wieder räumliche Orientierungstäuschungen. Dazu zeigt uns der Busfahrer ein Bild aus seinem letzten Skiurlaub, siehe Bild 8.22. Das Bild zeigt eine gut befahrene Skipiste mit leichter Steigung – aber in welche Richtung? Auch nach längerem Betrachten wird die Situation nicht eindeutig klar. Es fehlen schlichtweg die räumlichen Anhaltspunkte.

Abb. 8.20: Das Gesamtbild in richtiger horizontaler Ausrichtung, wie es Touristen in San Francisco täglich aufnehmen. Die Straße hat hier eine extreme Neigung von ca. 15 Grad. Bild 8.19 ist einfach ein Ausschnitt des Bilds und wurde um 15 Grad im Uhrzeigersinn gedreht.

Die Skifahrer im Vordergrund fahren und stehen in verschiedenen Richtungen. So scheint der Skifahrer ganz vorne nach hinten zu fahren, während der zweite und dritte Skifahrer nach vorne zu fahren scheinen. Die Skifahrer weiter im Hintergrund lassen sich dagegen nicht mehr eindeutig auflösen. Wie schon in der Reise 4 zu den mehrdeutigen Wahrnehmungen gesehen, können Objekte in weiterer Entfernung oder ohne eindeutige Oberflächentextur sowohl als uns zu- oder abgewandt wahrgenommen werden (vgl. Abschnitt 4.4 „Perspektivische Ambivalenz"). So kann ein Flugzeug in der Luft in weiter Entfernung entweder als zu uns hin- oder von uns wegfliegend wahrgenommen werden. Und genauso geht es uns jetzt mit den weiter entfernten Skifahrern. Zusätzlich erschwert wird die Entscheidung durch das Fehlen der Sonne und dem daraus folgenden Schattenwurf. Die extrem wichtige Rolle des Wechselspiels von Licht und Schatten werden wir uns in den nächsten Bildern weiter verdeutlichen.

8.6 Sonne, Licht und Schatten

Schon in der sechsten Reise haben wir gesehen, dass Licht und Schatten eine große Rolle bei unserer Erkennung von Tiefe spielen

Abb. 8.21: Schräge Häuser. Der Unterschied zum Bild 8.20 ist vor allem die Orientierung der Person, die sich der Straße und den Autos angepasst hat. Dreht man das Bild nun wie in Bild 8.19 um 15 Grad im Uhrzeigersinn erscheinen die Häuser deutlich schräg – obwohl sie in Wirklichkeit das einzige Senkrechte auf dem Bild sind.

(Abschnitt 6.5.5 „Tiefenwahrnehmung durch die Deutung des Schattenwurfs"). Dabei haben wir bereits gesehen, dass das Wissen über den Sonnenstand ein mächtiger Erfahrungsschatz unserer Wahrnehmung ist. Eingehende Informationen werden von unserem Wahrnehmungssystem immer so gedeutet, dass die Sonne oben zu stehen scheint und die hellen Flächen der Sonne zugewandt erscheinen. Das ist aber noch nicht alles.

Ein weiteres mächtiges Erfolgsgeheimnis unserer Alltagswahrnehmung ist die Erkennung und Deutung des Schattenwurfs.

Abb. 8.22: In welche Richtung geht es bergab? Die Skifahrer geben keine eindeutigen Bewegungsrichtungen vor und weitere räumliche Anhaltspunkte durch Sonne, Licht und Schattenwurf fehlen. Eine Entscheidung ist auf Grund des Bildes nicht eindeutig möglich. Einzig und allein die Körperhaltung des dritten Skifahrers könnte einen leichten Ausschlag für ein Gefälle zum Fotografen hin geben.

Abb. 8.23: Die Schachbrett Täuschung von Edward Adelson (1995). Mit freundlicher Genehmigung von Edward Adelson.

Bitte betrachten Sie dazu das berühmte, vom amerikanischen Wahrnehmungsforscher Edward Adelson stammende Bild 8.23 links. Darauf sehen Sie einen grünen Zylinder, der auf einem kleinen Schachbrett steht. Der Zylinder erscheint von rechts oben beleuchtet und wirft einen entsprechenden Schatten über das Schachbrett.

„Und wo ist jetzt die Täuschung?“ fragen wir uns. Tatsächlich haben wir eine widerspruchslose, stimmige Wahrnehmung von sich abwechselnden weißen und schwarzen Schachbrettfeldern vor uns. So wird zum Beispiel das Feld A eindeutig als dunkel und das Feld B eindeutig als hell erkannt.

Die physikalische Wirklichkeit sieht aber komplett anders aus! Deckt man wie in Abb. 8.23 rechts den Schattenwurf etwas ab, erkennt man sofort, dass erstaunlicherweise Feld A und Feld B exakt die gleiche Helligkeit besitzen!

Wie ist das möglich? Ganz einfach dadurch, dass unsere Wahrnehmung nicht nur ein Photometer ist, das Helligkeiten und Farbtöne exakt vermisst und speichert, sondern bei weitem mehr. Unser Gehirn hat nämlich die wunderbare Fähigkeit, die Gegebenheiten beim Schattenwurf kognitiv auszuwerten und zu deuten. Diese Eigenschaft hat sich über die Jahrmillionen als überlebenswichtig herausgestellt, denn nur so gelang es z.B. im Schatten versteckte Jäger rechtzeitig zu enttarnen. Sobald unser Sehsystem den Schattenwurf in Bild 8.23 erkannt hat, werden die Felder intern umgedeutet, um zu einer schlüssigen Wahrnehmung zu kommen. So wird die vermutete Beleuchtung außerhalb des Schattenwurfs (wie beim Feld A) intern einfach abgezogen, um zu einer durch unsere Wahrnehmung normierten, von der scheinbaren Beleuchtung unabhängigen Einschätzung zu kommen. Dadurch erscheinen die beiden identischen Felder A und B nun deutlich verschieden.

Wie mächtig unsere internen Prozesse bei der Bearbeitung des Schattenwurfs sind, lässt sich an dem fantastischen Bild in Abb. 8. 24 nachvollziehen, das vom Londoner Wahrnehmungsforscher Beau Lotto stammt.

Betrachten Sie bitte den abgebildeten großen Zauberwürfel. Auch hier erkennt man wieder eine Beleuchtung (von rechts oben) mit

Abb. 8.24: Der Lotto-Würfel. Betrachten Sie die beiden mittleren Würfelflächen. Die obere Fläche erscheint braun und die vordere orange – aber beide sind in Wirklichkeit identisch. Mit freundlicher Genehmigung von Beau Lotto.

einem entsprechenden Schattenwurf, der die gesamte Vorderfront des Würfels im Schatten erscheinen lässt. Wieder korrigiert unsere Wahrnehmung die Lichtverhältnisse nach ihrem so erfolgreichen Erfahrungswissen. Dadurch erscheinen die grünen, roten, gelben und blauen Elemente im Vordergrund im Einklang zu den direkt beleuchteten Elementen oben. Eine Ausnahme bildet lediglich das zentrale Element in der Mitte, das oben braun und in der Mitte leuchtend orange erscheint – deutlich leuchtender als die fünf gelben Elemente auf der Vorderfront!

In Wirklichkeit sind aber beide Elemente exakt gleich gefärbt. Davon können Sie sich im Bild 8.25 überzeugen, in dem die anderen Elemente und der Schattenwurf komplett ausgeblendet sind. Tatsächlich erscheinen nun beide Elemente einheitlich orange gefärbt. Durch dieses faszinierende Würfelbild erkennen Sie, dass sich der Einfluss von Licht und Schattenwurf weit über die Wahrnehmung reiner Helligkeiten hinaus sehr eindrücklich auch auf die Wahrnehmung von Farbe erstreckt.

„Auch bei unserer nächsten Station von Täuschungen im Alltag spielen Helligkeit, Farbe und Schattenwurf eine Rolle. Insbesondere geht es darum, mit wenig Aufwand und Hilfe einiger schon bekannter Illusionen wie gewünscht auszusehen“, kündigt nun der Busfahrer die nächste Reisestation an.

Da werden einige Reisteilnehmer hellhörig und hoffen auf eine baldige Befreiung ihrer Problemzonen – wenn schon nicht real, dann wenigstens durch irgendeine schöne Illusion.

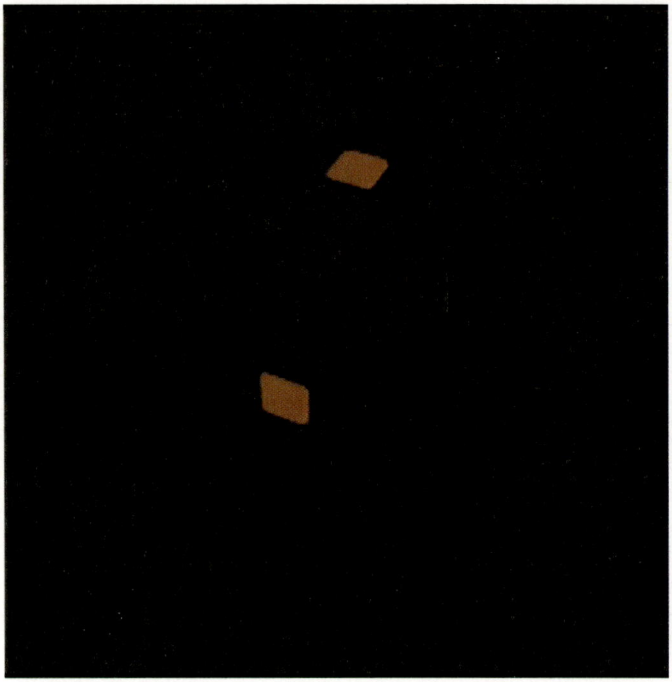

Abb 8. 25: Der Beweis. Mit freundlicher Genehmigung von Beau Lotto.

8.7 Optische Täuschungen in der Mode

Modeschöpfer verwenden gerne optische Täuschungen, um ihre Kunden individueller oder besser aussehen zu lassen. So kann man mit einfachen Tricks und Illusionen Schwangerschaften länger verheimlichen, Magersüchtige dicker oder Mollige schlanker aussehen lassen. Ein ganz einfacher und beliebter Trick ist die angedeutete Taille, die den Träger sofort deutlich schlanker aussehen lässt, siehe Bild 8 26.

Ein weitere beliebte in der Mode verwendete Täuschung ist die Müller-Lyer Täuschung, der wir schon ausführlich in der zweiten Reise (Abschnitte 2.2 und 2.4) begegnet sind: Linien, die mit einem spitzen Winkel (Pfeil) abschließen, erscheinen dem Betrachter kürzer

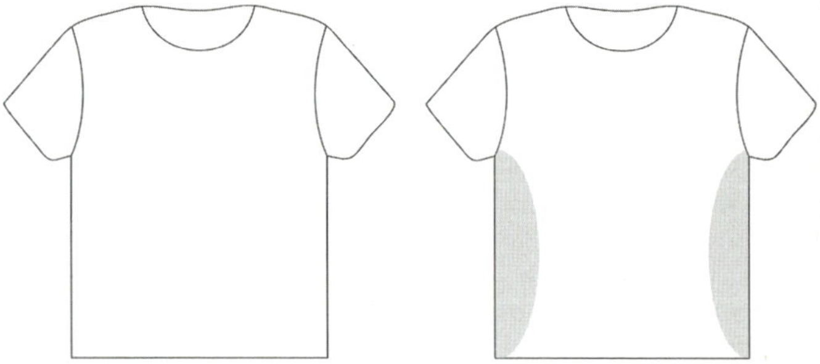

Abb. 8.26: Taillierte T-Shirts machen schlank.

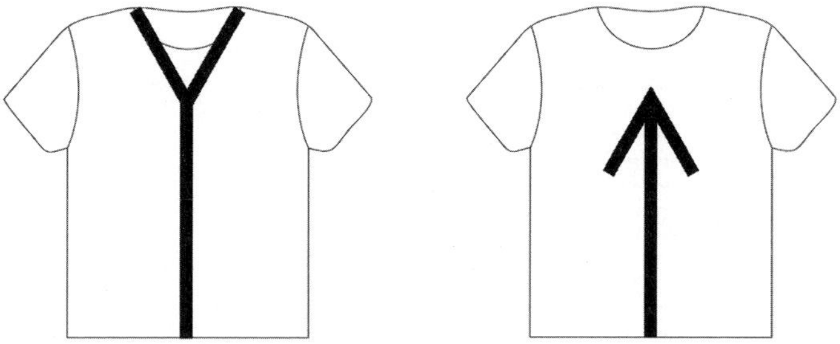

Abb. 8.27: Das linke T-Shirt mit V-Ausschnitt erscheint deutlich länger als das rechte mit dem Pfeil. Die Ursache für diesen Effekt ist die bekannte Müller-Lyer Täuschung.

als gleich lange Linien mit einem stumpfen V- Abschluss. Deshalb lässt z.B. ein Hemd mit V-Ausschnitt seinen Träger deutlich länger erscheinen, siehe Bild 8.27.

Ein dritter einfacher Trick beruht auf der Oppel-Kundt Täuschung, deren Auswirkung auf die Mode wir im Abschnitt 2.12 und 2.13 schon angedeutet hatten: Der Abstand zweier Begrenzungslinien wirkt deutlich länger, wenn er mit parallelen Zwischenlinien wie in Abb. 8.28 links angefüllt ist. Deshalb macht einheitlich gefärbte Kleidung wie in Bild 8.28 rechts schlanker als Kleidung mit vertikalen Streifen!

Wird die Streifenschar horizontal angelegt, ergibt sich der umgekehrte Effekt, siehe Bild 8.29 links. Durch die horizontale Schraffur erscheint das T-Shirt deutlich in die Höhe gezogen, wodurch der Träger schlanker erscheint als er ist. Dagegen erscheint das T-Shirt rechts deutlich breiter, was durch die einzelnen horizontalen Linien in Brusthöhe noch verstärkt wird. Bodybuilder tragen vielleicht auch deshalb T-Shirts mit einfacher breiter Aufschrift in Brusthöhe, die die horizontale Ausbreitung betonen.

Aber auch die Farben spielen ein Rolle. Besonders Schwarz ist dafür bekannt, schlank zu machen. Der Grund liegt in seiner geringen Lichtabstrahlung und dem Wegfallen von Schattenwürfen unerwünschter Körperwölbungen! Andere Farben können als räumlich erhöht liegend oder als „wärmer" empfunden werden, was den Körperbau oder sogar Charakterzüge entsprechend verändert erscheinen lassen kann.

Der Busfahrer sagt abschließend: „Sie sehen, Mode ist also nicht nur Geschmacksache, sondern auch Feld der nachprüfbaren Wahrnehmungspsychologie – ein kleiner Trost für alle mit dem

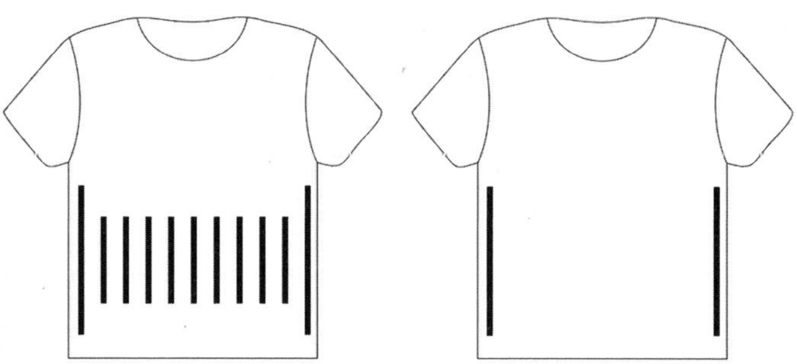

Abb. 8.28: Vertikale Streifen (links) machen breit im Vergleich zu einem einheitlich gefärbten T-Shirt (rechts). Die Ursache für diese Täuschung ist die Oppel-Kundt Täuschung.

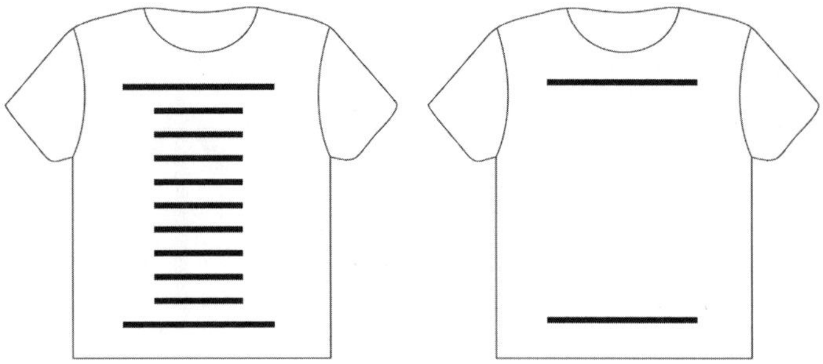

Abb. 8.29: links: Horizontale Streifen machen schlank und lassen das T-Shirt in die Länge gezogen erscheinen. Rechts: Das T-Shirt erscheint deutlich breiter und kürzer. Die Ursache ist wieder die Oppel-Kundt Täuschung.

„schlechten" Geschmack. Außerdem: Meistens ist der Geschmack gar nicht so schlecht, sondern einfach nur verschieden!"

Damit gibt er Gas und bringt uns auf den Weg zu einem ganz neuen und eindrücklichen Wahrnehmungseffekt.

8.8 Die Perspektive der doppelten Bilder

„Die Perspektivtäuschung, die ich Ihnen gleich zeigen will, ist genau genommen eigentlich gar keine Täuschung. Vielmehr ist Sie ein Schlüsselexperiment zum Verständnis unserer räumlichen Wahrnehmung", sagt er.

Die Idee zu diesem Experiment geht zurück auf Kingdom, Yoonessi und Gheorgiu, die 2007 dafür den „Illusion of the Year Contest" mit einem Bild des Schiefen Turms von Pisa gewonnen haben. Dabei haben Sie einfach eine identische Kopie des Bildes neben das Original gestellt. Betrachtet man dieses Doppelbild, so erscheint der zweite schiefe Turm deutlich schiefer nach rechts geneigt als der erste.

Die Wirkungsweise dieses Effekts können Sie schnell beim Betrachten der Abb. 8.30 und Abb. 8.31 verstehen. Beide Bilder bestehen einfach aus einem Ausgangsbild und seiner Kopie. Dabei ist in Bild 8.30 eine Wasserrutsche in einem Erlebnispark zu sehen, die im linken Teilbild von links und im rechten Teilbild von der Mitte her zu kommen scheint. Im Bild 8.31 sieht man einen rennenden Jungen auf einem Fußweg, der im linken Teilbild nach links und im rechten Teilbild nach rechts zu führen scheint, obwohl es sich auch hier um ein und dasselbe Bild des Weges handelt!

Es handelt sich also jeweils nicht um zwei verschiedene, sondern zweimal um dieselbe Aufnahme! Unsere Wahrnehmung erkennt und behandelt die beiden Aufnahmen aber immer als eine räumliche Gesamtszene und greift dabei auf ihren großen Erfahrungsschatz aus der Wahrnehmung von Perspektive zurück. So wissen wir, dass zwei räumlich weit ausgedehnte parallele dreidimensionale Objekte, wie zum Beispiel zwei nebeneinanderstehende Hochhaustürme oder Lampenmasten, in ihrer zweidimensionalen Darstellung in der Ferne aufeinander zulaufende Fluchtlinien besitzen. Die Bilder zweier in der dreidimensionalen Wirklichkeit paralleler Wasserrutschen oder Wege wären also aufeinander zu geneigt. Das ist aber bei unseren betrachteten identischen Doppelbildern natürlich nicht der Fall. Die

Abb.8.30: Die doppelte Wasserrutsche: eine Rutsche scheint von links, die andere von der Mitte zu kommen. In Wirklichkeit handelt es sich um zwei aneinander gesetzte identische Bilder.

abgebildeten Objekte sind lediglich parallel in ihrer zweidimensionalen Darstellung, was unsere Wahrnehmung als eine in 3D räumlich auseinander gehende Kippung erkennt. Diese Bilder zeigen also weniger eine Täuschung als vielmehr das ständige Bestreben unserer Wahrnehmung nach der guten Gestalt und somit der Wahrnehmung der beiden Einzelbilder als einer Gesamtszenerie. Unser Erfahrungsschatz der Perspektivwahrnehmung führt dann zwangsweise zu einem scheinbaren Auseinanderkippen der beiden Einzelelemente.

Natürlich funktioniert dieser Effekt auch hochkant. Ein eindrückliches Beispiel können Sie im Bild 8.32a anhand einer Aufnahme der Paulinerkirche in Göttingen betrachten. Dabei wurde einfach das untere Bild oben noch einmal hinzugefügt. Die Regale im oberen Bildteil erscheinen nach oben hinten zu zeigen und die Regale des unteren Teilbilds nach unten. Die Erklärung ist dieselbe: Die beiden Einzelbilder werden wieder als räumliche Gesamtszene wahrgenommen. Und aus unserer Wahrnehmung von Perspektive wissen wir, dass die Fluchtlinien von räumlich parallelen Objekten auf dem Papier konvergieren – wie z.B. die einzelnen Linien der Regalböden im unteren Teil der Abbildung. Parallele Fluchtlinien, wie sie durch das Aneinandersetzen der beiden Bilder entstehen, erzeugen dagegen den Eindruck von vertikal auseinander geschobenen räumlichen Perspektiven, wie eben im Bild 8.32a zu sehen ist. Der räumliche

Abb. 8 31: Die zwei Wege. Der eine Weg scheint nach links, der andere nach rechts zu führen. In Wirklichkeit handelt es sich um zwei identische Bilder ein und desselben Wegs!

Kippungseffekt wird deutlich verstärkt, wenn man im oberen Bild die Bestuhlung und den Boden weglässt, siehe Bild 8.32b.

8.9 Verstecken und Tarnen

Nach Erlebnispark, Rennen auf Spazierwegen und Kirchenbesuch sind die Reiseteilnehmer sichtlich erschöpft und bemerken auf ihrem Weg zurück keines der versteckten Tiere am Wegesrand.

Das ist allerdings bei manchen Tieren auch kein Wunder, denn viele Tiere sind wahre Tarnungskünstler (siehe Bild 8.33). Sie sind mit ihrer Körperfärbung und Textur bestens an ihre natürliche Umgebung angepasst und haben dadurch natürlich einen Evolutionsvorteil und immer etwas Schutz vor ihren Jägern.

Auch in der Kunst gibt es versteckte Bilder, wie zum Beispiel im wunderbaren Bild 8.34 von Nicholas Wade, der hier auf geniale und künstlerische Weise Effekt und Erforscher einer Täuschung miteinander verbunden hat.

Auf der linken Seite des Bilds 8.34 können Sie eine farbige Version des Hermann Gitters mit gelben Linien und blauem Hintergrund sehen. Sicherlich sehen Sie schnell die virtuellen blauen Punkte auf den Kreuzungspunkten der gelben Linien. Diese flimmernden Punkte sind uns ja schon in der dritten Reise (Abschnitt 3.3.6 „Das Hermann'sche Gitter“) begegnet. Wenn Sie genauer auf die gelben Linien schauen, erkennen Sie die außergewöhnliche Besonderheit dieses Bildes. Zunächst fallen deutlich variierende gelbe Liniendicken auf. Umso dicker die Linie, umso gelber erscheint natürlich das Gesamtbild in diesem Bereich. Ebenso erscheint das Bild blauer bei dünneren gelben Linien. Diese versteckte Gestaltungsfreiheit der Liniendicken hat sich Nicholas Wade in seinem Kunstwerk zunutze gemacht. Durch die reine Verdickung und Verdünnung der gelben

Abb 8.32a: Die doppelte Paulinerkirche. Zwei identische Bildausschnitte sind übereinander angeordnet. Dadurch erscheinen die Bücherregale im oberen Teilbild mehr nach oben und im unteren Teilbild mehr nach unten gekippt.

Abb 8.32b: Dasselbe Verfahren zweier übereinander liegender identischer Bilder. Allerdings wurde im oberen Bild die Bestuhlung und der Boden herausgeschnitten. Dadurch wird der räumliche Kippeffekt der Regale deutlich verstärkt. Das Originalfoto stammt von Martin Liebetruth, SUB Göttingen.

Abb 8.33: Versteckte Tiere.

Linien hat er ein historisches Portrait von Ludimar Hermann (1838–1914), dem Entdecker des abgebildeten Gitters, eingearbeitet – und das für den Beobachter auf den ersten Blick fast nicht erkennbar und ohne den Flimmereffekt zu beeinträchtigen. Falls Sie das Porträt nicht deutlich erkennen, betrachten Sie das Bild einfach einmal aus ein paar Metern Abstand und kneifen die Augen zusammen.

Im rechten Teilbild des Bilds 8.34 ist auf gleiche Weise in ein Gitter mit roten Linien und grünem Hintergrund ein Portrait von Karl Ewald Konstantin Hering (1834–1918) versteckt, der ebenfalls maßgeblich an der Erforschung des Hermann Gitters beteiligt war. Auch hier wurde das Portrait mit Hilfe der Variation der Dicken der roten Linien fast unmerklich ins Ausgangsbild eingebaut.

Vor dem wohlverdienten Abendessen stoppt der Bus noch an einem letzten ganz besonderen Ort: dem sagenumwobenen schottischen See Loch Ness. Alle reden beim Aussteigen durcheinander und jeder kennt eine Geschichte von dessen rätselhaftem Ungeheuer. Alle sind dabei, das ruhige Wasser des Sees wie in Bild 8.35 genauestens zu beobachten. Obwohl keiner so richtig an das Ungeheuer vom Loch Ness glaubt, bleiben doch alle in respektvollem Sicherheitsabstand – man weiß ja nie.

Und plötzlich ruft ein Mitreisender: „Tatsächlich, ich sehe es jetzt, es ist wirklich da, ganz deutlich und groß!“

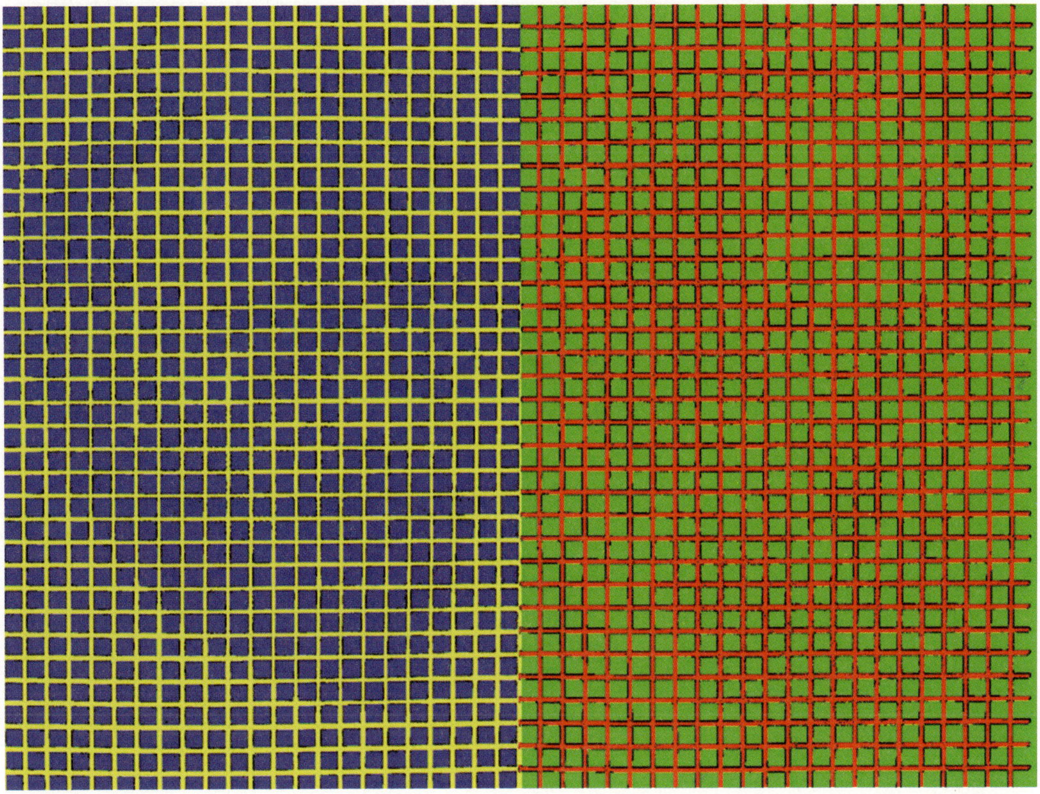

Abb. 8 34: Das Hermann'sche Gitter mit versteckten historischen Portraits seiner Entdecker Ludimar Hermann (links) und Karl Hering (rechts). Die Gesichter sieht man einfacher, wenn man das Bild aus einigen Metern Entfernung betrachtet und die Augen zusammenkneift. Mit freundlicher Genehmigung von Nicholas Wade.

Er beschreibt den anderen die Lage des perfekt getarnten Tiers: „Man muss einfach etwas tiefer schauen, durch die Seeoberfläche hindurch. Es ist in der unteren Hälfte und ganz über das Bild ausgebreitet!“ Mit der Zeit sehen dann tatsächlich immer mehr das Untier in der Tiefe.

Der Busfahrer hilft nun den letzten Zweiflern auf die Sprünge: „Bei diesem Bild handelt es sich wieder um ein Autostereogramm, welchem wir schon auf der sechsten Reise begegnet sind (Abschnitt 6.7.10 „Die Autostereogramme“ und Abb. 6.35.). Im Gensatz zu den bisher betrachteten Autostereogrammen handelt es sich hier aber um ein natürliches Autostereogramm, das ein natürliches Muster als Textur besitzt, das sich horizontal einige Male periodisch wiederholt. Wenn Sie im Bild 8. 35 ganz genau hinschauen, erkennen Sie, dass sich die einzelnen Muster sieben Mal mit minimalen Variationen wiederholen!“

Und genau in diesen Variationen liegt das Ungeheuer versteckt – das ist die perfekte Tarnung!

Alle sind nun beruhigt, dass das Ganze nur eine räumliche Täuschung ist und nach einiger Zeit wandelt sich das Ungeheur in ungeheueren Appetit um. So steuert die Reisegruppe die Gaststätte am See an und freut sich über die fantastischen Reiseerlebnisse durch den gar nicht grauen Alltag – und die Gaststätte über fantastische Umsätze.

Abb. 8.35: Das Ungeheuer von Loch Ness.

Schlusswort

In den zurückliegenden acht Reisen durch die menschliche Wahrnehmung haben Sie gesehen, dass der menschliche Sehapparat immer nach ein und demselben Grundprinzip funktioniert: dem Streben nach dem optimalen Ergebnis bei minimalem Aufwand. Anhand einer Vielzahl optischer Täuschungen, mehrdeutiger Bilder oder räumlicher Konfliktsituationen konnten Sie dieses Prinzip und Ihre Augen auf die Probe stellen. Dabei hat sich unsere Wahrnehmung als Meister des Kompromisses und immer wieder als überraschend einfallsreich erwiesen. So war bei manchen Konfliktbildern die einfachste Kompromisslösung ein zeitlicher Wechsel der Wahrnehmung zwischen den verschiedenen möglichen Alternativen. Bei manchen anderen Bildern bestand der Kompromiss dagegen aus einer internen Korrektur der empfundenen Bildgrößen wie Kantenlängen, Helligkeiten, Farben oder räumlichen Tiefen.

Wie unsere Umwelt ist auch unser Wahrnehmungssystem ein äußerst instabiles Gebilde. Wie Sie bei der vierten Reise gesehen haben, kann bereits eine winzige Sinneswahrnehmung das riesige System Gehirn in eine gewaltige Krise oder aber in eine Hochstimmung versetzen. Beispielsweise kann die Wahrnehmung einer einzigen Zahl starke Veränderungen im Menschen bewirken – denken wir nur an die Reaktionen auf die Bekanntgabe von Klausurnoten, der Verkaufszahlen dieses Buches oder der Lottozahlen.

Unser Gehirn ist nicht nur in der Lage, seine Umwelt wahrzunehmen, sondern kann umgekehrt auch Informationen an die Umwelt abgeben. Verblüffenderweise geschieht diese Aussendung von Informationen vollkommen anders als der Empfang: Der Großteil der Kommunikation mit der Umwelt findet über die Sprache, also die akustischen Schallwellen, statt. Das Licht und andere elektromagnetische Wellen spielen keinerlei Rolle bei diesem Prozess.

Warum aber gibt es dann beim Menschen kein Ausgabeorgan zur Absendung elektromagnetischer Strahlung? Fledermäuse, Glühwürmchen und Käferschwärme in Indonesien und anderswo beweisen, dass es der Natur prinzipiell möglich wäre, ein solches Licht aussendendes Organ zu entwickeln. Und die Vorteile gegenüber dem Schall liegen auf der Hand: Licht ist bedeutend schneller und nicht so anfällig gegenüber Störungen wie zum Beispiel Gegenwind. Außerdem kann Licht durch das fantastische menschliche Sehsystem auch noch aus mehreren Kilometern Entfernung empfangen werden.

Eine denkbare Erklärung für diese ausgelassene Möglichkeit der Evolution ist, dass es sich bei der Sprache um eine sehr neue Erfindung der Natur handelt. In der vollzogenen rasanten Entwicklungsphase der Sprache – und damit verbunden auch des Gehirns –

war es für die Natur in der Kürze der Zeit wohl am zweckmäßigsten, auf zumindest ansatzweise bereits vorhandene Ressourcen zurückzugreifen: nämlich die Stimmbänder und die Zunge.

Die hervorragende Entwicklung seines Gehirns hat den Menschen im Lauf der letzten Jahrhunderte inzwischen in die neue, gefährliche Lage versetzt, seine Umwelt mehr und mehr an sich selbst anpassen zu können. Dadurch wird das in Jahrmilliarden unter der Mithilfe von Lebewesen der unterschiedlichsten Arten entstandene Gleichgewicht der Welt zunehmend instabil. Der Mensch kann seine Umwelt inzwischen immer leichter aus der Balance bringen, im Extremfall durch den Druck eines einzigen Schaltknopfes! Deshalb ist es von entscheidender Wichtigkeit, sich die Bedeutung dieses auch für den Menschen lebenserhaltenden Gleichgewichts immer wieder bewusst zu machen. Unsere Welt besteht aus einem bewundernswerten harmonischen Zusammenspiel kleinster Dinge und Ereignisse. Deshalb sollten wir vor allem auch auf diese kleinsten Dinge achten und ihre Warnzeichen ernst nehmen, um unsere fantastische, faszinierende und wunderbare Welt zu erhalten.

Damit sind wir am Ende unserer Reisen in das Land der Wahrnehmung angelangt. Bekanntlich war eine Reise ja nur wirklich gut, wenn man am Ende sagt: „Die Heimkehr ist doch am schönsten." Trotzdem bleiben Ihnen hoffentlich viele neue Eindrücke und interessante Erinnerungen aus diesem Wunderland der Natur. Ich wünsche Ihnen, dass Sie sich auch im manchmal grauen Alltag an diese fantastische bunte Welt Ihrer eigenen Wahrnehmung erinnern und sich an ihr und sich selbst immer wieder aufs Neue freuen können!

Zum Ende dieser Reise möchte ich mich bei allen bedanken, die bei der Vorbereitung und Durchführung beteiligt waren oder darunter leiden mussten: Karl Zeile, Nicholas Wade, Michael Stadler, Werner Skolaut, Ralf Schweller, Marion und Klaus Schreiner, Roland Schreiber, Dirk Reimann, Michael Rapp, Ken Quinn, Mariana Price, Baingio Pinna, Norbert Müller, William McLean, Ursi Maier, Rainer Lutz, Hajo Luers, Giuseppe Leonardi, Armin Kuhn, Akiyoshi Kitaoka, Scott Kelso, Petra Jantzen, Manuela und Jochen Holtz, Eva Hestermann- Beyerle, Franz-Josef Heimes, Sandra Heinzmann, Rainer Handel, Hermann Haken, Susanne Häfele, Martina Grupp, Thomas Gotthardt, Armin Fuchs, Rudolf Friedrich, Pat Foo, Jutta Förstner-Kuhn, Robert Fischer, Jacqueline Fernandes, Detlef Emeis, Robert und Irene Ditzinger, Winnie Devensky, Vince Billock, Michael Bestehorn und Junes, Mathis, Floris, Leonie, Yannic und Jeannette. Ein großes Dankeschön geht auch an das Verlagsteam Marion Krämer, Katharina Neuser-von Oettingen, Anja Groth und Ina Melzer für die gute Reiseleitung, vielfältige Unterstützungen, Korrekturlesen und die hervorragende Zusammenarbeit, durch die dieses Buch sehr gewonnen hat.

Verbesserungsvorschläge, Hinweise, Kritik, Lob, Geschenke, neue optische Täuschungen oder fantastische Urlaubspostkarten senden Sie bitte an den Autor: Thomas Ditzinger, Weingärtenstraße 19, 74934 Reichartshausen, oder elektronisch an tditzinger@web.de.

Literaturhinweise

Folgende acht Bücher sind aus den verschiedensten Gründen besonders empfehlenswert und nützlich und decken die sieben Reisen in der Breite thematisch gut ab. Anschließend finden Sie eine Auswahl spezialisierter Bücher und Artikel zu den einzelnen Kapiteln.

Metzger, W. (1975). Gesetze des Sehens. 3. Auflage. Frankfurt: Kramer Verlag.
Der Klassiker, hervorragend, lange vergriffen. Mir wurde einmal aus berufenem Munde gesagt: „Wenn Du dieses Buch in einer Bibliothek stehen siehst – unbedingt klauen!" Das ist inzwischen zum Glück nicht mehr nötig, denn es gibt eine neue Auflage im Verlag Dietmar Klotz, Magdeburg (2007).

Falk, D., Brill, D., Stork, D. (1990). Seeing the Light: Optics in Nature. Birkhäuser Springer, Basel.
Hervorragendes Buch über Licht und Sehen aus der Sicht der Physik.

Goldstein, E. B. (2007). Wahrnehmungspsychologie: Der Grundkurs. Spektrum Akademischer Verlag, Heidelberg, 7. Auflage.
Herausragendes Lehrbuch der Wahrnehmungspsychologie für Studenten und Dozenten.

Gregory, R. (2001). Auge und Gehirn. Reinbek: Rowohlt Taschenbuch Verlag.
Kompetente Darstellung von Sehprozess und Täuschungen aus der Sicht eines bekannten Gehirnforschers mit vielen Originalarbeiten.

Robinson, J. O. (1998). The Psychology of Visual Illusion. Mineola: Dover.
Originale, wertvolle Betrachtungen optischer Täuschungen aus der Sicht der Psychologie.

Ninio, J. (1999). Macht Schwarz schlank? Leipzig: Gustav Kiepenhauer Verlag.
Spannende und kompetente Darstellung optischer Täuschungen in Text und Bild.

Frisby, J. (1989). Optische Täuschungen, 2. Auflage. Augsburg: Weltbild Verlag.
Fundierter Streifzug durch die optischen Täuschungen und ihre Wahrnehmung.

Block J.R, Yuker H.E. (2006) Ich sehe was, was du nicht siehst: 250 optische Täuschungen und visuelle Illusionen, Goldmann Verlag.
Unterhaltsames, lehrreiches und gut strukturiertes Buch mit kurzen Erläuterungen zu jeder der 250 vorgestellten Täuschungen.

Erste Reise: das Licht, die Wahrnehmung und die Gesetze des Sehens

Kandel, E., Schwartz, J., Jessell, T. (2000). Principles of Neural Science, 4. Auflage. New York: McGraw Hill.

Köhler, W. (1992). Gestalt Psychology. Reissue Edition. New York: Liveright. New York.

Koffka, K. (1999). Principles of Gestalt Psychology. Neuauflage. Oxford: Routledge.

Wertheimer M. (1912). Experimentelle Studien über das Sehen von Bewegung. Zeitschrift für Psychologie 61, 161–265.

Zweite Reise: die geometrisch-optischen Täuschungen

Fraser, J. (1908). A new visual illusion of direction. British Journal of Psychology. 2, 307–320.

Gillam, B. (1986). Geometrisch-optische Täuschungen. In: Wahrnehmung und Visuelles System. Heidelberg: Spektrum-der-Wissenschaft-Verlag. 48–57.

Kaufman L., Rock, I. (1962). The moon illusion I. Science 136, 953–961.

Kaufman L., Rock, I. (1962b). The moon illusion. Scientific American 207: 120–132.

Rock I., Kaufman, L. (1962a). The moon illusion II. Science 136, 1023–1031.

Schober, H., Rentschler, I. (1988). Das Bild als Schein der Wirklichkeit. Optische Täuschungen in Wissenschaft und Kunst. Augsburg: Augustus Verlag.

White, M. (1979). A new effect of pattern on perceived lightness. Perception 8(4), 413–416.

Dritte Reise: Wahrnehmung von Formen und Helligkeiten

Adelson, E. (1993). Perceptual Organization and the Judgement of Brightness. Science 262, 2042–2044.

Craik, K. (1966). Nature of Psychology. Cambridge: Cambridge University Press.

Cornsweet, T. (1970). Visual Perception. New York: Academic Press.

Hermann, L. (1870). Eine Erscheinung simultanen Contrastes. Pflügers Archiv für die gesamte Physiologie. 3, 13–15.

Julesz, B. (1971). Foundations of Cyclopean Perception. Chicago: University of Chicago Press.

Julesz, B. (1986). Texturwahrnehmung. In: Wahrnehmung und Visuelles System. Heidelberg: Spektrum-der-Wissenschaft-Verlag. 48–57.

Kanisza, G. (1955). Marzini quasi-percettivi in campi con stimolozione omogenea. Rivista di Psicologia 49, 7–30.

Mach, E. (1914, 1999). The analysis of sensations, republished 1999. Bristol: Thoemmes Continuum.

O'Brien, V. (1959). Contrast by Contour Enhancement. American Journal of Psychology 72, 299–300.

Schober, H., Rentschler, I. (1988). Das Bild als Schein der Wirklichkeit. Optische Täuschungen in Wissenschaft und Kunst. Augsburg: Augustus Verlag.

Vierte Reise: Mehrdeutige Wahrnehmungen

Botwinick, J. (1959). Husband and Father-in-law: A Reversible Figure. American Journal of Psychology 74, 312–313.
Bugelski, B., & Alampay, D. (1961). The role of the frequency in developing perceptual sets. Canadian Journal of Psychology 15, 205–211.
Caglioti, G. (1990). Symmetriebrechung und Wahrnehmung. Braunschweig: Vieweg Verlag.
Ernst, B. (1989). Das verzauberte Auge. Köln: Taschen Verlag.
Fisher, G. (1967). Measuring Ambiguity. American Journal of Psychology 80, 541–547.
Fisher, G. (1968). Ambiguity of form: old and new. Perception and Psychophysics 4(3), 189–192.
Haken, H. (1982). Synergetik. Berlin, Heidelberg, New York: Springer Verlag.
Haken, H., Haken-Krell, M.(1994). Erfolgsgeheimnisse der Wahrnehmung. Synergetik als Schlüssel zum Gehirn. Berlin: Ullstein Taschenbuch Verlag.
Hartmann, H., Heiß, R. (1962). Zur psychologischen Bedeutsamkeit der optischen Inversion. Diagnostica 8, 23–38.
Hill, W. (1915). My Wife and my Mother-in-law. Puck, 6. November.
Jastrow, J. (1900). Fact and Fable in Psychology. New York: Houghton Mifflin.
Kruse, P., Stadler, M. (1995). Multistability in Cognition. Berlin: Springer Verlag.
Künnapas, T. (1957). Experiments on Figural Dominance. Journal of Experimental Psychology 53, 31–39.
Leeper, R. (1935). A study of a neglected portion of the field of learning – the development of sensory organization. Journal of Genetic Psychology 46, 41–75.
Necker, L. A. (1832). Observations on some remarkable phenomenon which occurs on viewing a figure of a crystal or geometrical solid. The London and Edinburgh Philosophical Magazine and Journal of Science 3, 329–337.
Oyama, T. (1960). Figure-ground dominance as a function of sector angle, brightness, hue and orientation. Journal of Experimental Psychology 60, 299–305.
Pöppel, E. (2001). Lust und Schmerz. Neuauflage. München: Goldmann Verlag.
Rubin, E. (1921). Visuell wahrgenommene Figuren. Kopenhagen: Gyldendalske.
Verbeek, G. (1900). Sunday New York Herald.

Fünfte Reise: die Farben und der graue Alltag

Benham, C. E. (1894). The artificial spectrum top. Nature 51, 113–114, 200.
Bidwell, S. (1899). Curiosities of Light and Sight. London: Swan, Sonnenschein and Co.
Brown, P., Wald, G. (1964). Visual Pigments in Single Rods and Cones of the Human Retina. Science 144, 45.
Ditzinger, T., Billock, V., Holtz, J., Kelso, J.A.S. (2000). The Leaning Tower of Pisa Effect. Perception 29(10), 1269–1272.
Gekeler, H. (1991). Taschenbuch der Farbe. Köln: DuMont.
Goethe, J. W. von (1810). Zur Farbenlehre. Erster Band, Abschnitt 52. Tübingen: Cotta. Neuauflage 2003, Verlag Freies Geistesleben.
Helmholtz, H. (1911). Handbuch der physiologischen Optik. Hamburg: Voss Verlag.
Hering, E. (1878). Zur Lehre vom Lichtsinne. Wien: Gerold Verlag.
Ishihara, S. (1959). Test for Colour-Blindness. Tokyo: Kanehara.
Kremer, J. (1992). Turntable Illusions. Fairfield: Open Horizon.

Marks, W., Dobelle, W., MacNichol, E. (1964). Visual Pigments in Single Primate Cones. Science 143, 1181.

Minnaert, M. (1954). The Nature of Light and Colour in the Open Air. New York: Dover Publications.

Nathans, J., Thomas, D., Hogness, D. S. (1986). Molecular genetics of human color vision: The genes encoding blue, green and red pigments. Science 232, 193–202.

Pulfrich, C. (1922). Die Stereoscopie im Dienste der isochromen und heterochromen Photometrie. Naturwissenschaft 10, 553—564.

Purkinje, J. (1825). Neuere Beiträge zur Kenntnis des Sehens in Subjectiver Hinsicht. Berlin: Reimer.

Vernes, J. (1882). Le Rayon vert (Der grüne Strahl). L. G. F.

Pinna, B. (1987). Un effetto di colorazione. In: Majer, V., Maeran, M., Santinello, M. Il laboratorio e la città. XXI Congresso degli Psicologi Italiani. 158.

Pinna, B., Brelstaff, G., Spillmann, L. (2001). Surface color from boundaries: A new 'watercolor' illusion. Vision Research 41, 2669–2676.

Pinna, B., Werner, J. S., Spillmann, L. (2003). The watercolor effect: A new principle of grouping and figure-ground organization. Vision Research 43, 43–52.

Sechste Reise: das räumliche Sehen

AutoVision (Ditzinger, T., Kuhn, A.) (1994). Phantastische Bilder. Image-3D. BHV-Verlag.

Horibuchi, S. (1994). Stereogramm. München: Ars Edition.

Julesz, B. (1971). Foundations of Cyclopean Perception. Chicago: University of Chicago Press.

Marr, D. (1982). Vision. San Francisco: Freeman.

Pulfrich, C. (1922). Die Stereoscopie im Dienste der isochromen und heterochromen Photometrie. Naturwissenschaft 10, 553-564.

Reimann, D., Ditzinger, T., Fischer, E., Haken, H. (1995). Vergence of eye movements and multivalent perception of autostereograms. Biological Cybernetics 73, 123–128.

Tyler, C., Clarke, M. (1990). The Autostereogramm. SPIE Stereoscopic Display and Applications 1258, 182–196.

Siebte Reise: Bewegungen sind Leben

Aubert, H. (1887). Die Bewegungsempfindung. Pflügers Archiv für die Gesamte Physiologie des Menschen und der Tiere 40, 459–479.

Ditzinger, T., Billock, V., Holtz, J., Kelso, J. A. S. (2000). The Leaning Tower of Pisa Effect. Perception 29(10), 1269–1272.

Duchamp, M. (1935). Rotoreliefs, sechs beidseitig bedruckte Kartonscheiben.

Duncker, K. (1929). Über induzierte Bewegung. Ein Beitrag zur Theorie optisch wahrgenommener Bewegung. Psychologische Forschung 12, 180–259.

Hubel, D. H., Wiesel, T. N. (1959). Receptive fields of single neurons in the cats striate cortex. Journal of Physiology 128, 574–591.

Kitaoka, A., Ashida, H. (2003). Phenomenal characteristics of the peripheral drift illusion. Vision 15, 261–262.

Kolers, P. (1972). Aspects of Motion Perception. Elmsford: Pergamon Press.

Musatti, C. L. (1924). Sui fenomeni stereocinetici. Archivo Italiano di Psicologia 3, 105–120.

Ouchi, H. (1977). Japanese optical and geometrical art. Mineola NY: Dover.
Pinna, B., Brelstaff, G. (2000). A new visual illusion of relative motion. Vision Research 40, 2091–2096.
Pomerantz, J. (1983). The Rubber Pencil Illusion. Perception and Psychophysics 33, 365–368.
Rechtschaffen, A., Mednick, S. A. (1955). The autokinetic word technique. Journal of Abnormal and Social Psychology 51, 346 (298)
Reichardt, W. (1957). Autokorrelationsauswertung als Prinzip des Zentralnervensystems. Zeitschrift für Naturforschung 12 b, 447–457.
Schweizer, G. (1857). Über das Sternenschwanken. I. Bull de la Societe Imperial des naturalistes, tome 30 no IV440–457.
van Santen, J. P. H., Sperling, G. (1985). Elaborated Reichardt Detectors. Journal of the Optical Society of America A. 2, 300–321.
von Humboldt, A. (1851). Kosmos III. Stuttgart & Augsburg: Cottasche Buchhandlung.
Wade N. (1982) The Art and Science of Visual Illusions. Routledge Kegan & Paul, London
Wade, N. (1990). Visual Allusions: Pictures of Perception. Psychology Press L. Erlbaum Associates, London.

Achte Reise: Der Alltag ist gar nicht grau – Täuschungen in unserem täglichen Leben

Ditzinger, T. (2004). So wirkt die Farbe auf Sie und Ihre Patienten. Zahnärztliche Mitteilungen zm 1,1.1, 28–33
Ditzinger, T. (2004). Farbkompetenz in der Zahnfarbbestimmung, Zahnärztliche Mitteilungen zm 1,1.1, 34–35
Ditzinger, T. (2004). Leistungen und Fehlleistungen unserer Wahrnehmung, dentallabor, 9/2004: 1385–1392, Verlag Neuer Merkur.
Ditzinger, T. (2004). Farbkompetenz in der Praxis: Farbwahrnehmung und Zahnfarbnahme, dentallabor, 10/2004: 1581–1588, Verlag Neuer Merkur.
Heller, E. (2004). Wie Farben Wirken. 6. Auflage, rororo
Kingdom, F. A., Yoonessi, A., Gheorghiu, E. (2007). The Leaning Tower illusion: a new illusion of perspective. Perception 36 (3), 475–477.
Wade, N. (2011). Eyetricks, i-Perception 2, 486–501

Bildnachweis

Alle hier nicht aufgeführten Bilder und Fotos wurden vom Autor selbst neu erstellt.

Bild 1.5: Dallenbach, American Journal of Psychology (1951).

Bild 1.11: Ernst, B. (1989). Das verzauberte Auge. Köln: Taschen Verlag.

Bild 2.3: Gillam, B., Geometrisch-optische Täuschungen. In: Wahrnehmung und Visuelles System, Spektrum-der-Wissenschaft-Verlag. Heidelberg 1986.

Bild 2.11: Gillam, B., Geometrisch-optische Täuschungen. In: Wahrnehmung und Visuelles System, Spektrum-der-Wissenschaft-Verlag. Heidelberg 1986.

Bild 2.19: Schober, H., Rentschler, I. (1972). Das Bild als Schein der Wirklichkeit. Optische Täuschungen in Wissenschaft und Kunst. München: Moos.

Bild 2.28: Akiyoshi Kitaoka: Cushion (1998).

Bild 2.29: Akiyoshi Kitaoka: The eyes (2002).

Bild 3.14: US Postal Service (1996).

Bild 3.20: Akiyoshi Kitaoka: The music (2002).

Bild 3.27: nach Adelson (1993). Perceptual Organization and the judgement of brightness. Science 262, 2042–2044.

Bild 3.28: White M. (1981). The effect of the nature of the surround on the perceived lightness of gray bars within square-wave test gratings. Perception 10: 215–230.

Bild 4.1: unbekannter Autor, gefunden in einer Toilette in einem Studentenwohnheim in Freiburg.

Bild 4.2: Rubin, E. (1921). Visuell wahrgenommene Figuren. Kopenhagen: Gyldendalske.

Bild 4.3: links: Signet der Schach-WM 1990, rechts: Nader, S., In: Shephard, R., Mindsights. Freeman, New York 1990.

Bild 4.4: nach Necker, L. (1832). Observations on some remarkable phenomenon which occurs on viewing a figure of a crystal or geometrical solid. The London and Edinburgh Philosophical Magazine and Journal of Science 3, 329–337.

Bild 4.6: Kopfermann, H. (1930). Psychologische Untersuchungen über die Wirkung zweidimensionaler Darstellungen körperlicher Gebilde. Psychologische Forschung 13: 293–364.

Bild 4.7: Treppe nach Schröder, H., Über eine optische Inversion bei Betrachtung verkehrter physikalischer Bilder. Poggendorfs Annalen der Physik und Chemie 181 (1858) 298–311. Wundt'scher Ring und Mach'sches Buch in: Gräser, H., Spontane Reversionsprozesse in der Figuralwahrnehmung. Dissertation. Trier 1977.

Bild 4.9: Stadler, M., Kruse, P. (1995). The Function of Meaning in Cognitive Order Formation. In: Kruse P., Stadler M., Ambiguity in Mind and Nature, 5–21.

Bild 4.11: Coren, S., Ward, L. (1989). Sensation and Perception, third edition. San Diego: Harcort, Brace, Jovanovich.

Bild 4.15: Botwinick, J. (1961). Husband and father – a reversible figure. American Journal of Psychology 74, 321–313.

Bild 4.17: Hill, W., My wife and my mother in law. Puck, 6. November 1915.

Bild 4.19: Stadler, M.

Bild 4.20: Delfin oder Känguru? Nach einer Idee von John F., Kihlstrom.

Bild 4.21: Jastrow, J. (1900). Fact and fable in psychology. New York: Houghton Mifflin.

Bild 4.22: Stadler M., Kruse, P. (1995). The Function of Meaning in Cognitive Order Formation. In: Kruse, P., Stadler, M., Ambiguity in Mind and Nature, 5–21.

Bild 4.23 links: Verbeek G., In: Sunday New York Herald 1900.

Bild 4.24: „Eichhörnchen oder Schwan?“, und „ Seehund oder Esel?“ aus: Fisher, G. (1968). Ambiguity of form: old and new. Perception and Psychophysics. 4/3, 189–192. „Ratte oder Mann?“ nach Bugelski, B., Alampay, D. (1961). The role of frequency in developing perceptual sets. Canadian Journal of Psychology 15, 205–211.

Bild 4.25: Schreiber, R.

Bild 4.27: Fisher, G. (1967). Measuring Ambiguity. American Journal of Psychology 80, 541–547.

Bild 4.28: Giuseppe Arcimboldo, 1563.

Bild 4.29: Robert Fischer: Ein neuer Tag 1991/1992.

Bild 4.30: Wolfram Nagel: Katze und Vogel 1997, Löwe und Gesicht 1997.

Bild 4.31: Silke Haarer: Metamorphose 1994.

Bild 4.32: Kuniyoshi. Ein Gesicht aus Körpern, 1990.

Bild 5.12: Gregory, R. (972). Auge und Gehirn. Frankfurt: Fischer-Verlag.

Bild 5.17: Kanehara Shuppan, Co. Ltd.

Bild 5.25: Vic Winter, ICSTARS Astronomy Inc, 2001.

Bild 5.29: Akiyoshi Kitaoka: Green and Blue Spirals 2003.

Bild 5.32, Bild 5.33, Bild 5.34: aus Pinna, B. (1987). Un effetto di colorazione, in: Il laboratorio e la città. XXI Congresso degli Psicologi Italiani, Majer, V., Maeran, M., and Santinello, M., 158. Pinna, B., Brelstaff, G., and Spillmann, L. (2001). Surface color from boundaries: A new ‘watercolor’ illusion, Vision Research 41, 2669–2676. Pinna, B., Werner, J. S. and Spillmann, L. (2003). The watercolor effect: A new principle of grouping and figure-ground organization, Vision Research 43, 43–52.

Bild 6.23: Rainer Handel.

Bild 6.32: Franz-Josef Heimes, 2004/2005.

Bild 6.35: Auto Vision.

Bild 6.37: Dirk Reimann.

Bild 6.42: mit freundlicher Genehmigung von Carl Zeiss, Oberkochen. Entnommen aus: Schöppe G., Danz, R. (1993). Das Jenamap – ein Mikroskopsystem für automatische Phasenmessungen. Zeiss Informationen 3, 18.

Bild 7.5: nach John Ayrton Paris, 1826.

Bild 7.7: MacKay, D. M. (1957). Moving visual images produced by regular stationary patterns. Nature 180, 849–850.

Bild 7.8: Akiyoshi Kitaoka: Warp, 2003.

Bild 7.9: Wade N, (1982) The Art and Science of Visual Illusions, Routledge Kegan & Paul, verbesserte Version Wade N, (1990) Visual Allusions: Pictures of Perception, Psychology Press Lawrence Erlbaum

Bild 7.14: Musatti, C. L. (1924). Sui fenomeni stereocinetici Archivo Italiano di Psicologia 3, 105–120.
Bild 7.15: Ouchi, H. (1977). Japanese optical and geometrical art. Mineola NY: Dover.
Bild 7.16: nach Akiyoshi Kitaoka: Out of Focus, 2001.
Bild 7.17 und 7.18: Pinna, B., Brelstaff, G. J. (2000). A new visual illusion of relative motion. Vision Research 40, 2091–2096.
Bild 7.19: Akiyoshi Kitaoka: Spa, 2003.
Bild 7.20: Akiyoshi Kitaoka: Apples 2, 2004.
Bild 7.21: Akiyoshi Kitaoka: Two Rings, 2005.
Bild 7.22: Akiyoshi Kitaoka: Heat Devil, 1998.
Bild 8.12: nach einer Vorlage von Beau Lotto
Bild 8.16: Bayer 04 Leverkusen Fußball GmbH
Bild 8.22: Petra Jantzen
Bild 8.23: Edward Adelson (1995)
Bild 8.24: Beau Lotto
Bild 8.25: Beau Lotto
Bild 8.32: Martin Liebetruth, SUB Göttingen
Bild 8.34: Nicholas Wade (2011)
Bild 8.35: Autovision

Index

Printing: Ten Brink, Meppel, The Netherlands
Binding: Stürtz, Würzburg, Germany